果系：北京市教委"人才强教深化计划——学术创新团队"

拍出
电影感

CINEMATIC

屠明非

著

九 州 出 版 社
JIUZHOUPRESS

前　言

　　1989年，我从导师刘国典教授手上接过"曝光"和"滤镜"两门课程，在北京电影学院摄影系一教就教到了退休。我讲授的"曝光"课后来分为两个阶段进行：第一阶段为图片摄影的曝光，学生在该课程中了解曝光表的使用方法，并拍摄照片、了解曝光对摄影的影响；第二阶段的课程与"电影照明技巧"同步开设，学生要在照明课上进行他们的第一次电影摄影实践。曝光课程在这一阶段的任务是配合照明课的实习要求，向学生讲解在电影曝光控制上有别于图片摄影的特殊之处，让学生能更多了解专业摄影师的做法和典型案例。同时，这门课也要综合考虑摄影的各种技术控制，以及技术和艺术构思之间的配合，而不仅仅是如何曝光。

　　关于第一阶段，由辽宁美术出版社出版过《曝光技术与技巧》，浙江摄影出版社出版过《摄影曝光》。虽然这些书已经出版很多年了，但曝光作为成熟的技术，它的知识结构都还有效，曝光表也几乎没有更新的款式。本书是第二阶段的知识介绍，它不再重复基础曝光原理，而是通过技术和美学分析，希望学生和读者能更多了解这个阶段容易出现的技术问题，并借鉴专业摄影师的思路和做法。

　　摄影系在校和已经毕业的学生都非常出色，我一直为能够指导这样的学生而自豪。本书中使用了一些同学们初次练习失败的或有瑕疵的例子，这并不意味着这些同学不优秀，而是同样的问题也会发生在每个初学者身上，有着极好的借鉴作用。

　　强烈建议读者在阅读本书的案例时，在大屏幕上观看相应电影的高画质影像。本书的插图只是为了说明书中所讨论的是哪些画面和镜头，但不能作为画质的参考。因为电影画面和印刷图片是两种影像媒体，大多数优秀的电影画面，特别是暗部层次非常丰富的低调影像，在印刷品中层次的丢失会非常严重，色彩也可能失真。更重要的是，书中的单幅截图无论如何也无法展现电影画面在时间维度上的变化。另外，有一些小实验的插图可能也难以比较相互的区别，比如高光层次或肤色的不同。这一部分内容建议读者自己动手实验，从中体会影像上细微的差别。

目　录

**第三章 亮度和色度平衡：电影影像的
视觉感受**

第八章　从胶片到数字：工艺转型期的电影摄影师

第一章

以专业眼光审视电影的画质

> 跟许多人一样，我开始拍电影的时候也模仿过其他摄影师的作品——因为那是我拥有的唯一参考。我模仿得不算好，但那是一个学习的过程，它帮助我锻炼我的技术。才华和创意是学不来的，但电影摄影的技术是可以——也必须——学会的。
>
> ——戈登·威利斯（Gordon Willis，ASC）

在电影学院，你能听到以下议论：教艺术课的老师会说，一旦你成为电影摄影师，摄制组首先会考查你的技术，技术不过关一切免谈；高年级同学会说，黑白影像比彩色的更高级；摄影系的学生会问，为什么××大师的影像中黑色能黑得那么纯正？……这些议论反映了专业领域对影像质量的看法。

如果是一个外行或非电影摄影的影像艺术家，他可能会认为创意是第一位的，再"烂"的影像，只要有独特的视角，总能修成一张好图片。而且，在互联网时代，这样的影像随处可见（图1–1）。但是电影不行，过于风格化或含义不明的影像会影响观众对故事的理解，或使观众的注意力游离于故事之外。摄影是为故事服务的工具，是戴着镣铐跳舞的艺术。比如，剧情规定某场景是阴天的室内环境，你就不可以把它做成黄昏的效果——尽管我们知道黄昏的光线多么有魅力。

学习西方绘画要从素描开始，然后才是色彩。这种训练可以使初学者掌握景物的明暗变化。一幅好的彩色绘画作品，即

图1–1　一幅拍虚了焦点、扫描质量也很差的照片（上），经 Photoshop 稍加修饰而变成"艺术品"（下）。

便印刷为黑白画面,仍然可以层次分明,主体突出。摄影也是一样,黑、白、灰层次分明的影像才是专业影像。所以只有到了高年级才能体会出好的黑白影像所包含的摄影功力,才知道再现黑色有多么不容易。

1.1 业余和专业的区别

主持人梁冬曾经在一次节目中说:"我以前在读书的时候,我们班的同学就喜欢各种BATACOM摄像机、各种DV……各种技术指标,我觉得很恐怖,也很自卑。而他们在从嘴里讲出来的时候,有一种炫耀的快感。后来我发现他们拍片子都拍得很烂。"(自电视节目《国学堂——冬曦好讲究》)

梁冬此言是调侃,是玩笑。但社会上的确有大批的"设备发烧友",他们对各种器材和技术指标的热爱程度远远超过摄影本身,这就本末倒置了。专业摄影师一定会关注影像的画质,留意造成画质变化的各种因素,但是无论他们使用怎样的设备,都能拍出不失水准的画面。

由于业余影像已经对初学者产生了重大的影响,形成一些人的视觉思维定式,因此有必要比较一下业余和专业之间的差异。

1.1.1 大头贴

手机自拍是现代人的时尚,这种近距离、广角镜头拍摄的脸部特写,存在着很大程度上的变形(图1-2)。这样的影像看多了,会破坏人对影像的鉴赏力,对扭曲习以为常,把丑当作美。

电影影像要放到20多米宽的大银幕上放映,大特写画面即使不存在影像变形,也会对观众的个人空间产生侵犯性,造成观影的不快感。银幕越大,特写的使用就愈加谨慎,电

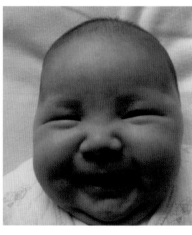

图1-2 广角镜头近距离拍摄导致的面部失真。左图焦距为70mm,影像正常。右图焦距大约24mm,鼻子和脸蛋向前突出,很难让人相信两幅照片是同一个宝宝。

影和电视相比，电影的景别从统计学角度来说比电视的大。

1.1.2　脏

绘画领域会用"脏"形容色彩搭配不当的画作。在摄影领域，影像也有"脏"和"干净"之分。影像"脏"有很多原因，比如画面凌乱、胶片划伤、颗粒粗或噪波严重等。但也有很多情况是照明不佳、镜头选择不当等造成的（图1–3）。

1.1.3　光线造型意识薄弱

业余摄影爱好者一般不太会运用光线造型。特别是当他们又有一点点常识，知道摄影感光器件"宽容度"有限时，更把强烈的明暗对比当作禁忌而不敢越雷池，并刻意将被摄人物安排在顺光或较平柔的照明条件下。如果摄影只有这一类照明光效的话，是不用学习技术课程的，每个人凭借摄像机或照相机的自动功能就能拍摄出技术质量没有什么问题的画面。

图1–3　造成画面不干净的原因很多，本例中不恰当的滤镜或后期调色使影像像是掉进了染缸，曝光不足也是人脸脏的原因，而缺乏光线造型意识且镜头运用不当，更丑化了这位中年演员。

但是，光线造型在电影摄影领域有着极其重要的作用。或者说，不懂光线就不算是电影摄影师。也因为电影摄影师常常挑战设备的极限，所以他们要了解曝光技术，要控制场景和被摄人物的光比，突出画面中想要被突出的景物，并隐藏不需要展示的景物。

图1–4是专业摄影师的采访照片，这种新闻性质的影像用光算不上讲究，影像也不大能给观众或读者留下深刻印象。

图1–5选自拍摄集《邓伟眼中的世界名人》，它的作者毕业于北京电影学院摄影系，是中国电影传奇人物辈出的78班成员，接受过正规的电影摄影训练，也拍摄过电影故事片《青春祭》（1985）。就这本画册，邓伟自己说过，他是用电影的手法拍摄图片，他的照片都是直接放大，从不局部遮挡或处理。

比较图 1-4 和图 1-5，我们可以发现邓伟的照片里多了不少阴影区域，阴影简化了环境，画面中主次分明，将观众的注意力引导到人物脸上。这些名人大多年事已高，更不是俊男美女，但智慧之光在他们眼中闪烁，使他们充满魅力。在邓伟的画面里，我们能够明显地感受到光线的存在，是光线在雕刻人物。

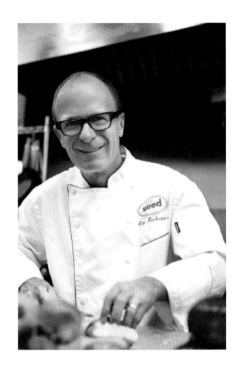

邓伟的拍摄条件并不比普通专访要好，和名人打交道甚至限制更多，摄影速度更快。他的拍摄环境同样也只是办公室、工作间，但拍摄效果却大不一样。邓伟每次创作都会带上少数几个助手、一些反光板和白布，根据拍摄场地当机立断地"改造"光线。

1.1.4　PS过度

多媒体的出现，为摄影增色不少。一些原本平平淡淡的摄影画面，会因为加上解说、背景音乐或奇怪的色调而一下子变得有趣了，从而掩盖了摄影的缺陷。所以，有些业余爱好者不太关注摄影本身的质量，完全指望后期通过 Photoshop 或其他图像处理软件对照片进行美容。

优秀的电影摄影师所拍摄的画面，即使不经后期调光，也会是完美或比较完美的。

影像后期"美容"有很多问题。首先，代价太大。电影画面每秒

图 1-4（上）　出自职业摄影师的人物专访肖像摄影。此类照片在报纸杂志上司空见惯，但也没有特别吸引人之处。

图 1-5（下）　摄影艺术家邓伟所拍摄的世界名人。

就有 24 个或 25 个画格，所以修改——特别是局部修改——画面比单张照片复杂、费时。第二，摄影师不见得有机会参与后期调整，丢给导演一堆"烂"影像的结果就是摄影一烂到底了。第三，后期调整的幅度有限，调整的痕迹会随着调整幅度的增加而愈加明显，拍摄时失控严重的画面不可能在后期得以弥补。

在电影影像工艺流程中，后期调光的作用是对影像进一步细致的微调，保证整部影片基调统一，细部丰富，而不应该指望它对前期拍摄的种种失误进行纠正。小制作甚至会省略后期精调的步骤。也就是说，刚刚步入专业领域的新人很可能没有后期调光的机会。

1.2　怎样学习摄影

电影学院的毕业生刚刚步入社会参与电影创作时，会有人说他们"眼高手低"。初次参与电影制作，出现一些考虑不周和技术失误的状况在所难免。其实换一个角度看问题，这不算坏事。首先"眼高"，而后才可能"手高"。发现问题是解决问题的前提。最可怕的事是"眼低手低"。

不少摄影师、导演具有绘画的功底，不是因为必须学习绘画才能当好摄影师、导演，而是学习绘画本身训练了人对事物的观察力，以及对画面的鉴赏力。

怎样学习摄影技术，以下一些建议供初学者参考。

1.2.1　从图片摄影开始

图片摄影是电影摄影的基础，图片摄影不需要团队合作，实践起来更容易。通过图片摄影可以训练初学者观察、构图等能力，可以提高技术鉴赏力。

图片摄影和电影摄影虽然也有不同的特点，但很多杰出的电影摄影师都有很好的图片摄影功力（图 1–7）。

有些大二学生在电影摄影实习出现较多问题之后，会重新拿起照相机，再次学习图片摄影；也有毕业生，拍过一些作品、有时间从容审视自身的专业能力后，开始迷恋大画幅图片摄影所呈现的高画质。

1.2.2　从黑白摄影开始

数字摄影普及以前，无论学习图片摄影还是电影摄影，都是从黑白摄影开始的。就像绘画的素描，黑白摄影有助于初学者掌握对画面明暗——影调的控制。优秀的电影画面在抽离了色彩之后，仍旧会层次分明，主体突出。

国际上不少电影学校会根据课程进度，规定某些课程只能拍摄黑白短片。

> **获得黑白影像的方法**
>
> 　　胶片摄影分黑白胶片和彩色胶片，洗印工艺也各不相同。
> 　　数字摄影获得黑白影像有两种途径：一是将数字机的拍摄模式由彩色转换为黑白；二是拍摄了彩色影像之后，再通过各种图像处理软件将其转换为黑白影像。

1.2.3　从长焦距镜头开始

　　鉴于业余摄影爱好者已经习惯于广角镜头所拍摄的画面——松散、桶形失真。所以，从长焦距镜头开始专业摄影训练，有助于换一种视角看影像。而且，长焦距镜头所拍摄的画面景深比较浅，景物纵深关系受到压缩，往往容易拍摄出"干净的"、主体突出的漂亮影像，增强初学者的信心。

　　在图 1-6 的例子中，一位肖像摄影师习惯于只使用一支 85mm 的中长焦定焦距镜头拍她所有的摄影作品。她选择这款镜头，一是因为这种中长焦的镜头适合人像摄影，二是定焦头一般比变焦头有更好的画质，而且这款镜头在专业摄影师中也有很好的口碑。

　　标准镜头和广角镜头也是电影摄影师常用的镜头，特别是现代摄影中，中短焦距的镜头使用更加广泛。而短焦距镜头中所能涵盖的影像元素丰富，又容易产生变形，在构图方面需要更深的功力，可以在经过一段时间长焦距镜头拍摄训练之后，再尝试使用标准或广角镜头。

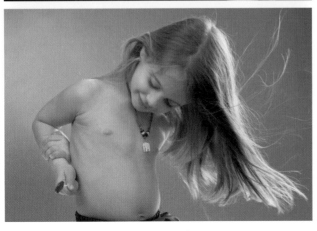

图 1-6　大雁摄影作品。摄影机：Canon EOS-1Ds Mark III 数字相机。镜头：85mm/f1.2。

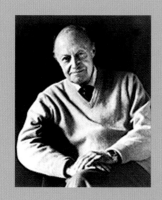

杰克·卡迪夫

Jack Cardiff，1914—2009
英国电影摄影师、导演、作家

杰克·卡迪夫是高产的电影摄影师和导演，其摄影代表作有：《黑水仙》（*Black Narcissus*，1947）、《红菱艳》（*The Red Shoes*，1948）、《战争与和平》（*War and Peace*，1956）等。他因《黑水仙》获奥斯卡最佳摄影奖，另有 3 部影片获奥斯卡最佳摄影提名；凭导演或摄影作品而获得其他国际大奖 10 项，另提名 5 项（本书中，摄影师获国际大奖及提名数依据 IMDb 网站列出的获奖信息统计而成，截至 2020 年 10 月）。2001 年，美国电影艺术与科学学院授予卡迪夫"光色大师"奥斯卡特别荣誉奖。

卡迪夫是电影摄影史上的传奇人物。他的创作生涯从默片开始，直到 21 世纪。在彩色电影诞生之初，卡迪夫参与并大胆实验了早期特艺色（Technicolor）彩色胶片的电影制作，对彩色电影的发展产生过重大影响。

卡迪夫有着很高的艺术修养，绘画是他享受闲暇时间的娱乐方式。他的职业生涯赶上了好莱坞"造星运动"，他不仅在银幕上为好莱坞塑造出一个个光彩亮丽的明星，也为明星们拍照片、画肖像。在卡迪夫留下的黑白照片里，我们有机会重温好莱坞黄金时代漂亮的光影和完美的肖像。

图 1–7　杰克·卡迪夫为明星们拍摄的黑白肖像照。（从左起以此为索菲亚·罗兰、玛丽莲·梦露、奥黛丽·赫本）

1.2.4 把变焦距镜头当作定焦头使用

现代数字相机或摄影机大多将变焦距镜头作为标准配置。而电影摄影很少使用变焦功能，即使使用了变焦距镜头，也往往当作定焦头使用。也就是说，电影摄影是先确定镜头的焦距、画面的景别，然后再确定机位。这与业余或新闻摄影中先站好位置，再用变焦头调整构图的操作习惯正好相反。

为了向电影制作的习惯靠拢，初学者不一定要使用定焦距镜头，但要先有镜头焦距的意识，定好焦距，再选择拍摄机位，以得到恰当的构图。

1.2.5 不要怕模仿

在悉尼大学音乐系，安妮·博伊德（Anne Boyd）教授对作曲专业的学生说，"不要怕模仿，那是你从妈妈那里学习语言的方法"［自纪录片《面对音乐》（*Facing the Music*，2001）］。有些一年级的学生进入电影学院后，就觉得自己是艺术家了，会把心思放在标新立异上。殊不知，电影百年，各种花样都有人尝试过，一个初学者费尽苦心所得到的、自认为具有"创意"的画面其实只是对前人做过的事情的重复。特别是在学习技术技巧方面，模仿大师之作是世界上多数艺术院校培养艺术家的方法之一。

图 1-8　左列：《花样年华》中一个横移镜头。右列：08 级本科学生刘礼昌作业。35mm 胶片：Kodak Vision3 5219，500T。摄影机：Arriflex II-C。镜头：50mm。订光：T2.8。洗印配光光号：30、32、25。总体上，前景和人物模仿得不错，特别是轮廓光做得比较细致，后景应该再亮一些。

模仿什么作品与相应课程的教学目的有关。比如，在照明课程上，应当模仿电影摄影师控制光线的能力。摄影系的学生模仿过《七宗罪》（*Se7en*，1995）、《花样年华》（2000，图 1-8）、《吴清源》（2006）、《大侦探福尔摩斯》（*Sherlock Holmes*，2009）等，这些都是摄影上非常优秀的作品，值得模仿和借鉴。在模仿过程中，不仅能对大师作品有进一步的理解和鉴赏，也很容易发现自己的不足。看似简单的场景，要方方面面都像被模仿的画面，实在不容易做到。

也可以模仿绘画作品。不少世界级的摄影大师已经从事电影摄影一辈子了，仍在研究绘画中所呈现的光影和色调关系。例如，图 1-9 是对乔治·德·拉图尔（Georges de La Tour，1593—1652）画作的模仿。这位几乎被遗忘了 3 个世纪的法国画家深受电影摄影师们的偏爱，因为他的画作所呈现出的烛光效果和电影光效的美学追求高度一致。用几根蜡烛模拟拉图尔的绘画，光效看起来还不错，不过也有技术缺陷。由于摄影环境的照度很低，拍摄使用了数字摄影机的极限设置，所以暗部噪波看起来比较高。要想解决这个问题并不难，可以选用更多或发光更强的蜡烛，或用其他照明弥补烛光的亮度，并为整个场景铺一点底子光，使整个被摄环境更亮就行了。通过这样的实验，摄影师在正式拍摄时，就可以心中有数，自如地控制光效了。

从学习技术的角度来说，一定是经典的、精致的画面才值得模仿。有同学模仿《两杆大烟枪》（*Lock, Stock and Two Smoking Barrels*，1998）中赌牌的场景（图 1-10），应属选片不当。该片深受部分影评人的喜爱，在拍摄和叙事手法上带有叛逆和创新精神，也得到不少青年观众的感情共鸣。然而它的摄影并不讲究，对于刚刚学习电影，还没有建立起鉴赏力的同学来说，冒然模仿这样的作品，未必能够真正领会该片究竟好在哪里，又不能从中学到专业控制能力。

图 1-9　左：模仿拉图尔光效的实验画面。Arri Alexa 数字摄影机，EI 3200，镜头：35mm。订光：T1.4₅。数字文件记录格式：Rec. 709。右：拉图尔的画作《忏悔的末大拉的马利亚》（*The Repentant Magdalen*，1635）。

图 1-10 《两杆大烟枪》的摄影带有现实主义风格的粗糙感，并不适于作为照明和画质控制的榜样。

1.2.6 从观察生活开始

一种行活儿做久了，会把习惯的做法当作教条来运用。当你走出摄影棚，观察身边时时刻刻发生着变化的光线以及这些光线如何在景物上发生作用时，更能体会出自然的场景是多么丰富。比如，绝大多数摄影师都会把夜景处理成蓝色，因为他的师父把夜景处理成蓝色，而且电影的夜景大多是蓝色的。但夜景真都是蓝色的吗？晚上的月光是柔光还是硬光？一个窗户朝南的室内和窗户朝北的室内光线有什么区别？观察生活，你能找到自己的答案。

有关曝光的名词解释

照度　又称投射光，描述在摄影机方向上所观察到的景物被光线照亮的程度。

亮度　又称反射光，描述在摄影机方向上所观察到的被摄物体各个部分发光、透光或反光强度。

底子光　辅助光、副光或影响景物暗部照度的光线的通俗说法。在场景中均匀地或有选择性地加上一些辅助光，可以提高暗部照度，使阴影部分的层次得以再现。

在电影摄影史上，每一次观念上的重大进步，都与摄影师对生活的细致观察密不可分。他们首先发现了惯用摄影手法中的错误，然后再想方设法营造出生活中真实场景应有的光效。

1.2.7　做好拍摄前的测试

我们手上的摄影工具不断变化、更新。没有人可以先知先觉地将自己从未使用过的摄影机控制自如。一个简单有效、所有电影摄影师都使用的解决之道是：在正式使用之前，先拍摄一组或几组试片，对摄影机性能和自己影片中重要的光效进行测试。前者叫作"生产试验"（图1–11），后者叫作"气氛试验"。

1.2.8　做好记录

拍摄试片和整个摄影创作过程中，应该对灯位、曝光数据等做好记录，以便事后分析得失（图1–12）。失败和教训是成长的有益经验，这些数据可以帮助你尽快查找原因，避免同样的错误再次发生。也许你碰巧拍出一个很棒的画面，连自己都感到意外，这些记录也可以帮助你总结经验，以便日后发扬光大。

1.2.9　初学阶段不要后期调光

在餐饮业，凡是想以次充好的食物会被人为地添加上大把的佐料，或用辣椒爆炒，愚弄消费者的味觉。但是，这并不能提升食物本身的品质。艺术也是一样，经过包装可以改善作品原本平庸的外貌，但平庸之作终属平庸之作。为了扎扎实实训练摄影的基本功，就要抵制后期校正的诱惑，尽量通过前期制作手段保证影像的品质，不要指望后期修改。后期调色可以留到高年级再学习实践。

1.2.10　做好1万小时摄影实践的思想准备

20世纪90年代，心理学家K. 安德斯·埃里克森发现，那些天才小提琴演奏家从5岁开始每天练习两三个小时小提琴演奏，并随着年龄的增加逐渐增加练习的时间，当他们20岁时，累计练习时间已经超过1万小时。心理学家越是深入考察天才们的人生经历，就越会发现天赋所起的作用越来越小，而后天储备的影响却越来越明显（自《异类：不一样的成功启示录》）。摄影也是一样，要有足够的实践才能成为专业摄影师。如果以每天摄影实践8小时，周末不休息来计算，1万小时折合3年半的时间。如果平均每周上3天摄影实践课，每次8小时，就需要8年实践才能达到1万小时。这说明即使是摄影专业毕业的学生，也不可能在本科期间达到1万小时的训练，他们在毕业时，摄影技能只是"半成品"。

为什么在好莱坞有那么多头发斑白的"老人"担任着商业大片的摄影指导？比如，《007：大破天幕杀机》（*Skyfall*，2012）的摄影指导罗杰·迪金斯（Roger Deakins）；《雨果》（*Hugo*，2011）的摄影指导罗伯特·理查森（Robert Richardson）——当然，他只是头发白了，在好莱坞并不算老；还有克林特·伊斯特伍德（Clint Eastwood）的御用摄影师汤姆·斯特恩（Tom Stern）等。因为商业电影需要创作人员有稳定的专业水准，或者说在很大程度上需要的是"熟练工"，制片厂不会拿出巨额投资作为新人的实验田。图片摄影师可以在拍摄了无数张图片之后挑出其中几张精彩的画面去参加摄影展，但是故事片摄影不能这样，它的任务有时间要求，而且要保证所拍摄的镜头每一条都能用，只许成功不许失败。从这个意义上来说，初学者想要让自己尽快变成专业摄影师，就要尽可能多地参加实践。以前，电影学院摄影系学生有个好传统，就是寒暑假到摄制组不计报酬地去打工，从照明助理开始。读几本书，不加以实践，不可能学会摄影。

试片和数据记录

拍摄试片的目的：（1）确定最佳曝光方案；（2）检查摄影机、曝光表等设备、辅助工具的参数和设置；（3）对于陌生摄影设备，还应确认取景范围、清晰度等可能影响画质的各种因素和指标。

试片一般会用不同的曝光以相同的景别重复拍摄同一画面，之后挑选出曝光正常、亮部和暗部层次丢失最少的画面作为订光依据。通过试片也可以了解胶片的宽容度或数字摄影机感光器件的动态范围。曝光量的改变幅度可根据个人需要和试验目的而定，可以1/3级、1/2级或1级光圈的曝光间隔步进；可保持光圈不变，调整感光度ISO（或用曝光指数EI表示）、等效感光度，得到不同的曝光；也可以改变照度，保持摄影参数不变。

试片的画面中应包括人脸、灰板、色板，以及日常生活中熟悉的物品或环境，以便之后的主观评价和客观测量。画面中还应标明被改变的测试参数，比如感光度、光圈值。测试中所使用的设备和工具，比如摄影机、曝光表，应该和正式拍摄时所使用的一致，不得更换，若更换应重新试验。试验中的测光方法也应固定下来，比如试片以照度订光，那么在正式拍摄时也应该用同样的照度订光。

记录被摄场景中典型景物的照度和亮度数据以及拍摄现场的灯位分布，是积累摄影经验、日后分析画面的依据。

记录数据和灯位图格式不限，只要自己能看得懂，日后能够帮助自己回忆起拍摄条件就行。漂亮的曝光参数分布图和灯位图可在工作结束之后补做。

20120321 标板带人物关系 拍摄现场

20120321 标板带人物关系 灯位图

顶灯 40W×3

黑旗遮挡
部分背景

300W

Alexa 摄影机，Ziess 35mm 镜头

20120321 标板带人物关系（订光点：T2.0₈）

E 2.8₄　　　　　　　　　　B 2.8₄

B 5.6

B 1.0₃
B 1.4₃
B 2.0

E 2.8₈

E 2.8₂：1.4₄　　E 2.85₇：1.4₄　　E 1.4₃
B 2.0₈
B 2.8₂
B 4.0₃　　B 4.0₈　　B 5.6₂
B 4.0₃

测光 AS800、25 格/秒条件下，E 主光为顶光和主光的综合值。

图 1–11　Arri Alexa 数字摄影机测试。Carl Zeiss 1.2/35mm 镜头；叶子板（快门）180°；25 fps（帧/秒）；
曝光表 Sekonic L-508；从上至下曝光光圈值 T2.0₈、T2.8₃、T2.8₈、T4.0₃、T4.0₈，曝光间隔为半级光圈（实
际测试从 T1.4₃ 至 T5.6₈，共 12 个镜头，这里是其中 5 个镜头）。
测试结论：1. 从上至下第 3 幅视觉感受最正常；2. 所有 5 幅画面的亮部和暗部层次丰富，未超出数字摄影
机的动态范围；3. 最下面一幅画面在灰板上可以看出噪波略微增加。

订光点: T2.8　　EI: 400　　镜头焦距: 32mm

亮度分布:

1. -2　　2. -1　　3. -2　　4. -1　　5. N　　6. -1　　7. N

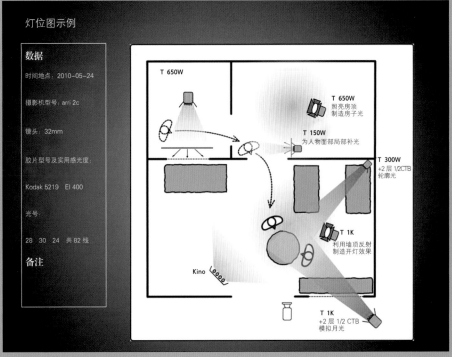

灯位图示例

数据

时间地点: 2010-05-24

摄影机型号: arri 2c

镜头: 32mm

胶片型号及实用感光度:

Kodak 5219　EI 400

光号:

28　30　24　共82线

备注

T 650W

T 650W
照亮房顶
制造房子光

T 150W
为人物面部局部补光

T 300W
+2 层 1/2CTB
轮廓光

T 1K
利用墙顶反射
制造开灯效果

Kino

T 1K
+2 层 1/2 CTB
模拟月光

图 1-12　08 级本科学生东升子源作业——摄影棚夜景内景的曝光数据和灯位图。

1.3 怎样评价影像的技术质量

传统的电影影像评价分为三大方面：影调、色彩和细部。

在"数字"逐渐替代"胶片"之后，又出现了很多和数字特有的问题相关的评价术语，有些术语和传统评价大同小异，也有一些数字技术特有的产物，比如"走样""马赫带"等。

1.3.1 影调、色彩和细部

"影调"评价影像的层次是否丰富，要看画面中最亮景物是否"毛掉"，或者最暗的景物是否"黑死"。理想的影像应具备白中有更白、黑中有更黑的层次变化，否则就是被摄景物的亮度范围超出了胶片的宽容度或数字感光器件的动态范围，或者是在后期加工过程中损失了影像的层次。

"色彩再现"从技术角度来讲是能否真实还原被摄景物。但在电影制作中，色彩再现一般是"优美再现"，影像不一定也不可能完全忠实于被摄景物，但仍需能得到观众的认同，能烘托故事所要表达的气氛。

"细部"和影像的清晰程度有关，也和胶片颗粒、电子噪波的强弱有关。细部再现好的影像干净锐利。

1.3.2 影片观赏不要"先睹为快"

经常在规范的影院观看高质量电影，有助于提高个人的技术鉴赏品味。有些人喜欢先睹为快，抢在别人之前看到新发布的影片。这种观看是在影院也罢，但尽量避免看到的只是"枪版"、网络免费下载的劣质影像，甚至在手机上看电影。最好还是耐心等一等，等有了蓝光碟片或高清版本再说。现代人都很忙，你不太可能先花时间看一遍质量恶劣的影像，然后再去看一遍高品质影像。如果你的"榜样"都是这些垃圾影像，你怎么能提高自己对画质的鉴赏力？

1.3.3 要在好的显示器上回放数字影像

进入专业学习，学生和家长都会为课程配备照相机之类的摄影器材，笔记本电脑或台式计算机也是当代大学生必不可少的装备之一。对于学习摄影的学生来说，计算机的显示器一定得好，在可能的情况下，显示器的尺寸也是越大越好。我们发现，有时学生作业噪波严重或调光过度，往往是因为他们的显示器太差了，所以自己看不到毛病。

1.3.4 聆听他人的观片感受

在北京电影学院每年一度的国际学生影视作品展（ISFVF，International Student Film

& Video Festival）上，每一名观众都有权利为所展示的短片打分，这个分数和教师评委所打的分数取平均值最终决定作品的排名。观众以电影学院的学生为主，也有其他影视学校的师生和一般观众，教师评委由电影学院和其他影视院校的教师组成。

对于大多数参赛短片，观众和教师的评价非常接近。这一现象说明，影视作为大众媒体，总是那些符合普世价值观的故事、完美的影像和出色的声音设计更能得到大多数观众的认同。所以，作品展后总会有人质疑：为什么鉴赏能力这么强的学生们自己拍出来的东西却不尽如人意？

"自恋"的影视制作者大有人在，他们能一针见血地指出别人作品中的毛病，而对自己存在的问题视而不见。这种现象不能完全怪罪制作者。他们在观赏自己的作品时，往往把观影的感受和制作过程的艰难混淆起来。他在观看一个黎明的雪景时，可能会触景生情，想到自己半夜起身在寒冷中等待日出有多么艰辛，因此格外珍惜那些影像素材。但是这个镜头在旁观者眼里也许一点也不特别，他们可能觉得画面太亮了，没有黎明的气氛，也许构图太松散了，影像本身张力不足。所以，"自恋"现象是正常的、普遍的，克服它也很简单，就是关注别人观看自己作品时的感受。

在摄影系，分析作业是课程学习重要的环节。如果老师直接指出某位同学作业中的问题，有些同学可能不服气，会找出种种理由自我辩解。比如，天气不好、店铺老板不许拍摄等，或者最多的理由是："我要的就是这种状态……"。但是，作为未来的电影摄影师，你不可能向每一个观众解释，拍摄如何不容易。你只能在不利的、赶工时的条件下，保住自己的"底线"，尽量不要失守。而所谓"状态"，电影摄影师可以自由发挥的空间有限，它不能偏离故事，也不能偏离导演和制片人的期待。作业分析中另一个有趣的现象是，如果老师首先让同学们互评，再由老师发表"权威性"见解，同学们的评论大多也正是老师想说的。虽然同学们都是一样的初学者，但仍能正确指出别人作品中的问题，被评论的同学会比较服气。

聆听别人的评论，有助于拍摄者区分拍摄和观影之间不同的感受，学会更客观地评价自己的作品。

1.4　如何使用本书

1.4.1　关于本书结构

本书中的学生作业分析、大师研究将围绕电影摄影学习过程中有关的画质控制而展开。总体上分为三个部分。

（1）基本技术赏析。所涉及内容为电影摄影基本规律和画质的关系。主要关注：基本控制、景物的亮度平衡与影像画质的关系、画面中的人物处理，以及镜头和摄影机运动对画质的影响。

（2）针对场景的技术赏析。所涉及内容按照电影摄影划分为外景、实景内景和摄影棚摄影。它们的现场操作会有相同的和不同的考虑。

（3）针对画面连贯性和基调的技术赏析。能控制电影画面，使其具有统一的基调，是摄影师更深的功力，是电影摄影艺术的高端，也是高画质的高端。

1.4.2　关于本书选择的片例

本书所涉及的片例主要分为三个层次。

（1）低年级学生作业和学生影展上展示的作品，主要用以说明初学者共同性的问题。电影学院摄影系的"照明技巧"课程是在学生学习了图片摄影之后大二第一学期的第一门电影摄影课程。这个课程与"曝光技术与技巧"或影像质量评价类课程同时开设，学生在完成照明课程作业的同时要注意画面的技术处理和工艺规范，做到造型和技术控制能力的统一。本书图例中使用的学生作业大多来自这个课程近年的作业。在这两门共同开设的课程上，每年都会有一批习作相当优秀，而本书主要选择的是一些有问题的或优秀中有瑕疵的作业，因为这些问题都是初学者考虑不周、普遍存在的问题，值得查找原因，提出改进的建议。

（2）专门为本课程所拍摄的有针对性的示范画面，重复学生作业中常见问题，给出改进的建议。这一部分图例的拍摄设备和条件同学生作业差不多，甚至不如学生实习的拍摄条件，画面一般也是中规中矩，不见得好于学生作业，但比较能说明问题。

有同学在课堂上会说，大师的作品虽好，但我们可能一辈子都不会有他们那么好的拍摄条件，那是可望而不可即的。这些专门制作的图例说明，即使都是小制作，画面仍有改进的余地，能做得更"电影"一些。

（3）优秀的电影摄影画面。前两部分对技术控制可以分析得比较具体，大多有曝光参数、灯位图等，而优秀的电影影像更多地作为画面参考，即使是查阅专业的电影摄影杂志，也不会有特别详细的现场拍摄说明。

大师之作也分为两种层次：一类是真正的好莱坞大片，大制作；另一类是预算不高的制作。它们所能使用的照明规模不同，呈现出的画质也不相同，都值得研究借鉴。

本文也使用少量出色的电视剧片例。一些电视剧在画质控制上比较讲究，并且制作者大多是电影导演和电影摄影师，所拍摄的画面具有电影感。因为电视剧在制作上周期比电影短，资金投入相对要少，并考虑到观众是在观看条件不如影院的电视上观看，所以它们在影像的处理上往往比较稳妥规范，不走极端，适于作为初学者的榜样。

需要说明的是，书中所涉及的电影案例截图由于印刷可能无法再现原电影影像的画质。特别是电影影像往往具有非常丰富的暗部层次，和一般适于印刷的图片有很大不同，画面的细节也可能在印刷之后完全丢失。所以请读者仅把书中的图例当作线索，从原版影片或高画质蓝光影碟中观赏它们。书中涉及片例的高画质数字版大多在市面上或图书馆里很容易找到。一些摄影非常优秀的影片，特别是国产影片，由于无法找到它们的高画质截图，本书未将其作为典型案例采用，不是遗漏。本书选择片例的原则是：一、场景对说明某个问题具有典型性；二、可以找到较高的或者还说得过去的画质的截图。

现在让我们从 1 万小时摄影实践的第 1 分钟开始，脚踏实地地向着专业电影摄影进发。

第二章

画质：不可失守的底线

胶片时代，摄制组拍摄的素材由电影洗印厂冲底、印片，得到原底拷贝。当时的洗印厂有项制度，第一批样片要经过质检人员的审查，如果质检人员认为影像技术上不合格，比如天空过亮、焦点不实等，就会直接在相应的底片上打孔，这条底片就算报废了。他们这么做，无须和摄制组商量，也不用问素材是否有可能补拍。在这种严苛的游戏规则之下，每当洗印厂将洗印结果反馈给正在外景地工作的摄制组时，摄影师都会忐忑不安，像是面临审判，得知影像正常之后才会松一口气。

这种做法现在看来过于武断，特别是它完全不考虑导演和摄影师在创作上是否有特别的考虑，比如一些虚焦的打斗场景可能只是为了剪辑时加快节奏而已。

本章所讨论的内容甚至不是本书要讨论的重点，而是摄影师的基本功。只要是专业摄影师干出来的行活儿，就必须守住起码的技术底线，确保自己拍出来的画面不是"烂"影像。

2.1　影调再现

电影画面的影调可分为三个部分：明亮的部分（亮部层次）、亮度适中的部分（中间层次）、以及阴影和暗区（暗部层次）。影响影调再现的因素包括影像系统的宽容度、动态范围和反差，也和景物的亮度范围以及照明光比有关。

2.1.1　景物的亮度间距

景物的亮度间距或亮度范围与景物的反光、透光及发光特性有关，也与采光方向、环境反光特性有关。如图 2-1、图 2-2 所示。

量光订光

图 2-1　景物亮度间距正常的环境。柔和阳光通过建筑表面和地面反光提高了景物背光面的亮度，减小了景物之间的亮度间距。景物受光面和背光面的照度相差 2.3 级光圈，而景物本身的反光率大多在中级左右，不高不低。

量光订光的工具是曝光表（又称曝光计、测光表），分为照度测量和亮度测量。它可以在给定感光度的前提下，显示摄影机、照相机快门（或摄影频率）和光圈的组合参数，或被测物的亮度、照度值。电影摄影师往往先将感光度、摄影频率（一般是 24 fps 或 25 fps）以及叶子板开角度固定，然后读取光圈值——订光。

照度测量时，应将曝光表设置在"照度测量"的状态下，在被摄景物处测量。测量方向由被摄物体指向摄影机（或前侧光条件下指向光源）。电影制作中习惯用"照度"控制场景中的关键区域并作为订光的依据。

亮度测量时，应将曝光表设置在"亮度测量"的状态下，在被摄景物或摄影机位处测量。测量方向由摄影机指向被摄物体。电影制作中习惯用"亮度"掌握并调整场景中有可能失控的高亮度和低亮度区域。

2.1.2　光　比

光比指景物受光面和背光面的照度或亮度之比。对同一反光率的景物来说，光比越大，景物的亮度间距也越大，反之亦然。

电影摄影非常重视对光比的控制，Kodak 胶片为用户所推荐的光比是 3∶1。一般来说，3∶1 或 4∶1 属正常的光比控制；而阴天或人物处于背光之中时，为人物添加的不明显的造型光的光比往往不大于 2∶1；光比达到或超过 8∶1 时，景物受光面和背光面的亮度差就已经比较大了。如图 2-3 所示，影片《匿名者》（*Anonymous*，2011）的故事发生在英国，

图 2-2（上）　景物亮度间距大的环境。室内外照度差加大了景物的亮度范围。根据亮度测量的结果，在快门速度不变的前提下，人脸受光部分的亮度为光圈值 $F8_1$；室内墙面为 $F0.7_6$-$F1.0$；窗户拱形砖墙中部为 $F45_4$，亮度间距达到 12 级光圈。

图 2-3（下）　故事片《匿名者》中人物的光比设计。上：比较适中的光比。中：较大的光比。下：很大的光比。

16 世纪至 17 世纪的伊丽莎白时代。摄影指导安娜·弗尔斯特（Anna Foerster）根据剧情和环境特点为人物设计了不同的光比，而且大光比场合很多。宫廷室内采光不均匀，加上窗帘的遮挡，总体上较大的光比符合建筑风格。弗尔斯特让一些有心计的人处在阴影之中，这种情况下的光比会控制得更大（图 2-3 下）。

人物脸部往往是电影画面的视觉中心，人物活动范围是光比控制的重点。为了使人物的脸部有很好的层次，一些摄影师会保持人脸的光比在正常范围内，而不使用极端的大光比。

光比与曝光

电影摄影习惯用照度（E）方式测量光比，因为照度测量受角较广，数据稳定，并不受景物反光率高低的影响。曝光表测量照度得到的数据与测量中等反光率物体亮度的数据相近，所以电影中也习惯于用人脸主光的照度决定被摄画面的曝光。比如，考虑到胶片在曝光过度方面比曝光不足有更好的画质，一些摄影师以主光照度开大半级或 1 级光圈作为订光点，配合洗印配光得到正常的影调再现。若以图 2-4 例子中的测量数据拍摄人物的话，主光照度的光圈值为 $F4.0_6$，可订光在 $F2.8_6$ 至 F4.0 左右。随光比加大，人脸的暗部会越来越暗，而亮部保持不变。本例中白色石膏像是高反光率物体，保证其明亮部分不丢失层次是曝光的关键。所以这个画面订光比主光照度减少了 2/3 级——$F5.6_3$，亮部在曝光点以上不超过 2 级光圈。

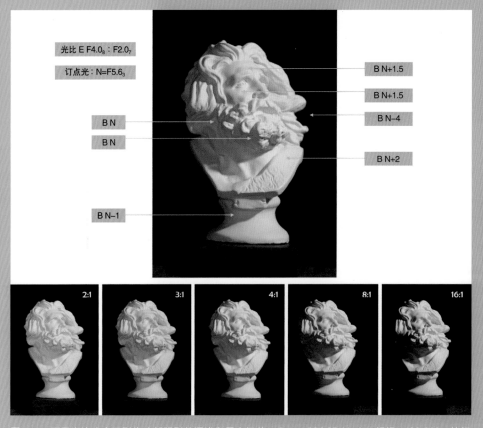

图 2-4　不同光比决定了影像暗部阴影的深浅和层次细节。Canon EOS 5D Mark II 相机，ISO 800，快门 1/30s。保持主光照度不变，调节副光强弱得到不同的光比。上图为光比 4：1 的数据，B 为亮度测量相对于订光点 N 的级差。从亮度数据也可以看出，亮度值受被测区域各种细微反光的影响比较大，如果用亮度订光，所测量的部位一定要非常典型。

2.1.3　宽容度与动态范围

感光材料或感光器件捕捉图像信息从亮到暗有一定的曝光范围，超过这个范围，影像层次就会丢失。这种记录能力在化学影像领域叫作"感光材料的宽容度"，在数字和电子领域叫作"感光器件的动态范围"。

传统胶片领域对胶片的宽容度有"上三下四"之说。就是说，明亮的景物在订光点之上有 3 级，暗景物在订光点之下有 4 级曝光量，被摄景物的曝光量只要不超过这 7 级范围，再现的影像就会有层次。这是一种非常笼统的说法。不同胶片有不同的宽容度，电影底片的宽容度要大于照相底片。订光方式不同，上曝光容度范围也不同，比如订光时收小了 1 级光圈，同样的景物亮部要多 1 级曝光，暗部则损失 1 级曝光。电影底片的宽容度和高质量的数字摄影机的动态范围差不多能达到 10 级左右。然而，要想知道所使用的感光材料或器件确切的宽容度或动态范围数据，必须经过测试。参见第一章图 1–11，用不同曝光拍摄相同的景物，摄影师不仅可以利用这些影像找到最佳曝光组合参数，也能够得到相关的宽容度信息。当试验片不断增加曝光时，景物的亮部首先开始损失；而减少曝光，则暗部损失。

比较图 2–2 和图 2–3 可以明显看出，图 2–3《匿名者》所使用的 Arri Alexa 数字摄影机比图 2–2 所使用的 Canon 数字照相机有更大的动态范围，加之《匿名者》的拍摄对照明有严格的控制，其影像层次非常细腻丰富。而图 2–2 的高光部分——窗口，已经完全失去了层次，暗部层次也没有那么丰富。

了解所使用器材的宽容度或动态范围，是电影摄影师控制影像质量的必要环节。图 2–5、图 2–6 是电视连续剧《24 小时》（*24*，2001—2014）从 Kodak 胶片改用 HD 数字摄像机时，摄影师罗德尼·查特斯（Rodeny Charters）所做的测试。试验结果表明，早期数字摄像机在特写镜头的细节表达方面效果还可以（图 2–5），但影像的高光部分不如胶片，动态范围比较小。同样的实景场景，在胶片所拍摄的画面中，室外楼群保留了更多的层次（图 2–6）。如果摄制组改用数字机拍摄的话，就需要进一步减小室内景物和室外楼群的亮度间距。具体来说，可以增加室内副光照明，或同时在窗户上覆盖 ND 中灰灯光纸，压暗室外强光。

图 2–5　电视连续剧《24 小时》所做的测试。左：Kodak Vision3 500T 5219 彩色负片。右：Sony F35 HD 数字摄像机。

图 2-6　电视连续剧《24 小时》所做的另一个测试。左：Kodak Vision3 500T 5219 彩色负片。右：Sony F35 HD 数字摄像机。

2.1.4　反　差

"反差"和"光比"很容易混淆，光比大小会影响影像的反差，而反差不仅和景物受到光线照射的光比有关，也和影像设备的性能、影像的后期加工控制有关。

图 2-7 的场景取自故事片《贫民窟的百万富翁》（*Slumdog Millionaire*，2008）。这部影片使用了 3 种不同的感光介质：几台不同型号的 Arri 35mm 胶片摄影机拍摄了影片中75% 的镜头；一个很小巧的 Silicon Imaging SI-2K Mini HD 数字摄像机捕捉孩子们的奔跑；另有 Canon EOS-D1 Mark Ⅲ 数字照相机拍摄泰姬陵的场景，因为这里是旅游景点，大张旗鼓的电影拍摄会带来很多麻烦。该片经数字中间片——DI 调光后的影调基本一致，风格统一，但细看还是能察觉出些许差别。用数字照相机拍摄的画面显然比其他画面反差大，宽容度小，被太阳照射的地面以及孩子脸颊背光之处层次都丢失得比较厉害。或者说，亮部景物"毛掉"了，暗部景物又"黑死"了。

图 2-7　故事片《贫民窟的百万富翁》使用了 3 种不同的摄影机、照相机。左上：Silicon Imaging SI-2K Mini HD数字摄像机。左下：Arri 35mm 胶片摄影机。右列：Canon EOS-D1 Mark Ⅲ。完成影像经 DI 精心匹配，但仍能看出细部的差别。

反差和宽容度是一对矛盾，反差大往往曝光宽容度小。从图 2-5、图 2-6 的测试也可以看出，早期数字机的影像反差比胶片的略大，而宽容度小，才造成了亮部细节的丢失。

如果一味减小景物的亮度间距，虽然景物都能被感光器材记录下来，但也不见得能够获取好的影像。初学者不仅可能拍出亮度间距太大失控的影像，更有可能因选择了顺光照明或补光过度而制造出灰暗的、缺乏生机的影像（图 2-8）。而摄影大师们总是会充分利用感光器件可记录的亮度间距，既不浪费能够再现丰富层次的每一级宽容度，又不让重要的景物失控。

2.1.5 亮部层次

电影画面很少会有图片摄影中大面积全白的所谓"高调"影像。因为是在讲故事，过于风格化的影像往往会分散观众对故事本身的关注。然而，这并不意味着明亮的景物在画面中不重要。相反，影像的亮部在画面中往往起着引导视觉注意力的作用。

影像的亮部失控通常发生在某些被摄景物过亮，或有场面调度——人物从暗区走入亮区时，比如人物从室内走到室外，或者走到窗前（图 2-9 上）。更为常见的是室外天空失去层次，比如逆光摄影时，将人物叠在了明亮的天空上（图 2-9 下）。

电影画面总是会将明亮的、高反光率景物的曝光水平控制在感光器件宽容度的范围之内或边缘上，使影像的亮部仍有明暗变化。如图 2-10 所示，影像出自故事片《歌剧浪子》（*Io, Don Giovanni*，2009，左）以及《谢利》（*Chéri*，2009，右）。美术师和服、化、道人员也会调整服装、道具和人物化装，使它们相互匹配。比如，墙面可能不是白色而是浅灰色

图 2-8　景物亮度范围小也是"烂"影像形成的一个原因，画面因缺乏明暗对比而显得比较"灰"。感光器件的宽容度没有得到充分利用。

图 2-9　影像的亮部失控，层次丢失。上：摄影棚内拍摄，当人物走入假定的窗口时，照到"阳光"的肌肤和上衣失去了层次。下：室外明亮的天空缺乏层次是初学者经常遇到的问题。

图 2-10 亮部细节丰富的影像。左：故事片《歌剧浪子》中细腻的纱质睡裙。右：故事片《谢利》中几乎没有暗部的特写镜头。

的，用更浅的粉底为演员化装以配合白色的婚纱……而白色或浅色本身也有讲究，反光率为 40% 甚至更低的消色都可以被认为是白色，比如未经漂染的白色土布，其反光率甚至可以低到 30%。电影的道具和服装设计会有意识地选择反光率较低的白色或浅色。

　　具有大面积暗区的低调摄影画面是最有电影感的画面，其中的亮部影像更为重要，这些亮部往往就是画面的视觉中心，所以也会做得比较精致，它们的层次会得到严格控制。如图 2-11 所示，影像出自电视剧《冰与火之歌：权力的游戏》（Game of Thrones，2011—2019，左上）以及故事片《我是爱》（I am Love，2009，左下）。

　　按照一般的摄影规律，电影影像首先会保证亮部具有比较丰富的层次，如图 2-12（左）

图 2-11 低调画面中不是没有亮部，而是亮部的区域比较小。左上：电视剧《冰与火之歌：权力的游戏》中明亮的窗户和半剪影的人物形成亮度对比。左下：故事片《我是爱》中家庭聚会的场景，明亮的桌子将观众的视线引导到餐桌周围。右：左下图的拍摄现场，摄影师用了 3 盏 PAR 灯打亮餐桌，并和美术师、道具人员配合，调整餐具、餐巾，使过亮的地方得以遮挡，也使人脸有适当反光。

图 2-12 保证亮部层次是保证影像画质的关键，不得已时，可以通过舍弃暗部达到保全亮部的目的。左：《云水谣》中一个梦幻般的场景，男主角陈秋水（陈坤饰）以为见到了自己思念多年的女友王碧云（徐若瑄饰）。右：《花样年华》中柬埔寨吴哥窟的场景。

故事片《云水谣》（2006）所示。如果景物的亮度间距过大，超出了感光器件的宽容度范围，又没有办法或不打算补亮暗部的话，往往会舍弃暗部，保全亮部。如图 2-12（右）《花样年华》中吴哥窟的场景。当然，电影规律不存在绝对真理，如果画面中明亮的景物是一扇窗、一盏灯，并对处于视觉中心的人物没有太大影响，也可以让这些局部的高光"毛掉"。

专业摄影师往往凭眼力就能预见到图 2-9 所出现的亮部失控，并及时纠正类似的问题。对于经验不足的初学者来说，则应该多使用曝光表，它所显示的测量数据可以告诉你哪些地方太亮或太暗，已经超出了宽容度范围。监视器也是数字影像捕捉最常使用的监控设备，但监视器不会告诉你场景的光比和亮度间距是多少，而且易受环境光影响，使判断失准。

2.1.6 暗部层次

电影史上以低调摄影闻名的"黑暗王子"们为观众留下众多惊悚片、历史剧。比如，罗伯特·克拉斯格尔（Robert Krasker）摄影的《第三人》（*The Third Man*，1949）、戈登·威利斯摄影的《教父》三部曲（*The Godfather*，1972—1990），以及达吕斯·康第（Darius Khondji）摄影的《七宗罪》等。大面积暗部存在于夜景之中，也存在于采光条件不好的室内或遮天蔽日的森林等场景中。摄影师们为了得到层次良好的暗部，可谓煞费苦心：改变胶片的感光度设置和洗印工艺、在镜头和照明上做手脚等，目的就是一个——尽可能多地保留影像暗部层次，尽可能压低颗粒度和噪波。

图 2-13 暗部层次丢失严重的影像会引起观众的视觉疲劳。

图 2-14 越是以低调摄影为主的电影画面，暗部层次是否丰富就越发重要。在被公认为暗部层次控制出色的故事片《七宗罪》中，观众几乎看不到完全"黑死"的区域。

图 2-15 故事片《爱》在美术师的设计中，鲜有大明大暗的物体。从暖棕色的墙、灰色的毛衣到白种人的皮肤，以中灰反光率居多。影片的影调也以中间调为主。

比较图 2-13 初学者拍摄的影像和图 2-14 专业摄影师所营造的低调画面，两者的区别不言而喻。图 2-13 描绘的是一个正常的室内日景，画面中有一块块"死黑"的区域。该作品除了用光不当之外，记录和传递影像过程的反差控制也有问题。画面中人物和环境的关系混乱，观众在观看这样的影像时，大脑就会不自觉地努力去辨认、弥补那些交代不清的形态，试图使它们变得完整。从心理学"心理完形"的角度来看，这样的画面很容易引起观众的视觉疲劳。

图 2-14 是故事片《七宗罪》中的几个典型场景，整部影片无论是日景还是夜景，都笼罩在阴沉压抑的气氛之中，场景虽然暗，层次却非常好，观众可以沉浸于故事之中，不需要仔细辨别画面中人物在哪里。

如果眯起眼睛观看这两组影像，你会发现图 2-13 只剩下一些或黑或白的斑块，而图 2-14 几乎没有什么变化，仍旧能够看清人物的整体轮廓。

2.1.7 中间层次

中间层次是影调中最重要的区域。处在这个范围内的景物往往有良好的层次和色彩再现。最重要的被摄体——人脸，也落在这个区域。出于叙事的需求，大多数时候应该让观众看清楚演员的表情。如图 2-15 所示，这是故事片《爱》（Amour，2012）中，两位老人坐在厨房吃早餐的场景。画面有着丰富的中间影调的

安娜·弗尔斯特谈曝光表

　　弗尔斯特总是急于看到拍摄素材以及最终校色后的影像，想知道在拍片现场看到的场景和所呈现出来影像之间是什么关系。然而她仍旧随身携带曝光表，在监看拍摄素材回放之前用它控制光比。"也许某天我会放弃曝光表，但是这部影片中（注：指使用 Arri Alexa 数字摄影机拍摄的《匿名者》）我必须用它，"她说，"我要把自己的工作做得十分准确。"

——《美国电影摄影师》（*American Cinematographer*），2011 年第 9 期

影像，观众可以清晰地看到老人脸部、服饰、桌上餐具的层次细节。

　　正常的影调再现可以使被摄景物中的中等反光率水平的物体被记录为中间调影像。它们大致涵盖反光率从百分之十几到百分之三十几的范围。比如：自然景物的平均反光率为 18%，摄影专用灰板也是 18%，黄种人的皮肤大约为 25% 至 30%。从不严格控制的角度上来说，无论是以照度订光，还是以自然外景平均亮度、18% 灰板的亮度或人脸亮部的亮度订光，都能使上述景物再现为中间影调。

2.1.8　曝光和影调的关系

　　所谓"正常的影调再现"，是指所再现的影像在明暗程度上符合观众观看自然实景的视觉感受。改变曝光可以改变被摄景物再现后的明暗程度，高反光率景物可以成为中间调影像，中等反光率的景物也可以成为影像的亮部或暗部。

　　比如图 2-16《爱》中的两个场景，上图是黄昏后室内没有开灯的效果，墙壁特别是人物身后的墙角比较暗；下图是日景，墙

图 2-16　《爱》中两个内景，故事发生的时间不同。上：傍晚未点灯之前，有意减少曝光。下：白天，正常曝光。改变曝光可以改变观众对故事所描述的时间的感受。

面比上图亮，因为白天室内天花板、地面和家具相互间的反光会提亮房间内的底子光。这是摄影棚搭建的场景，摄影师达吕斯·康第选择不同的订光点，让同样的景物处在不同的曝光等级上，从而产生了一日之内不同时段的效果。这两个场景模拟的都是窗外自然光透入室内的光效，如果增加上图的曝光或减少下图的曝光，观众所感受到的故事时间可能就不一样了，傍晚变成白天，正常白天变成阴天或傍晚。

有时，改变影调应有的亮度，也改变着画面叙事的重心。如图 2-11 所示的两个场景中，人物亮度都没有处在中间影调的范围之内，而是暗了许多。这样处理不仅是为了在感光器件有限的宽容度范围内容纳所有景物，而且是出于故事的需要。左上图《冰与火之歌：权力的游戏》这个镜头中，摄影师想让观众看到的是整体环境而不是演员的表情。阳光中王族城堡、半剪影的人物，让观众感受到这里是奢华且充满权力争斗之地。左下图《我是爱》的场景，展示了家族聚会气派且压抑，家庭成员之间的关系很微妙。

学生拍摄实习作业的时候有曝光表和视频监视器，所以出现曝光整体失控的情况不多，较多发生的问题是场景部分过暗或过亮的局部失控。

2.1.9　构图和影调的关系

构图对影像画质的影响很大，如果画面中影调的明暗错落有致，画面看起来就会很舒服。还是以图 2-13 和图 2-14 为例。图 2-13 中，人物在画面的位置并没有什么问题，然而景物和人物的界线不清晰，人物黑色的衣着又使画面中大面积"黑死"，所以从影调搭配的角度来看，它的构图是很差的，使画面黑一块白一块。图 2-14 中，无论人物位置的安排还是影调的分布都很完美，人物在做什么、场面如何调度，交代得清清楚楚。

2.1.10　丰富影调层次的策略

摄影是创造性的艺术，在总结一种规律的同时，一定也会有成功的反例。然而遵循大多数摄影师认可的基本规律，对初学者的进步会有帮助。

丰富影调层次最关键的技术是通过构图和曝光控制景物的亮度间距。要让景物符合感光器件的宽容度，局部过亮或过暗在一定程度上是被允许的，但不要大面积失控，也不要因为没有用足感光器件的宽容度而使影像灰成一片。

（1）适当的构图

通过改变构图，可以使画面之内的景物有合适的亮度间距。比如，外景摄影当天空过亮时，可以为人物选择建筑等暗景物而不是明亮的天空为背景，景物之间的亮度平衡自然就解决了。如图 2-10 的右图，人物背景是一片树林，人脸和背景的亮度便处在比较接近的程度上。

适当的构图还包括适当的拍摄时机和拍摄角度。在外景和实景摄影时，改变拍摄时间

达吕斯·康第

Darius Khondji，AFC，ASC
法国 / 美国电影摄影师

　　达吕斯·康第出生于伊朗一个混血家庭，父亲是伊朗人，母亲是法国人。受到经销影片的父亲影响，康第是看着电影长大的，之后就读于美国纽约大学（New York University）学习摄影和电影专业。

　　康第和不少重量级欧美导演有过紧密合作，为法国导演让－皮埃尔·热内（Jean-Pierre Jeunet）拍摄过《黑店狂想曲》（*Delicatessen*，1991）、《童梦失魂夜》（*La cité des enfants perdus*，1995）和《异形4》（*Alien: Resurrection*，1997）；为美国导演大卫·芬奇（David Fincher）拍摄过《七宗罪》、《战栗空间》（*Panic Room*，2002）；为英国导演艾伦·帕克（Alan Parker）拍摄过《贝隆夫人》（*Evita*，1996）；为意大利导演贝纳尔多·贝托鲁奇（Bernardo Bertolucci）拍摄过《偷香》（*Stealing Beauty*，1996）；为波兰籍国际导演罗曼·波兰斯基（Roman Polanski）拍摄过《第九道门》（*The Ninth Gate*，1999）；为美国导演伍迪·艾伦（Wood Alan）拍摄过《奇招尽出》（*Anything Else*，2003）、《午夜巴黎》（*Midnight in Paris*，2011）和《爱在罗马》（*To Rome with Love*，2012）；为奥地利导演米夏埃尔·哈内克（Michael Haneke）拍摄过《趣味游戏美国版》（*Funny Games U.S.*，2007）和《爱》；为中国香港导演王家卫拍摄过《蓝莓之夜》（*My Blueberry Nights*，2007）。他曾获奥斯卡最佳摄影奖提名1次，获其他国际大奖7项，提名33项。

　　康第不认为自己有特别的风格，但他的每一部电影的视觉效果都会给观众留下深刻印象。《黑店狂想曲》和《七宗罪》奠定了康第国际级电影摄影师的地位；热内更是将"黑店"夸张的广角镜头和暖黄色调变成为自己电影的影像风格，在他之后导演的《天使爱美丽》（*Amélie*，2001）和《漫长的婚约》（*A Very Long Engagement*，2004）等影片中，都有"黑店"的影子。

　　除了《黑店狂想曲》风格化的影像之外，《贝隆夫人》《七宗罪》暗部层次丰富而凝重，《偷香》《爱在罗马》充满温暖的阳光感，《谢利》将印象主义绘画展示无疑，而《爱》又是那么难以令人置信地真实和压抑。在康第多变的影像风格之中，始终不变的是"精致"，因此他的《七宗罪》可以比别人黑得沉稳、丰富，他也可以把《爱》的摄影棚内景拍出实景效果，从始至终保持同样平稳柔和的基调。对他精益求精的工作态度，艾伦·帕克曾经抱怨说：已经要开拍了，达吕斯还会换镜头！

　　康第喜欢特殊的洗印工艺，但他在留银工艺中会施加更多的控制，使影像暗部产生纯正的"黑"的同时，没有明显的颗粒感。他在近年的作品中，也使用数字调光，并依然在洗印过程中使用不同程度的加冲技术。康第还有一个工作习惯，就是对演员近景和特写布光一定亲力亲为，他说："我不能容忍演员脸上有不好的光效。"

　　康第还说："不少摄影师都会提及维米尔和卡拉瓦乔对他们的影响，而光效不明显的画面更能激发我的灵感。"他最喜欢图片摄影师罗伯特·弗兰克（Robert Frank）的摄影集《美国人》（*The Americans*），像《圣经》一样随身携带，对他来说，这些纯自然的摄影作品充满现代气息。

或选择不同的天气条件可以得到不同的光质，进而改善影像的画质。无论外景还是内景，拍摄角度都是控制画面影调的关键。在摄影棚中摄影时，摄影师和导演会首先假定太阳的位置，再决定怎样布光和构图。

　　（2）补光和挡光同样重要

　　对景物过暗的部位补光和挡掉来自太阳等光源的强光都能缩小景物的亮度间距。相反，在景物特别是人物脸部光比不足、画面平淡时，用黑旗挡在暗部一侧，可减少环境反光的影响，起到加大光比的作用。也可以通过增加照明增加场景的光比，使灰暗的景物有更多层次变化和立体感。

　　（3）曝光有所侧重

　　在拍摄景物亮度间距超过感光器件宽容度的场景时，曝光上可以舍弃一端，而保证重要景物的曝光。比如图 2-3 的《匿名者》，被保证的是人脸亮部的层次；图 2-12 的右图《花样年华》，被保证的是庙宇亮部和身处阳光下的人物的层次。

（4）材质的选择

道具和服装对影像的层次也有至关重要的作用，不仅材质的反光率影响景物亮度间距，它们的质地对画面细节的影响也非常大。光秃秃的水泥地面拍摄出来肯定没有石子路的影调细节丰富，白色的 T 恤衫也没有高档丝绸的纹理漂亮。更多时候，道具服装的追求不是高档的物品，做旧的、脏兮兮的物体可能拍出来更生动。比如用报纸贴糊的墙壁，或者经过烟熏火燎的灶间，比办公室的白墙层次丰富。

2.2 色彩再现

科学家考察"色彩再现"可以有五六种不同的评价方式。比如"光谱色再现""准确色再现""色度色再现"等。电影摄影追求的都是"优美色再现"，这对如何评价影片的色再现造成困扰，它不是能用仪器测量出来的指标，也不完全忠实于原始景物。

2.2.1 色温和色调

电影画面的色调由被摄景物的色彩、光源的颜色特性，以及后期配光和调色处理共同决定。通过各种灯光纸调整照明光源的颜色是摄影师最基本的布光手段之一，也是摄影师在画面色彩上做文章最侧重的手段。

在图 2-17 电视剧《波吉亚家族》（*The Borgias*，2011—）这两个日景教堂的场景中，场景和服装都不包含浓郁的色彩，它们的冷暖色调主要是照明控制所产生的，配合画面的光影效果，使这些场景成为密谋和暗算的隐喻。

图 2-18 是该片另一个场景。在婴儿受洗的典礼上，展示教皇家族的浮华生活更为重要。该场景的照明色温处理比较接近正常白光，画面仅存一抹淡淡的暖色调，人物的服饰在画面中主导了影像的色彩。

图 2-17 电视剧《波吉亚家族》以照明光源为主导的影像色再现。

图 2-18　电视剧《波吉亚家族》以服饰为主导的影像色再现。

图 2-19　不同照明光源显色性对比。左：摄影专用照明灯 Dedolight。右：民用节能灯。

2.2.2　光源的显色性

电影摄影不仅要考虑光源色温对画面的影响，也要考虑光源显色性对再现色彩，特别是人物肤色的影响。自然光源和热辐射光源往往有很好的显色性，比如太阳、篝火、钨丝灯，摄影专用照明光源显色性也较好，而某些人工光源，特别是冷光源有可能显色性较差。

图 2-19 是摄影专业照明 Dedolight（简称 Dedo）和家用节能灯的对比试验。仔细观察人物的皮肤，会发现两张照片是有较大差别的，用 Dedo 拍摄的画面（左图）中人物脸部肤色有细微的色彩变化，有些地方比较红润，另一些地方则更白皙；而节能灯下（右图），肌肤几乎都是一个色调。

日光灯、节能灯、马路上的高压钠灯存在不同程度的显色性问题。日光灯的显色性介于可用和不可用之间，或者说它的显色性作为摄影光源还不够好。高压钠灯的显色性则非常差。当代电影在模拟大面积日光灯环境时，往往用 Kino Flo 灯管替代普通的日光灯，Kino Flo 看起来和普通日光灯差不多，但显色性要好很多。在没有 Kino Flo 的条件下，如果环境照明是普通日光灯，摄影师会使用摄影专用照明灯为演员补光，使他们的肤色还原正常，色彩丰富。

日常生活中常见的冷光源还会出现不同程度的偏色，偏黄或偏蓝绿。偏色问题可以在前期或后期校正，但画面中的颜色细节一旦丢失了，就无法弥补。

色温与画面的色彩再现

当感光器件所设定的色温与照明光源色温一致时，影像的色再现为正常色再现；如果感光器件的色温低于照明光源的色温，影像色再现偏蓝或偏冷；反之则偏红或偏暖。

电影摄影所涉及的光源分为两大类：（1）日光平衡型，包括上午 10 点至下午 4 点的日光，以及高色温人工照明，色温为 5000—5500K；（2）灯光平衡型，包括日出日落时的阳光、钨丝灯、烛光，以及低色温照明光源等，色温在 2800—3200K。

电影胶片分为灯光型（或钨丝灯型）和日光型两种，灯光型胶片的平衡色温为 3200K 的低色温；日光性胶片的平衡色温为 5500K 左右的高色温。

正是因为照明光源有不同的色再现差别，达吕斯·康第曾专门利用这一特性在影片《偷香》中用日光灯塑造露茜（丽芙·泰勒 /Liv Tyler 饰）的美国形象（图 2-20）。露茜是来自美国的 19 岁女孩，带着寻找生身父亲的心结来到意大利乡村。以康第的说法，"丽芙无论走到哪儿，都带着自己的灯"，即使她在人群中，康第也尽量单独为她打光，"将粗糙的现代感带入古老的托斯卡纳，以及那些与外界隔绝的当地人中间"。虽然不是每次都能这么做，但只要有可能并做了，就一定会显露出效果。一般观众不会分辨露茜在用光上和其他人有什么不同，但整部影片中，露茜的外来气息一表无疑。康第为丽芙·泰勒打光的方式也和对别人的不同，总是尽可能单纯、简单，并且不使用柔光镜，而拍摄其他演员时，康第要在镜头后面加上一片很薄的黑纱（电影镜头前后都可以加滤镜）。康第说："光线就像一种温柔的呵护，轻轻地触碰她的肌肤。"（自 *New Cinematographer*）

康第为丽芙·泰勒打光用的是 Kino Flo。他在《七宗罪》里就曾用单管 Kino Flo 单独修饰

图 2-20　电影《偷香》用日光灯为露茜塑造现代感美国形象。

光源显色性试验

比较摄影专用照明 Dedolight（3200K 灯泡）、Kino Flo（3200K 灯管）和家用节能灯（2800K 左右）的显色性，可以得出以下结论：直接拍摄未经后期校正的状态下，Dedolight 色再现出色，石膏像细部层次非常丰富，即使不经过任何校色也能得到正常的色再现。Kino Flo 略微偏红，但基本正常；家用节能灯的色再现显然偏离感光器件所设定的平衡色温，呈现出黄色。

经后期校正后，三种照明条件下拍摄的石膏像均能校正为正常白色。但色板的颜色各有细微差别，其中 Dedolight 的灰阶色再现最为纯正；Kino Flo 的白色偏暖，黑色偏青；而节能灯的偏品。

Dedolight 校色前　　　　　　　　　　　Dedolight 校色后

Kino Flo 校色前　　　　　　　　　　　Kino Flo 校色后

家用节能灯校色前　　　　　　　　　　家用节能灯校色后

图 2-21　显色性试验。Canon 5D Mark II 数字照相机，色温设定为钨丝灯（3200K）状态。

饰演威廉·萨穆塞特探长的黑人演员摩根·弗里曼（Morgan Freeman），并发现弗里曼的肌肤再现得非常漂亮。Kino Flo 的光不会四溢，对周围人物没什么影响，但距人物不能太远，较适合中近景摄影。

2.2.3 消 色

黑、白、灰是消色——饱和度最低的颜色。消色在电影彩色片中占有重要地位。

早期彩色片几乎完全靠场景和道具构成影片的色彩，而当代电影大多将道具、服装设计得饱和度比较低，然后通过摄影照明得到影片的色彩效果，因为越是消色的物体，越能不折不扣地体现出光源的颜色变化。

图 2-22 和图 2-23 是两部色彩艳丽的影片的例子，它们的设计思路和影像风格却迥然不同。图 2-22 的影像来自《满城尽带黄金甲》（2006），场景道具本身金碧辉煌、色彩艳丽，所以照明基本上是用均匀消色的白光，否则光影加上

图 2-22 故事片《满城尽带黄金甲》的场景。

图 2-23 故事片《歌剧浪子》的场景。

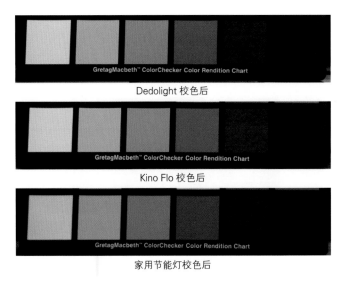

Dedolight 校色后

Kino Flo 校色后

家用节能灯校色后

图 2-24　在消色的灰阶上很容易看出颜色细微的差别。本图片为图 2-21 右列画面的局部。

景物本身丰富的色彩不仅不能营造出漂亮的光感，还会使影像明暗过于复杂，影响辨别。

图 2-23 出自《歌剧浪子》，影像丰富的色彩是由光源的色光产生的。该片故事所描写的是歌剧《唐璜》诞生的过程，适合采用戏剧化的影像处理方式。影片中除了舞台演出的场景外，道具和服装都倾向于消色——色饱和度较低的色彩。因此，摄影师维托里奥·斯托拉罗（Vittorio Storaro）可以在影片中大展其"用光写作"的能力——夜景是蓝光，日景是棕橙色或白光，也有混合色光；当演员从一个表演区走到另一个表演区时，他们脸上、身上的色彩也发生着变化。

消色也是配光调光最难得到纯正色再现的颜色。一般洗印配光师和数字调光师比较喜欢将画面调得略微暖一点或冷一点，从而回避纯正的黑、白、灰。这也是有那么多摄影师孜孜不倦地追求"纯正的黑"的缘故。图 2-24 是图 2-21 中经过校色的灰阶部分。在这个对比中，我们很容易看出它们的"灰"有着不同的偏色，甚至没有一块色板是纯粹消色的，而实际上它们的偏色很轻微。如果色板是红、绿、蓝或其他颜色，观察者若非极其敏感，很难辨别其是不是更红或更蓝。

2.2.4　过度调色

在数字取代胶片之后，后期调色过度是初学者普遍存在的问题。这是由于初学者在鉴赏影像方面还不够专业，看不出细微的差别，容易"用力过猛"。后期调色和拍摄前期的色彩处理在感官上有很大区别，过度调整不仅色再现有问题，也会导致影像的层次损失和噪波增加。

2.3　细部再现

当电影被放映到影院的大银幕上时，影像细部被同时放大，任何瑕疵都会一览无遗。对制造商来说，影像细部应该清晰、干净、锐利，而电影摄影师不一定完全认同这样的

图 2-25 故事片《阿拉伯的劳伦斯》是胶片画质的极品，它的 70mm 大画幅将影像细部展现得淋漓尽致。

影像，不少摄影大师喜欢胶片的颗粒感，把它当作区分电影和电视的一项标志。

2.3.1 颗粒和噪波

胶片影像由感光乳剂的染料云组成，颗粒本身就是影像。而胶片在百年革新过程中不断改进，经适当的曝光控制和规范的洗印加工，就可以得到颗粒幼细的影像。

颗粒感强弱与胶片的感光度有关，一般来说，感光度高的胶片颗粒也略粗。颗粒感和曝光有关，曝光严重不足时，颗粒感明显增加。颗粒感还与影像在放映时的放大倍数有关，胶片的尺寸越小，放映在同样的银幕上会感觉更粗糙。图 2-25 是故事片《阿拉伯的劳伦斯》（Lawrence of Arabia，1962）中的场景，70mm 胶片使影像再现非常细腻，黄沙随风流淌的细节清晰可见。出于对成本的考虑，现在很少有电影用 70mm 胶片拍摄，也使不少当代摄影师对四五十年前的大画幅制作工艺羡慕不已。

电影胶片有固定的感光度，摄影师根据所拍摄的场景的需求来选择高感片（ISO 400—800 左右）或低感片（ISO 100 左右）。数字摄影机没有固定的感光度，它们的感光度是"等效感光度"，即"相当于胶片的感光度"。数字机的感光度是可调的，而提高数字机感光度参数在本质上是提高了放大信号的增益，因此噪波会增加。一般来说，数字机对低照度环境的影像捕捉能力超过电影胶片，比如，Arri Alexa 推荐的感光度是 ISO 800，比常用的高感片的感光度高。

2.3.2 焦点不实

如果所拍摄的画面焦点不实，即使其他方面做得再好，这个影像也是不及格的影像。

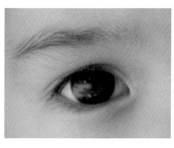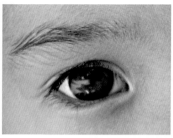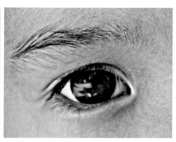

图 2-26 从左到右展现了图像处理软件中"锐化"影像的效果。随着调整幅度增加，在眼睫毛这样的细节变得更清晰的同时，肌肤也变得越来越粗糙。

焦点不实还无法通过后期方法有效补救。拍摄纪录片时，调焦点由摄影师自己完成，但电影摄影中，调焦点由摄影助理协助掌机人完成。这是因为电影的拍摄相对纪录片有更充裕的时间，焦点的准确性更高，还需配合场面调度以及表演的节奏。

2.3.3 勾边的误区

"勾边"或称"边缘增强"是数字影像处理过程中一种"以次充好"的做法。在图像处理过程中，由软件判断哪些像素是被摄景物的边缘，一般是判断像素与像素的差值，差值大到一定程度就被当作景物的边缘，并进一步加大它们之间的差距，如图 2-26 所示。

从一般意义上来说，数字影像或多或少都要通过这一技术使影像显得更锐利一些，但是过度使用这一功能会使影像变得粗糙，甚至在景物轮廓周围出现重影，就像劣质的电视图像。"勾边"功能可以在数字机中设置，也可以留到后期再做。但无论前期还是后期，凡使用这一功能都要谨慎对待，不可过度。

"勾边"很容易被误解，因为所有这些功能键上你看不到"勾边"的字眼，而是以"锐度""清晰度"等词取而代之，让人误以为这些功能增加了影像的清晰度，其实不然，影像的清晰度完全不会增加。

2.3.4 运动模糊

运动模糊是电影影像的特质之一。在曝光过程中，凡是在镜头前快速运动的景物，都会成为模糊的影像。

图 2-27 是《波吉亚家族》中赛马的场景，动作模糊加剧了赛事的紧张程度。从这一组影像中我们还可以看出，摄影机和被摄物体之间如果相对位移较小，影像就会清晰一些。比如左上图和右下图，摄影机跟摇马匹，马匹和骑手就相对清晰，背景则模糊得更厉害。而且横向的运动要比纵向的运动模糊程度高。

电影画面中短时间动作模糊是被允许的，它们可以展示动作的激烈程度，加强故事的

图 2-27　电视剧《波吉亚家族》中赛马的场景。马匹奔跑和摄影机跟摇产生了动作模糊的影像。

节奏，但长时间动作模糊会使观众不适，无法正常观看，甚至会造成部分观众晕眩、呕吐。

　　现在有一些导演，特别是制作立体电影的导演，比如詹姆斯·卡梅隆（James Cameron）、彼得·杰克逊（Peter Jackson），在倡导 48 fps 摄影，摄影频率比现在的 24 fps 提高一倍，可以使动作模糊大大缓解。

2.3.5　低照度环境

　　"低照度"在电影摄影中有两种含义：一种是以充足的照明拍摄出低照度光效；另一种是在真正的照度水平很低、光线很暗的环境下拍摄。小制作常常会遇到低照度环境，而且摄影师有时也有意识在低照度环境中捕捉特殊的光线效果。

　　在低照度环境下摄影，往往需要将数字摄影机的等效感光度尽可能设置在高感光度水平上，而摄影光圈也有可能用到镜头的最大光孔，这些设置都会使噪波增加，并使画面的清晰度降低。

　　故事片《神圣车行》（Holy Motors，2012）中有一个向老电影《幕间休息》（Entr'acte，1924）致敬的同名段落"幕间休息"，同时也是本片的中场，让观众听听音乐，放松一下（图 2-28）。该段落为实景拍摄，又是夜景。摄影师卡罗琳·尚普捷（Caroline Champetier）回忆说，她在这个场景里用到了 Red Epic 数字摄影机的最大光圈，但事后发现，Red Epic 在最大光孔时成像不够好，画面中高光被抑制了，不够漂亮，影像看起来也有些失焦。

图 2-28　故事片《神圣车行》的低照度摄影。男主角进门时使用了一束钠光以强调巴黎的城市夜晚，之后越来越多的演员跟随男主角在教堂的石柱之间穿梭，有时处在光照之下，有时淹没在阴影之中。

Dedolight　　　　　　　　家用节能灯

图 2-29　光源显色性差也会影响影像的细部再现，使焦点看上去有些虚。本图是图 2-21 的局部，Dedolight 比家用节能灯所拍摄的影像细节丰富，层次细腻，也更清晰。

2.3.6　光源显色性对细节的影响

如图 2-29 所示，照明光源显色性影响色彩再现的同时，对影像的细部再现也有很大影响，特别是清晰度会下降。如果光源的显色性不好，照度又低，高感光度加上大光孔摄影，噪波急剧增加，焦点不实，会进一步加剧影像细部再现的劣化。小制作电影在直接拍摄夜晚的街景、昏暗不清的胡同时，常常会出现这种问题。

2.4　影响画质的其他因素

影响影像品质的因素还有很多，特别是数字摄影机有各种电子设备特有的问题。比如 JPEG 压缩可以使影像分割成马赛克似的块状结构，又如均匀渐变的影调变成阶梯状的马赫带效应、条纹和网格出现闪烁的走样斑纹等。而下面所提及的"眩光"和"几何失

图 2-30　在学生影视作品中，这个眩光是有意识设计的，但这样做的理由不充分，它使影像质量大打折扣。

真"在胶片和数字影像中都会发生，是摄影过程中产生的。

2.4.1　眩　光

当被摄画面中有部分景物过亮时，可能出现眩光现象，受它影响的影像会变得很灰，反差减小，并黑不下去。

虽然有时摄影师会利用眩光让太阳或其他光源在画面中时隐时现，但图 2-30 这个学生作品中的眩光属于设计不当，太阳所造成的镜头进光使画面中的人物大受影响，影像失去应有的锐度和反差。

眩光的产生和高亮度景物，特别是摄入镜头的发光光源的明亮程度有关，也和镜头的质量有关，如果镜头前加有滤镜，尤其是柔光镜时，要特别警惕镜头进光。

2.4.2　几何失真

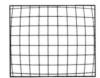

几何失真是镜头所产生的。当被摄景物中存在横竖线条时，失真会更为明显。几何失真和镜头质量关系很大，而超广角镜头出现桶形失真则是必然现象。如图 2-31 所示，存在桶形失真的影像由中心向外鼓起（左），而枕形失真相反，影像会向内凹陷（右）。

图 2-31　镜头的几何失真。Canon 5D Mark II 照相机，Tamron 28—300mm 变焦距镜头。这款镜头的几何失真比较严重。左：28mm 焦距下出现桶形失真。右：135mm 焦距下产生枕形失真。

2.5 范例分析

2.5.1 《谢利》: 印象主义格调的朦胧记忆

英、法、德合拍片《谢利》改编自法国著名女小说家科莱特（Colette）的两部小说，故事描述 20 世纪初叶法国名妓莱亚（米歇尔·法伊弗 / Michelle Pfeiffer 饰）与比她年轻 30 岁的公子哥谢利（鲁珀特·弗兰德 / Rupert Friend 饰）之间不可能的爱情。

科莱特被认为是印象主义作家，她小说所描写的年代也是印象派画家活跃的年代。印象主义成为这部影片的影像根据（图 2-32）。纵观电影的历史，向古典主义绘画看齐的影片很多，而鲜有以印象主义为榜样的片例。该片摄影师达吕斯·康第曾经说过，他总是从无明显方向性的影像中得到灵感。在康第制作过一系列有影响力的影片之后，这部影片没有重复之前的风格，而是将"无方向感"光效做到了极致，影像控制炉火纯青。

印象主义格调

影片的基调是导演斯蒂芬·弗雷斯（Stephen Frears）、摄影师达吕斯·康第以及美术师、服、化、道密切合作的结果。康第说，许多美术作品影响着《谢利》绘画般的风格，而且确实有两个场景真的唤醒了我们对科莱特时代的画家的印象。一处是谢利的母亲夏洛特家的花园，当夏洛特（凯西·贝茨 / Kathy Bates 饰）和莱亚在苍翠繁茂的园中散步时，就像走入了莫奈的绘画（图 2-33 ①）。另一处是百无聊赖的谢利在著名的马克西姆餐厅中的场景，使人想起雷诺阿的画作（图 2-33 ②）。

在美术设计上，两处主要场景——夏洛特的家和莱亚的家，对整部影片风格起了至关重要的作用。夏洛特的家华丽但有些庸俗，颜色也更丰富一些（图 2-33 ④）。莱亚家的颜色带有粉画效果，是偏青的冷调，相对于夏洛特家更简约（图 2-33 ⑤）。

《谢利》的影像层次和细节非常丰富，对此康第说："我不希望影像太锐利或光效太明显，我想要非常非常柔和的照明，就像经过了岁月的洗刷，一种朦胧的回忆。"（自《美国电影摄影师》，2009 年

图 2-32 印象派绘画。左列：莫奈作品。右列：雷诺阿作品。

① 夏洛特家的花园，几乎就是莫奈作品的翻版

② 马克西姆餐厅，使人想起雷诺阿画作的色调

③ 夏洛特家的玻璃房，保持日光的稳定是照明难点

④ 夏洛特家在美术和道具的设计下华丽而庸俗

⑤ 莱亚家，粉画般的冷色调

⑥ 莱亚去往比亚里茨度假胜地　　　　　⑦ 莱亚进入比亚里茨宾馆

图 2-33　故事片《谢利》主要场景。

7月）为做到这一点，康第采取了多种手段：第一是镜头的选择，第二是柔光照明，第三是洗印和 DI 有针对性的调整。

镜头的选择

本片采用 35mm 变形宽银幕画幅格式，康第为 Arricam 摄影机选择了老款 Cooke Classic（经典系列）、Cookke Xtal Express 和 Kowa 定焦变形镜头。拍摄莫奈花园使用了 Kowa 75mm 镜头，加 ND 9 的灰镜，以减小景深，增强影像的柔和程度（图 2-33 ①左）。康第认为最适合《谢利》的并用于多数场合的镜头是 Cooke Classic 系列。测试时，镜头开大光圈就会损失清晰度，这正是康第所希望的。而他们所用的这款 Classic 镜头已有 40 年历史，是意大利导演米开朗基罗·安东尼奥尼（Michelangelo Antoninoi）和卢基诺·维斯康蒂（Luchino Visconti）晚期电影中使用过的镜头，浸渍着电影的历史。康第用 Cooke Xtal Express 拍摄影片中为数不多的特写镜头。在拍摄亲密关系镜头时，康第一般将光圈设置在 T2.8 和 T4 之间，强调较浅的景深，便于分离角色和背景。

光线处理

康第把这部电影的画面形容为在水族馆观赏鱼类，当鱼儿甩动尾巴，水中的光色便产生变化，那么微妙，不易察觉。

影片中柔光贯穿始终，景物的亮度间距受到严格限制，从深灰到柔和的白。影片中极少出现有着强烈阳光的场景，图 2-33 ⑥是其中之一，由直升机航拍而成。为了得到柔和的光线，所有照明灯都使用了两层柔光布，从不用灯直打被摄景物。例如，夏洛特家玻璃房（图 2-33 ③）的拍摄受室外天气影响，而且如果阳光直接照射到人物和环境上，光线会太过生硬。照明组在镜头带不到的地方将玻璃房整个用白丝绸包裹起来，外面用 Dino 排灯打亮玻璃房，并根据天气条件调整光线的强弱（图 2-34）。这个场景在影片中多次出现，偶尔也会有阳光照射到躺椅和植物上，那是用 Mole Beams 和 Xenon 氙灯做出来的光效。

图 2-34 《谢利》夏洛特家玻璃房的场景为实景拍摄。玻璃房用白色柔光布包裹，Dino 排灯照明，以便获得稳定的、柔和的日光。

　　《谢利》使用了三种灯光型彩色负片：Fuji Eterna 250T、400T、500T。康第对影片色相的设计总是"有点冷"或"有点暖"。他的工作习惯是随身携带色温计，这样可以精准地控制光源的色温。他将室内灯光——台灯、壁灯等的色温控制在 2800—3000K，用 3200K 的灯光型胶片拍摄会呈现出轻微的暖调，比如图 2-33 ②马克西姆餐厅、④右图夏洛特家室内夜景。他的日光色温控制在 4000—4500K，拍摄时在镜头上加降色温滤镜，可使其略微偏暖或偏冷。比如，玻璃房的 3200K 低色温 Dino 排灯加有 3/4 CTB 升色温灯光纸，摄影时又在 Classic 镜头前加上了一种降色温的 LL-D 滤镜，总体上阳光呈现出白光略微偏暖的色调。

　　康第常常在室内的日景中利用一两盏低色温的道具灯为画面添加局部的暖调，使日光在其对比下"有点冷"。图 2-33 ③右图玻璃房茶会的场景中，画左有一盏台灯；而图 2-33 ④左图夏洛特身后也有一盏台灯，在偏冷偏紫色的环境中弥漫着一点淡淡的暖橙色光。

　　马克西姆餐厅是实景拍摄（图 2-33 ②），它的布光也比较难处理。餐厅四周都是镜面，而摄影机运动又非常自由，360°整个环境都会被拍摄到，无处藏灯。为此，照明师设计了一种特殊的灯箱，每 12 个家用灯泡串在一起，吊到屋顶上。这样的灯泡组为环境提供必要的底子光，而餐桌上的道具灯为餐厅增加了一个个光区，成为主光的照明依据，当谢利在餐桌之间行走时便会产生生动的明暗变化。由此我们想起，张艺谋摄影的《黄土地》（1984）也使用过类似的方法将窑洞打亮。

　　比亚里茨宾馆（图 2-33 ⑦）的实景其实是一家银行，在整部影片都是柔光低反差的基调下，康第不想把该场景也处理成低调的效果。为此，照明组用 Dino 排灯组成一面灯墙，打亮银行内面向大门的暗区，窗户上加有 ND 中灰灯光纸，以压暗室外的光线，室内施放了淡淡的烟雾，用来增加场景的纵深感。排灯的好处是很多灯泡组成面光源，从不同的角度打向场景，所以不会造成影子。

　　影片结尾处，谢利回到莱亚身边，在第二天清晨，这对看似重归于好的情侣终于发现两人之间不可逾越的年龄鸿沟。如图 2-35 所示，这个场景是在摄影棚中拍摄的，窗户很明亮，是一束强光和摄影棚上方一排柔和的钨丝灯共同作用的结果。窗外是一块巨大的 TransLite 景片，需要大量的照明才能把它打亮，而在曝光控制上，明亮的窗外景物只是隐约可见。

洗印及 DI

　　如前所述，康第喜欢特殊洗印工艺。由于 DI 已经非常普及，康第在这部影片的洗印工艺方面不像之前的电影做得那么复杂，而是洗印和 DI 相结合。洗印方面，《谢利》的部分场景做了"减冲"（pull-processed）处理。"减冲"是通过缩短显影时间或降低显影温度使影像密度低于标准冲洗工艺的技术。为了配合洗印过程的"显影不足"，在拍摄时一般需要预先增加曝光。它的结果是反差减小，影像更柔和。

　　《谢利》的数字后期在位于伦敦的 Deluxe 公司制作，这是一家著名的洗印和数字后期公司。调光时根据康第的要求，在影像高光部分增加一点青铜的光泽，在中间影调和暗部

图 2-35 《谢利》结尾处的场景。左列：莱亚家清晨的场景，摄影棚内拍摄，窗户外面是 Translite 景片。右列：TransLite 景片工作示意图，它使用半透明介质，类似于街头的广告灯箱，要从背面用灯照亮。

区域则添加一点淡淡的蓝色。数字图像处理可以分别调整影像的亮部、中间部分及暗部，比较灵活，但这三个部分不是完全独立的，当调整一个区域时，其他区域也会发生一些变化。

　　按照"发烧友"的想法，器材镜头一定要选最新最好的。然而在《谢利》的案例中，我们会发现，专业摄影师在决定所使用的设备器材时，他们的考虑更为复杂，他们会把特定故事的影像风格放在首位。然而就在摄影师似乎是在有意识地破坏画质的同时，观众所看到的却是纹理超常丰富的精致影像。它又一次证明，在创作中设备是重要的，但又永远不是第一位的。一个好摄影师能够驾驭各种设备和各种可能出现的状况。

　　康第的柔光影像也不同于早期彩色故事片亮堂堂的艳丽影像，康第创造的影像主次分明、气氛流畅、控制自如，所做的一切又自然得让观众难以察觉。图 2-28《神圣车行》的例子也是如此，在这个"幕间休息"段落，虽然摄影师能够感觉出开大光孔对影像的影响，但观众并未在意，他们的情绪完全沉浸在演员的表演之中，淹没在美妙的音乐里。

2.5.2 《塞拉菲娜》：淳朴中带着淡淡的忧伤

　　法国和比利时合拍片《塞拉菲娜》（*Séraphine*，2008）预算大约 360 万美元，在西方算是小得不能再小的制作了。它曾获 2009 年恺撒奖最佳影片、最佳摄影等 7 项大奖，2 项提名。

　　故事女主角塞拉菲娜（约朗德·穆罗 /Yolande Moureau 饰）是巴黎郊区一个生活在自己世界里的普通妇女、虔诚的天主教徒，她做女佣，在忙完活计之后，会靠在大树上听风声，欣赏大自然的景色，画出色彩艳丽的花果植物。而她服侍的雇主，一个流亡巴黎的艺术经销商乌德（乌尔里希·图库尔 /Ulrich Tukur 饰），无意间看到了她的画作，为之震惊，并使她的画作在巴黎艺术界引起轰动。然而，塞拉菲娜未能享受作为成功画家的喜悦，她的精神状况变得越来越糟糕，最终不得不在精神病院中了度残生。

《塞拉菲娜》阴冷晦暗的影像加强了故事的悲剧感。除了少数有烛光的教堂内景和其他室内夜景外，该片的外景和室内日景都是清冷的色调，如图 2-36 所示。故事的发生时间是第一次世界大战前后。该片导演马丁·普罗沃（Martin Provost）想要避免豪华的历史剧效

图 2-36　故事片《塞拉菲娜》绘画般的影像是由"暗"造就的。左列：外景。右列：内景。

图 2-37 Luciole 灯箱。

果，因为已有太多的电影在这样"重现历史"。他说，洛朗·布吕内（Laurent Brunet）以前拍过的电影里有一种有点粗糙的东西正是他想要的，于是他聘用了布吕内作为该片的摄影师。对于布吕内来说，这是他第一次拍摄历史题材的影片，是一次难忘的制作经验。

"暗"在该片的场景中占主导地位。20 世纪初，法国乡村是没有电的，室内夜晚要靠蜡烛和油灯照明，而白天也只能靠窗户透射进来的光线照明，所以室内会比较黑。布吕内坦言，他们从未刻意模仿某位艺术家的作品，而实际上是这种"暗"成就了该片绘画般的影像品质，"暗"同样是很多经典绘画的作画环境。

《塞拉菲娜》的视觉魅力源自它的简约。在技术层面上它也是简单的：一台 Arricam Lite 摄影机、一种 Fuji Eterna 500T 8573 负片，外加适量照明设备。

照明使用的是 6k 的 Joker 和 Luciole 灯箱。Luciole 灯箱从 100W 到 6kW 不等，有日光型和灯光型两种色温，而箱体的尺寸也可选择（图 2-37）。另外，灯箱的透光材料也可根据需要更换，可以是全柔光布的、四周挡黑的、银面的，或格网的。这种照明在欧洲电影制作中很受欢迎。布吕内选择了尺寸比较小的 6k 灯箱，这样容易控制照明的光区，使其不要太大，并加了带有调光器的 250W 的灯泡。不少场景中只用到两盏 Luciole 灯箱，在一个塞拉菲娜深夜手提油灯上楼回家的场景中，两盏 Luciole 灯箱被分别绑在两个话筒杆上，由场工举着，作为对环境光的补充。

对于胶片的选择，布吕内需要高感片，这样才能限制照明的用量，并尽可能捕捉自然光。比如图 2-38 乌德的起居室，这个场景在拍摄时，外面的阳光很充足，所以布吕内将一些反光板支在草地上，把阳光反射到室内。摄影持续了好几个小时，布吕内所做的就是根据太阳的变化，调整反光板的角度。他本打算准备一盏 6k 的 Luciole 灯箱，在阳光不够时使用，但结果并不需要，整个场景的拍摄都是在纯自然光下完成的。

选择 Fuji Eterna 500T 是因为布吕内对多种胶片进行了测试，结果表明，这种胶片和他选用的 Cooke S4 镜头配合，色彩再现很舒服，而且 S4 捕捉的影像既柔和又不失锐度。布吕内在这部影片中经常使用的是 32mm 和 40mm 两款定焦头。

图 2-38　完全依赖室外自然光照明的场景。使用了一些反光板将阳光反射到室内。左列：镜头从乌德弹琴的背部开始，他的朋友入画，然后摄影机转向乌德的左侧，带出二人弹琴的动作和面部表情。右列：乌德的妹妹在后景进入房间，来到钢琴旁。

拍摄现场空间总是很狭小，这使得画面的景别时常很紧。但导演普罗沃不希望有太多的特写，并希望保持简单的场面调度。特写镜头较多的是塞拉菲娜作画的场景。影片中固定机位的镜头也比较多，通常是跟随演员的行动有一些横摇。偶尔摄影机的运动也比较复杂，如图 2-39 所示，布吕内操纵一台迷你型摇臂，从女主角的背面越过她的肩膀，拍摄到正面她手部的特写。布吕内又是用两盏 Luciole 灯箱为塞拉菲娜打出轮廓光——从塞拉菲娜背面摄影时是逆光，当摄影机转到塞拉菲娜前方时轮廓光变成了顺光，与桌子上和供奉守护天使的烛光方向相符。

普罗沃希望展示给观众的是塞拉菲娜的虔诚——对上帝的虔诚，对上帝所应许的绘画的虔诚，而不是一个歇斯底里的可怜虫。他做到了这一点，影片之所以将恺撒奖几乎一网打尽，是因为它有一个感人的故事，有从演员到电影制作方方面面完美的配合。

2.5.3　参考影片与延伸阅读

成熟的电影工业中，工作人员之间配合默契，摄影助理各司其职，照明充足使摄影镜头不必开到最大光圈，也很少发生焦点不实等低级失误。从这个意义上讲，好莱坞商业片都可以作为学生作业控制画质的榜样。而小制作、独立制片的电影参与者新人较多，可能会有特别的艺术想法，但也可能夹杂着技术失误。

就本章对影像画质基本要求的内容来说，以下影片也可作为参考。

图 2-39　一个狭小空间里复杂的摄影机运动镜头：从塞拉菲娜作画的背部开始，推摇到塞拉菲娜面前的守护天使像，然后回到塞拉菲娜身上，越过她的肩膀，最后停留在她作画的手上。这一镜头在最后的剪辑中插入了一个塞拉菲娜的面部特写，她仰望守护天使，脸上充满喜悦，那是激励她作画的动力。

（1）法国短片《白鬃野马》（*Crin blanc: Le cheval sauvage*，1953）有着完美的黑白影像，是电影摄影史上一部重要的影片。故事描述了一个男孩和一匹有灵性的野马，完全是外景摄影。可能也正因为如此，该片没有当时电影摄影那种混乱的光影，光效自然生动，初学者可以借鉴它的影调关系、人物和背景的亮度比例，感受什么是出色的黑白影像。

（2）美国故事片《给朱丽叶的信》（*Letters to Juliet*，2010）是一部现实题材影片，虽然它的摄影师是意大利人马尔科·蓬泰科尔沃（Marco Pontecorvo），影像却呈现好莱坞商业片的品质。这种不太有个性的浪漫喜剧片不大会被摄影大奖青睐，但画面漂漂亮亮，行活儿做得很地道。蓬泰科尔沃近年也参与了一些有影响的电视剧的创作，比如，《罗马》（*Rome*，2005—2007）、《冰与火之歌：权力的游戏》等。在三段式影片《爱神》（*Eros*，2004）中他是安东尼奥尼所导演的段落的摄影师。

（3）国产电影《金陵十三钗》（2011），赵小丁摄影。除了特效和高速摄影处理得不够自然以外，基本场景的摄影把握和气氛营造都具有很高的专业水准，也算是地道的行活儿，可借鉴。

（4）《云水谣》在国产片中属高画质再现、场景气氛都比较到位、并能很好地塑造中国人种角色的影片。该片涉及多位摄影师，王小列、王松、许斌等。

（5）福尔摩斯的故事已经多次被搬上银幕，在这种情况下，英国电视剧《神探夏洛克》（*Sherlock*，2010—）仍然能有很高的收视率，和它全新的制作思路不无关系。该电视剧塑造了一个现代版却依然不善交际的福尔摩斯形象，音乐、摄影、剪辑都很有时代感。第一季和第三季由史蒂夫·劳斯（Steve Lawes）摄影，他活跃在广告、电影、电视剧摄影领域，之前拍摄过故事片《日历女郎》（*Calendar Girls*，2003），其影像就很有广告气息，很现代；第二季由法比安·瓦格纳（Fabian Wagner）摄影，一位电视剧摄影师。这两位摄影师的影像风格还是有所区别的，相比而言，劳斯的影像明暗分明、画面简约，而瓦格纳喜欢在场景中放烟，影像不那么明快。

《神探夏洛克》的规模、场景没有电影那么宏大，适合学生作业借鉴。

第三章

亮度和色度平衡：电影影像的视觉感受

> 当你拍摄广告时，影像是信息。在剧情片里，故事是信息。
>
> ——爱德华多·塞拉（Eduardo Serra，AFC，ASC）

观影的感受不同于观看自然界的景物。利用这一好处，我们可以在全黑的影院中观赏夕阳西下，观众以为那是真实的，然而影像的亮度比实际景物亮的度低了很多很多。摄影技术控制的目的是要在画面中建立起亮度和色度分布的平衡，并通过曝光使影调和色彩以最恰当的密度、电平或计算机编码的数值呈现。

3.1 适量的视觉信息

观众观看电影画面时，眼和脑需要一定的时间处理视觉信息。为了将故事表达清晰，镜头要有一定的长度，画面中的内容也要适量。信息太多，大脑来不及处理，会影响观众对故事的理解，信息太少又会让观众觉得无聊。

3.1.1 电影画面要单纯

比较图 3-1 的图片摄影画面和图 3-2 的电影摄影画面，图片摄影所传达的信息显然更复杂一些。

图 3-1　安妮·莱博维茨摄影作品。上：《名利场》2007 年 2 月刊封面。下：庆祝迪士尼"百万梦想之年（Year of a Million Dreams）"系列作品之一。

图 3-2　故事片《阿拉伯的劳伦斯》。即使是大场面，画面中视觉信息仍然单纯，观众的视线会被引导到主要人物身上。

图 3-1 是美国图片摄影师安妮·莱博维茨（Annie Leibovitz）的作品，她以拍摄名人，并为《滚石》（*Rolling Stones*）、《名利场》（*Vanity Fair*）等时尚杂志提供封面摄影而著称。

在这些图片中，画面包含了丰富的视觉信息，组成画面的各种元素几乎同样重要，无主次之分。在图 3-1 下图有着明显合成特点的画面中，不仅男女主角，连背景上的城镇建筑、人物之间的小精灵等都同样清晰。如果观众有兴趣的话，还可以仔细观赏墙上的镜框、被风吹动的窗帘、床上散乱的被子等。而在图 3-1 的上图中，构图虽然简单，但是画面中 10 位好莱坞女星的权重是相等的，观众要逐一欣赏。虽然图片摄影画面并非一定要信息丰富，但安妮·莱博维茨的作品至少说明：图片摄影允许画面中包含丰富的信息，因为观看图片不受时间限制。读者在飞机的座舱里，甚至在卫生间的马桶上手捧杂志，想发呆多久都行。

电影镜头的持续时间以秒计算，它决定了画面中所包含的信息要简洁，否则就会对观众理解故事造成障碍。例如，图 3-2《阿拉伯的劳伦斯》中众多群众演员的大场面，视觉信息依然简明，劳伦斯（彼得·奥图尔 / Peter O'Toole 饰）是画面的视觉中心，主次分明。其他人在画面中都显得不重要，你不用逐一辨识他们。

3.1.2　新鲜感与熟悉程度

图 3-3 是两幅同一场大雪中拍摄的场景。左图是从一座小桥上俯视拍摄的雪景，包括木质小桥本身、河边的积雪、还有水中树木的倒影。观众在观看这幅照片时，可能首先看到了一些熟悉的景物，比如树梢、雪地。接下来他们可能猜测这个画面是拼贴的还是直接拍摄的。如果是拼贴的，合成的目的是什么？画面中各种景物之间有关联吗？如果是直接拍摄的，从什么角度、在什么地方拍摄了这幅画面？而右图就不需要观众花费心思去分析画面的构成，它给予观众的视觉信息一目了然：一些路人在雪中颇为艰难地行走。

图 3-3　对影像的熟悉程度决定了观众识别画面内容的速度。左：形式感较强画面，但观众需要时间揣测影像元素是怎么构成的。右：熟悉的街头小景，没有识别上的障碍。

　　根据信息理论，信息的新鲜感和冗余是一对矛盾。新鲜感可唤起观赏的兴趣，但如果画面中有太多陌生的东西，也会造成观众阅读困难，甚至无法理解影像。而冗余的，或者说观众熟悉的影像，可以唤醒人们的某些记忆，让人们触景生情，但过于熟悉又使观众怠倦、厌烦、不感兴趣。现代人看一些几十年前的经典老片会打瞌睡，是因为那些对当时的观众来说非常新鲜的视觉刺激在当代人眼中已经成为冗余的信息。

　　为了叙事，电影画面需要一定的信息冗余，以便观众可以在很短的时间内看明白画面内容。电影画面也很少使用过于刁钻的拍摄角度或奇特的构图。新鲜感与冗余之间的比例，是学生作业控制不好的尺度。

　　第一章曾经将图 1-3 作为"脏"影像的例子。同时，它也是一个信息冗余过度、新鲜感不足的画面。这种单调的画面在影片中反复出现，或节奏过慢，观众肯定要失去观看的耐心。

　　图 3-4 是一个出色的、个别场景还可改进的学生作业。在这位同学设计了几个警匪片效果的镜头中，色光、烟雾、低调的照明布光使影像的视觉信息非常丰富刺激，即使没有声音和完整的故事，观众也能充分感受到来自画面的紧张气氛。这个作业很好把握了信息冗余和新鲜感的分寸，摸索前进的突击队员是画面中的视觉中心，直接吸引着观众的目光。右下图的镜头是该作业几组镜头中唯一一个有问题的镜头，画面凌乱，影响了观众辨认人物关系。问题出在道具上，不是场景中杂物太多，而是杂物和主要人物没能很好地区分开。重新安排环境和人物关系，让杂物杂而不乱，并与人物保持一定的距离，可以改善构图，突出主体。电影摄影师总是通过摄影机的取景器观察各种景物有没有重叠，位置是否合适，因为这个角度看到的景物分布才是未来影像所呈现的状态。

　　第二章中曾提及的《匿名者》也是一部在"信息冗余"方面充满矛盾的影片。在这部佳作当中，故事发生的时间被切割为好几个段落：主要角色们年轻时、年老时、五年前、现在等。这些时段通过闪前或闪回，被打乱了时间顺序剪辑在一起。对于英国人来

图 3-4 09 级研究生冯思慕作业。整体制作非常优秀，层次分明，但有一个镜头（右下）的影像显得凌乱，人物被环境所淹没。

说，他们可能熟悉那段历史，非线性剪辑可以打破信息冗余，增加故事的新鲜感。而对东方观众来说，要区分年轻和年老的演员、谁和谁在饰演同一角色、谁和谁又是父子关系，由此进一步推断正在观看的段落属于哪个时段，确实有些困难。有些观众在看该片的影碟时要经常停下来回放，也有些观众在看第二遍时才彻底厘清人物关系。对于不那么熟悉西方面孔和英国历史的观众来说，该片不熟悉的新鲜信息偏多，冗余不足。

3.1.3 节奏与画面信息

由于镜头持续时间长短对观众识别影像有重要的影响，所以节奏快的影片在影像构成上会更简单，而节奏缓慢的影片可以设置更多细节。比如激烈的打斗场面中，经常出现刀剑厮磨、马失前蹄等局部特写，这些画面构成简单明了。与之相反，《公民凯恩》（*Citizen Kane*，1941）、《放大》（*Blow-up*，1966）这类慢节奏艺术片中，可以使用更广的景别、更大的景深，让画面包含更多玄机。

《磨坊与十字架》（*Mill and Cross*，2011）在影像风格上是一部典型的唯美主义艺术片，该片导演莱赫·马耶夫斯基（Lech Majewski，又译作莱彻·玛祖斯基）身兼编剧、摄影、原创音乐等多项主创职务。剧情围绕文艺复兴时期佛兰德斯（Flenders，现比利时北部及荷兰南部）画家彼得·勃鲁盖尔（Pieter Bruegel the Elder，1525—1569）著名画作《前往受难地的行列》（*The Procession to Calvary*，1564）制作了一部马耶夫斯基版基督受难记。为了重现这一画作，影片不但通过多次合成将各种人物、悬崖、磨坊等众多景物放置在一个画面中，而且在影片不同段落里多次解释这个主要画面的意义（图3-5）。在影片中，画家勃鲁盖尔（鲁特格尔·豪尔 / Rutger Hauer 饰）或喃喃自语，或向他的经纪人解释："我的画中要包含很多故事 …… 起码有上百人 …… 十字架是画面的中心点，但我要把救世主隐藏起来 …… 磨坊建造于悬崖上……磨坊主取代了上帝的位置，在高处洞察人间的生生死死……"实际上，整部影片都是在解释勃鲁盖尔的这幅画。

上述例子说明，电影中如果出现信息复杂的画面，需要留给观众更长的时间去理解。从另一个角度来说，娱乐性的商业片大多不会让观众在看电影的时候这么费神，毕竟电影这种媒体更适合传达相对简单的影像信息。

3.2　亮度相对论

影像既然不是对景物亮度的忠实再现，那么怎样才会让观众感觉它是正常的？其奥妙在于影像亮度的反差比要和原始景物保持一致，而影像的层次要丰富。为此，摄影准备有两个工作：第一，使被摄景物的亮度分布符合指定情景的光效和光比；第二，根据胶片或数字感光器件的宽容度控制被摄景物的亮度范围。如果电影画面中有一个昏暗的夜景，而它的拍摄现场却灯火通明，这并不奇怪。

图3-5　故事片《磨坊与十字架》。一个复杂场景要拆解为多组镜头才能解释清楚。左上：重现勃鲁盖尔的画作《前往受难地的行列》。右上：画家在解释画作的构思。左下及右下：画作局部的场景重现。

量光问与答

问： 照度测量为什么要距被测体越近越好？

答： 点光源的照度衰减特性与距离的平方呈反比关系，人工照明距被摄景物远近不同，照度值可以有很大的不同。在室内，无论窗外自然光还是人工光源照明，其照度分布大都会因环境的反光特性而非常不均匀。所以只有在被摄体位置上测得的照度值，数值才是较正确的。室外阳光下，照度测量不受位置限制，只要测量方向准确即可。

问： 照度测量时应该使用何种乳白罩？或者将其放在什么位置上？

答： 有些曝光表的乳白罩有半球形和扁平的两种，有些半球形乳白罩是可以旋出或旋入的。半球形乳白罩完全旋出时，测量的受角较大，大致为180°；而扁平或旋入的乳白罩受角会小一些。电影摄影测量照度的目的在于分别控制景物受光面和背光面的光值，而非得到某位置的平均值为目的。所以较小的受角比较符合电影测量要求，但怎样使用乳白罩并没有严格的规定，只要在进行生产试验时与实拍时量光的操作一致即可（生产试验参见第一章图1–11）。

问： 照度测量为什么不测逆光？

答： 照度所测量的结果是被摄景物被照亮的程度。逆光照亮景物背对摄影机的一面，其影像并不被摄影机所捕获，所以测量没有意义。在电影摄影中，如果为人物打轮廓光，习惯上是用眼睛直接观察强弱，而不测量它的数值。因为轮廓光范围窄，测量亮度也不一定能得到准确的数值。而且，勾轮廓的逆光照明有可能在人活动、转动头部时发生变化，会依据光线是否恰好处在"反射角（反射亮度最强的角度）"上而有所不同，通过观察来调整照明更能满足摄影要求。如果画面中包括明亮的窗户或台灯等强光源，应该测量它们的亮度，因为摄影机所捕捉的是这些景物或光源的实际亮度。

问： 亮度值测量应该近距离还是远距离？

答： 当代曝光表亮度测量受角大约在1°至10°的范围内，距离远则测量的区域大。洁净空气对光线的阻碍作用可以忽略，在机位或者在被测物体的位置上测量都是可以的。但是，当场景中有较浓重的烟雾时，机位测量得到的光值才是摄影实

图3–6　摄影师丹特·斯皮诺蒂（Dante Spinotti，ASC，AIC），正在用曝光表为故事片《洛城机密》（*L.A.Confidential*，1997）中的演员凯文·斯佩西（Kevin Spacey）核对照度。

际捕捉的亮度值，机位测量更准确。

问： 使用数字电影摄影机是不是应该放弃曝光表？

答： 一些中国摄影师在访谈时说出这样的困惑，似乎对自己仍在使用曝光表而感到羞愧。大可不必抱有此种心态，目前国际上一流摄影师中仍使用曝光表的不在少数，愿意看监视器、看波形的人也有。曝光表是一种简单有效的量光订光工具，用或者不用完全取决于个人习惯和爱好。在监视器未校准或受环境光影响严重的场合，在使用对数格式拍摄、同时使用线性监视器显示画面的场合，完全依赖监视器进行技术控制反而是不可靠的。放弃小巧的曝光表，意味着可能必备示波器等更为笨重的波形监视器，而要从这些基于线性系统而设计的仪器上获得曝光数据（决定光比等）又是吃力不讨好的做法。

3.2.1　亮度控制的基本规则

控制好相对亮度是曝光的关键。一些基本规则有助于控制画面的技术质量。

图 3-7 是故事片《罗布·罗伊》（*Rob Roy*，1995）中的一个镜头。玛丽·麦格雷戈（杰西卡·兰格 / Jessica Lange 饰）正在洗衣服，远远地看到丈夫回来，便起身迎接。镜头开始，玛丽的背景是远山，摇起后人脸叠到了天空上。当女演员的背景是绿色山景时，画面中的人物是完美的，肤色正常，浅色的头发在逆光的勾勒下形成金色的轮廓。当人物叠在白色的天空上，镜头中曝光没有改变，我们却感觉人脸变黑了，画面也灰蒙蒙的。这个例子说明景物相对亮度的重要性，同样的人脸，由于背景不同而呈现出大不一样的效果。这种现象在视觉心理学上被称作"亮度同时对比"。

图 3-7　故事片《罗布·罗伊》。当镜头随演员站起的动作摇移时，人脸的背景从远山变成明亮的天空，此时人脸看起来变黑、变脏了。

黑与白相互的反衬作用

　　比较一下图 3-8 展示的两组镜头，左列取自《狐狸与孩子》(*Le Renard et l'enfant*, 2007)，女孩正穿过森林，走在上学的路上；右列取自《黑色大丽花》(*The Black Dahlia*, 2007)，夜晚高层建筑下面一个命案的现场，由大功率工作灯照明。这两组画面有很多共同点：它们都有浓重的烟雾和光束，画面中最亮的景物也是光束，最黑的物体分别是左列的树干和右列的人群。在生活中，白天比夜晚亮，阳光比人工照明亮，但右列《黑色大丽花》的光束看起来甚至比左列中的阳光更白、更亮。无论何种景物，银幕再现时，最亮的影像是放映机光源最强投影所能达到的银幕反射亮度，而最暗的影像是关闭了放映机的银幕反射亮度。在银幕上，日景被压暗、夜景被提亮也符合人眼的视觉特点，所以观众不会介意夜景是否比白天更亮。生活中，在光线明亮的地方，人们的双眼瞳孔会自动收小，到了暗环境中，经过短暂适应后，瞳孔又会放大，人们所感受到的也是一种相对亮度。

　　再来比较一下图 3-9 和图 3-10，可以看出高光在展示幽暗环境时的重要性。在图 3-9 的镜头中，稍后会有计算机或手机显示屏照亮人物的脸部，但在打开

图 3-8（上） 在影像明暗构成上，室内不一定比室外更暗。左列：故事片《狐狸与孩子》，阳光明媚的清晨景象。右列：故事片《黑色大丽花》，乌烟瘴气的室内场景。

图 3-9（下） 学生作业中忽视了暗场景中高光的陪衬作用。

计算机或手机之前的这段时间里，初学者普遍容易忽略高光对画面亮度平衡所起的作用，结果影像便有了没有亮部、曝光不足的问题影像。图3-10的《匿名者》也向观众展示了幽暗的环境，它的画面中总是存在着漂亮的高光，反衬出画面其他区域的黑暗。上图人物在画面中所占比例不大，但轮廓清晰，人脸的曝光也很充足；下图两个明亮的窗户成为画面中高光的来源，远处的人物已经曝光过度，但没什么关系，因为这种大全景中只要看清人物的轮廓就行了。

关于如何为有光效变化的场景设置高光、改善影像的亮度平衡，本书后续章节会进一步讨论，并有更多的优秀案例供学生作业参考。短暂的曝光过度或曝光不足在电影画面中都是被允许的，比如故事情节是人物在牢房里待久了，突然来到室外，可以用瞬间的曝光过度模拟人物的视觉感受。电闪雷鸣、太阳在摇曳的树木间忽明忽暗，都会涉及短时曝光过度或不足，只要分寸把握得好，就能增加故事的气氛。

近暗远亮加强纵深透视感

对比图3-11同学们在摄影棚里拍摄的两个镜头。上图表现一个精神病院中的女孩渴望摆脱囚禁生活，画面最亮的部位是女孩所在的位置，后景看起来很近，拉不开距离。下图，摄影机面对窗户，人物处在逆光光效下，画面中最亮的景物是背景上的窗户，影像层次丰富、纵深感强。

成熟的电影摄影师会有意营造"近暗远亮"的画面。比如，利用暗前景、让室内摄影的机位面向门窗等。也可以让人物背后的空间多几个层

图3-10（上）　故事片《匿名者》幽暗的室内场景，画面中仍旧会有明亮的高光、密度适中的人脸。

图3-11（下）　08级本科学生作业。上：近亮远暗，画面缺乏纵深感。下：东升子源摄影，近暗远亮，透视感比较好。

透视感对比试验

图 3-12 试验场地为一般家庭住房厅堂（摄影机位置）至书房（画面的背景）的小过道，人物前方、画左是厨房。左上小图使用厅堂中节能灯拍摄，景物近亮远暗，画面灰，且噪波严重；右上方小图打开了厨房中的节能灯，人物造型效果有所改善，但画面整体上变化不大。大图拍摄时关掉了所有的节能灯，打开书房的门，在厨房和书房各使用一盏 300W 家用白炽灯泡照明，画面纵深感和色彩再现都大为改观。下图数据中 E 表示照度的光圈 T 值，B 表示亮度的光圈 T 值，测光表与摄影机拍摄的设置一致：ISO 800、25fps。

图 3-13（上） 故事片《独奏者》。刻意在演员上方设置了一盏门灯，使画面呈现近暗远亮的视觉效果。

图 3-14（下） 故事片《匿名者》。左列：演员位于窗前，或处理为肖像效果，或仍然遵循近暗远亮的亮度分布。右列：近暗远亮的外景纵深关系得以很好地展示。

次，比如在背景上带出后面的房间，而后景的房间常常会用灯打得更明亮一些。

如图 3-13 所示，在故事片《独奏者》（*The Soloist*，2009）一组男主人公露宿街头的镜头中，如果以街灯为照明依据的话，两个演员躺在墙角下必然是顺光照明，近亮远暗，光效很差。但该片没有这么做，他们让演员在一个门洞下打地铺，门的上方有一盏灯作为主光源。这样一来，即使演员的活动仅限于墙根，仍可处在生动的侧逆光照明条件下，尤其是行人的剪影在镜头前过往时，近暗远亮的关系更加明显。

即使剧情上要求演员必须站在窗前，也有改善明暗布局的解决之道，让画面看起来比图 3-11 的上图更舒服。如图 3-14 左列，在《匿名者》的例子中，当爱德华·德维尔（里斯·伊凡斯 / Rhys Ifans 饰）在窗前目睹儿子策反失败，此时宿怨已久的罗伯特·塞西尔（爱德华·霍格 / Edward Hogg 饰）又无情地揭开他的身世之谜，使他深陷绝望。爱德华·德维尔在窗前俯瞰的镜头（左上）有着较小的景深和暗背景，16 世纪样式的玻璃窗格、流淌的雨水都将观众的注意力锁定在这幅忧伤而凄美的人物肖像上，他们不会在

意室内是否还有其他景物。当塞西尔出场，镜头切换到室内，摄影机从暗处向亮处拍摄爱德华·德维尔站在窗前的近景（左下），远处有塞西尔的身影和摇曳的烛光，仍旧是近暗远亮的布局。这个镜头的构图和图 3-10 的下图类似。几十年前，少年罗伯特·塞西尔站在窗口嫉妒地目睹父亲收养爱德华·德维尔的过程；现在轮到德维尔听凭塞西尔说出他一无所知的往事。

对于大场面内景和外景来说，把握近暗远亮的亮度分布规律尤为重要。图 3-14 右列是《匿名者》的两个外景效果画面。这部影片有大量镜头是合成镜头，甚至大量外景场面是在摄影棚里拍摄的。摄影师和主创人员只有充分理解电影画面的摄影规律，才能合成出既壮观又自然的景象。

夜景不是曝光不足的代名词

从前面的几组例子中，我们已经可以感受到，暗场景在电影银幕上不见得"暗"。图 3-15 取自故事片《风中新娘》（*Bride of the Wind*，2001）中马勒家小女儿染病去世的场景。在同一个房间中，日景和夜景的区别是，日景的主光源来自窗外，为"白"光；而夜景来自窗户旁边的油灯，室内是油灯的暖光，窗外是淡蓝色的月光。比较小女孩的特写镜头，它们也只是在色温上有所不同。这个案例进一步说明，夜景和日景在曝光上可以没有区别。而且景物的亮度分布对模拟日景或夜景起了关键性的作用，即使没有色温变化，比如黑白影像，观众仍然能区分出这两个镜头中哪个是日景，哪个是夜景。

再次对比图 3-9，初学者以为曝光不足画面就可以变暗，但结果只是得到了脏兮兮的影像。虽然有些夜景应该减少曝光，比如"白拍夜"；也有些摄影师喜好被压暗的夜景，

图 3-15　故事片《风中新娘》。日景和夜景亮度分布比较。上排：日景。下排：夜景。

但这并不意味着只有减少曝光才能得到夜景效果。后续章节将会有更多案例介绍夜景拍摄技巧。

曝光忌不足

无论胶片拍摄还是数字机拍摄，都应避免曝光不足。它是造成影像颗粒粗或噪波严重的主要原因。

胶片的颗粒产生于底片，正片的感光度低，颗粒幼细，可忽略不计。负性感光材料（底片）的感光乳剂中有大小两种卤化银感光物质，如果曝光不足，只有大颗粒卤化银感光，幼细颗粒的卤化银无法感光，在显影后会造成颗粒粗的现象。

第二章讲到过，数字摄影机和照相机的感光度被称为"等效感光度"，就是说用它和胶片比较时所"相当于"胶片感光度的数值。数字影像的噪波和胶片成因不同。感光器件对光线的敏感程度可以折算为一定的感光度，比如 Arri Alexa 数字摄影机推荐的感光度是 ISO 800。对胶片来说，每种负片只有一个固定的感光度，但数字机的感光度都可以在相当大的范围内调整。实际上，当我们调整感光度数值时，感光器件的光敏特性没有改变，改变的是电子信号的增益，提高感光度实际上是放大了电子信号，设备中的本底噪声也会同时放大，噪波增加。

图 3-16 是图 3-12 的局部，摄影时提高数字机的等效感光度，噪波明显增加。摄影光圈大小对影像的锐度和景深都有影响，开大光圈让影像的细节减少，也会进一步加强噪波严重的主观感受。即使是在同一幅画面中，细节少的地方比细节多的地方噪波也更明显。

为了得到较好的画质，模拟低照度或夜景场景时也应有足够的照明。

图 3-16 Arri Alexa 数字摄影机不同感光度噪波比较。本图为图 3-12 局部。左：ISO 800，T4.0。右：ISO 3200，T1.3，在人物的头发上层次减少且噪波明显。

根据摄影意图增减曝光

所谓正常曝光，是要让影像的明暗看起来接近原始被摄景物。但前面谈到色彩时曾经说过，电影摄影不以"忠实再现"为目的，摄影师常常根据摄影意图增减曝光。

摄影师克劳迪奥·米兰达（Claudio Miranda）在科幻影片《本杰明·巴顿奇事》（*The Curious Case of Benjamin Button*，2008）、《创：战纪》（*TRON: Legacy*，2010）的拍摄上都有不俗的表现，并最终因《少年派的奇幻漂流》（*Life of Pi*，2012）夺得奥斯卡最佳摄影奖。《创：战纪》中大部分场景是计算机内部的虚拟世界。在图 3-17 中，如果我们把左上图作为"正常"曝光的参照画面，这是一个现实世界的正常日外景，可以看出，虚拟世界要暗得多（图 3-17 左列，除左上图外）。这样做是为了突出虚拟世界中的发光材料。演员们的乳胶体型服上使用了 EL 光源，有锂电池供电，并可遥控该材质的亮度。米

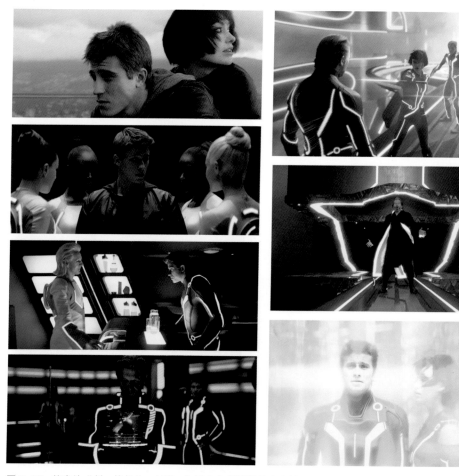

图 3-17　故事片《创：战纪》。左列：为了突出虚拟世界发光材质的视觉效果，画面整体上比现实世界正常再现的影像暗很多。右列：山姆离开虚拟世界的时空机器发出耀眼的强光，这个强光除了曝光过度外，是靠镜头间明暗对比实现的。

兰达说，"我们希望这些材质看起来很明亮，希望看到它们在人物和景物上的反光效果。"所以这个"亮"需要整个场景的"暗"来陪衬，只有场景暗下来，明亮的物体才会看起来明亮。而且，只有在比较暗的场景中，当这些材质接近某个人物或景物时，才能明显看到来自这些材质的生动反光。

体型服上的发光材质实际上发光强度很低，所以米兰达和照明组只能给场景很低的副光，并用最大光圈拍摄。为了避免亮度进一步损失，摄影时镜头上不使用任何滤镜。

虚拟世界也有很多耀眼的强光，比如在山姆·弗林（加勒特·赫德伦 / Garrett Hledund 饰）带着库拉（奥利维娅·怀尔德 / Olivia Wilde 饰）离开虚拟世界的场景中（图 3–17 右列），时空机器及周边都被机器的强光所包围，米兰达让这些镜头曝光严重过度。它们的反打镜头是山姆的父亲凯文·弗林（杰夫·布里吉斯 / Jeff Bridges 饰）要和自己制造出的克隆人卢克同归于尽的场景。在这些镜头中，凯文·弗林和环境同虚拟世界其他场景一样是偏暗的影调，时间上的明暗交替衬托出时空机器的明亮。该场景是复杂的合成场景，曝光过度不完全是拍摄时控制的，有些是后期多影像叠加的结果。图 3–17 的左下图中坏人库克也是数字人物，但他脸上的光效完全是根据拍摄现场的光线关系而虚拟的。无论特效场景多复杂，影像亮度分布的基本规律不变。

3.2.2　突出主体

在初次练习如何表现物体的形态、如何突出画面主体时，会有不少同学不约而同地选择高压线作为被摄主体（图 3–18）。高压线是比较容易被观察到的景物，而且它因高大，也容易使用仰角拍摄，从而躲避开地面杂乱的景物和建筑。但是，如果练习进一步深入，主体不仅要突出，还要有丰富的层次，那么高压线就不是理想的被摄景物了。电影画面中最重要的主体是人，如果只能仰角拍摄，将人物叠在天空背景上，并处理成剪影或半剪影效果，显然是不够的。

在另一个初学者的画面中，环境空空荡荡，可是在被摄人物的周围似乎"长出"了

图 3–18　01 级至 09 级本科学生作业。将高压线作为被摄主体，比较容易从天空背景中突显出来。但从画面影调是否丰富的角度来说，这种被摄体本身细节信息还不够丰富。

许多不该有的东西（图 3-19）：肩膀上挑出一根电线杆，头上顶着一个亭子——再细看会发现，我们的主角背后还齐刷刷地贴着两个人。这种构图上的问题在每个初学者的摄影中或多或少都发生过，当人们缺乏摄影经验时，按快门的瞬间除了注意被拍摄的人物以外，会对其他景物视而不见，更何况在偷拍的情形下自己也可能心虚。从这个角度来讲，作为电影摄影的练习，不提倡偷拍，最好先和你的被摄对象沟通，征得对方同意。也可以找自己熟悉的家人、同学做模特，你要告诉他应该站在哪里、该怎么做。

突出主体在电影摄影中非常重要，这个概念在后续章节中也会反复涉及。有一些简单的规律可以使主体从环境中脱颖而出。

利用明暗对比

将明亮的主体叠在暗背景上，暗主体叠在明亮的背景上，这是电影摄影最重要的突出主体的手段，而且较多的处理方法是为画面设置不同亮度的区域。

图 3-20 右下图《磨坊与十字架》村民们舞蹈的

图 3-19（上） 被摄人物没有和环境分开，身边多了不该有的东西。

图 3-20（下） 故事片《磨坊与十字架》。明亮的人物叠在暗背景上，或暗处的人物叠在明亮的背景上，都能够起到突出人物的作用。

场景中，村民处在大山或什么障碍物的阴影中，半剪影的舞蹈动作被明亮的山景和磨坊所衬托出来。其他三个镜头都是室内的场景，摄影师为每个镜头划分出一个明亮区域：左上图，画家勃鲁盖尔的妻儿被一束光照亮，光线可能来自一扇敞开的门或窗，观众可以看清他们的脸部表情和动作；左下图的光线来自拱门的外部，前景和背景处在阴暗中，犯人、牧师和押解犯人的雇佣兵则置身于光线的亮区，在暗背景的陪衬下，动作行为十分清晰；右上图通过光线把"最后的晚餐"的参与者分成了两个部分——侍者站在光区中，形态分明，而耶稣和他的门徒全部处于阴影中，若隐若现，有时前景中还有两个半剪影的雇佣兵在窥视着屋内的举动，这一安排增加了晚餐的阴谋感，让观众内心不安。与图3-5"前往受难地"的画面相比，图3-20所传达的视觉信息简单而清晰，无须更多解释。

利用景深

　　浅景深有助于突出主体。图3-21是电视剧《神探夏洛克》（*Sherlock*，2010）中几个镜头的例子。在福尔摩斯（本尼迪克特·康伯巴奇 / Benedict Cumberbatch 饰）和华生（马丁·弗里曼 / Martin Freeman 饰）第一次见面时，福尔摩斯似乎只关心自己的试验，但实际上他已经对华生进行了仔细的观察和分析。这种暗示是通过一组镜头在福尔摩斯和华生之间来回改变焦点而完成的。有些影片中，导演非常忌讳在镜头中改变焦点，因为改变焦点过于明显时，会让观众分心。这部电视剧中包含了很多心理分析成分，允许影像带有主观镜头的特点。同时，焦点总是以演员转头或对方有互动时作为改变的契机，

图3-21　电视剧《神探夏洛克》。左列：在同一个镜头中，焦点改变时，观众关注的对象随之改变。右列：画面中处于焦点上的景物，就是导演引导观众去关注的景物。

也掩盖了人为的痕迹，如图左列所示。浅景深可以强化画面中导演希望观众看到的东西，如图右列所示：在一组模糊的人脸中，那张唯一清晰的脸是故事线索的关键；而地上的药瓶、哆哆嗦嗦的手警示观众——命案即将发生。

在大景深的镜头中，影像没有明显的虚实变化，要突出主体比较难，从构图到用光都更加考验摄影师的功力。

利用轮廓光

轮廓光曾经是经典好莱坞时代必不可少的修饰光，特别是在黑白片中，它不仅用来区别人物和背景，也为画面增添高光，并使头发具有细节和层次。故事片《晚安，好运》（*Good night, and Good Luck*，2005）所描述的事件发生于 20 世纪 50 年代初、美国 CBS 广播公司内部。该片用黑白影像再现半个世纪前的历史，并以那个时代的光效作为照明的参考，如图 3-22 左列。与经典好莱坞不同的是，在这部影片中，轮廓光的使用更加尊重照明的自然属性，比如当一个人处于顺光时，就不会为他施加轮廓光。该片使用轮廓光最多、最强的场景是演播室，无论从剧情上还是环境上考虑都合情合理。

彩色影像更容易区分不同的景物，不一定需要轮廓光。一些影片考虑到光效的合理性而不使用轮廓光，也有不少小制作为了省钱、省时、省事而忽略轮廓光。但是，在一些影像精致的影片中，轮廓光的作用仍然很重要。比如，上一章介绍过的摄影师达吕

图 3-22　轮廓光使主体与背景相区别。左列：故事片《晚安，好运》在和演播室有关的场景中大量使用轮廓光，模拟 20 世纪 50 年代的影视光效。右列：摄影师达吕斯·康第在影片中对轮廓光的控制很严格，边际很窄，明暗适度，不易被观众所察觉。右上图自故事片《谢利》，右下图自故事片《爱》。

图 3-23（上）　01 级本科学生王文斌作业，用色彩突出物体的形态。

图 3-24（下）　故事片《辛德勒的名单》中，黑白影像里一个红色衣服的女孩十分显眼。女孩藏到床底下的右上图没有着色。

斯·康第经常在影片中使用轮廓光，而且会很小心地控制它的强度和宽窄，让轮廓光始终处于似有似无的状态（图 3-22 右列）。

利用色彩对比

　　彩色影像中，色对比也能将一些物体从其他物体中区分出来，如图 3-23。但是总体上来说，亮度对比在电影影像中的重要性要超过单纯的色对比。

　　很多理论家在颜色的象征意义方面都会列举《辛德勒的名单》（*Schindler's List*，1993）的例子，黑白影像中一个醒目的红衣女孩，如图 3-24 所示。该片完全是黑白影像，只有片头片尾使用了彩色画面。女孩的镜头在影片中是一个例外，和整部影片的影像风格有冲突。不过，这正是导演史蒂文·斯皮尔伯格（Steven Spielberg）有目的的制作。他希望用影像来表现种族灭绝的屠杀中的异样人生。画面中孩子的红衣服饱和度不高，是黑白片着色效果，而且小孩在一些画面中也很小，有时只是一个远景，但她确实吸引了观众的注意力。一开始，小女孩逃离了被押解的犹太人群，在一所空房子的床底下藏了起来。当杀戮使纳粹已

图 3-25（上） 故事片《共犯》。辩护律师艾金作为画面中唯一的活动物体，很能吸引观众的注意力（注：截图中框在白色圆圈中央的人物）。

图 3-26（下） 左列：故事片《英国病人》的片头。右列：故事片《冷山》的片头。

经无法处理大量尸体时，那些已经掩埋的尸体又被挖出来火化。在搬运尸体的手推车上，观众再次看到了红色的衣服！女孩并没有逃过法西斯的屠刀。实际上，这是影片中一段无法用黑白影像叙事的插曲。

利用运动

人类同其他动物一样，用眼睛捕捉活动物体的能力远远超过捕捉静止物体的能力。这是生物在漫长的进化过程中建立起来的自我保护机制。电影画面里，如果静止的物体中有一个物体在运动，我们的注意力马上会被它所吸引。

故事片《共犯》（*The Conspirator*，2010）结尾部分有这样一个镜头，当无辜的玛丽·萨拉特（罗宾·赖特 / Robin Wright 饰）被当作刺杀林肯的同谋犯而送上绞刑架时，她的辩护律师弗雷德里克·艾金（詹姆斯·麦卡沃伊 / James McAvoy 饰）赶到行刑的现场，如图 3-25 所示。第一个镜头是个大全景（上），艾金的白衬衣、黑外套同其他人没有什么两样。在本书这幅截图中，要在人群中找到艾金真得费点工夫。但是在电影的银幕上，艾金很明显，因为别人都是静止的，只有他在人群中挤来挤去，想要靠近前排。

3.2.3 质感的表现

电影摄影师另一个重要任务是要让被摄景物呈现出应有的质感。比如用聚乙烯材料制成的大理石雕像，在最终的画面里它必须看起来是大理石，而不是泡沫板。摄影师需要展示景物的美，并帮助服、化、道"以次充好"。

不同的材质要用不同的光线和拍摄角度去展现。比如，玻璃制品适于侧逆光照明、暗背景，时常还要在旁边放置一些反光或挡光材料。这方面的摄影指导书很多，不一衍述。

漂亮的质感可以成为影片中最煽情的元素。图 3-26 是安东尼·明格拉（Anthony Minghella）导演、约翰·西尔（John Seale）摄影的《英国病人》（*The English Patient*，1996）和《冷山》（*Cold Mountain*，2003）的片头。延绵不断的沙丘、水波和山峦交相叠化，已经告诉把影片的品位传递给观众。

约翰·西尔也为彼得·威尔（Peter Weir）的《目击者》（*Witness*，1985）制作过类似的片头，如图 3-27 左列所示，摄制组动用了直升机吹起滚滚麦浪。与右列《另一个波琳家的女孩》（*The Other Boleyn Girl*，2008）片尾漂亮的逆光麦田相比，《目击者》的麦浪在静止截图里看起来很一般，而它的震撼力只有在活动影像中才能彻底展现，对观众心灵的冲击绝不亚于《另一个波琳家的女孩》，这是一种电影特有的质感形式。

想表现出质感，当被摄景物只是单一种类时，比如酒瓶和酒杯，比较容易控制并实现，但电影场景不会那么单纯。比如一个用餐的场景中，桌子上的器皿需要逆光打出透明的质感，而桌边的人物需要柔和的前侧光造型，同时兼顾不同材质景物的质感，就不容易了。

图 3-27　左列：故事片《目击者》的片头。右列：故事片《另一个波琳家的女孩》的片尾。

图 3-28　故事片《青木瓜之味》。镜头从梅的脸部摇到手上（上、中），然后切一个木瓜籽的特写镜头（下）。左列：10 岁的梅。右列：20 岁的梅。

而且电影场景是围绕故事环境展开的，为了漂亮而全然不顾环境也是行不通的。所以在电影制作上，控制景物的质感需要分清主次，以场景中最突出、最重要的景物为主。电影也有一个独到的好处，就是可以用不同的镜头展示不同的重要景物。

如图 3-28，故事片《青木瓜之味》（*Mùi du du xanh*，1993）中 10 岁的梅（Man San Lu 饰）和 20 岁的她（陈女燕溪 / Tran Nu Yên-Khê 饰）喜欢重复同样的事情：在准备好青木瓜丝之后，将剩下的木瓜切开，开心地观赏中间白白嫩嫩的籽。影片在两次展示这一情景时，镜头设计是一样的：从梅的脸部特写摇到她切木瓜的动作，当木瓜切开后，镜头切到木瓜籽的特写上。从梅的脸到手部，最重要的被摄体是梅的面部表情和皮肤，曝光以人脸为准，展现正常的肌肤质感，这时木瓜的表面因为反光率比较高而缺少层次。接下来的特写完全是为了展现木瓜籽的质感，曝光可以比上一个镜头略微减少，使木瓜籽的结构、层次清晰。

故事片中对景物质感的表达不如广告那么张扬，除非剧情上有这样的需求，否则过度渲染强调某些不那么重要的细节，容易将观众的注意力引导到剧情之外。

3.3　时间维度中的颜色

在绘画和平面摄影中，艺术家都知道如何搭配色彩。电影有所不同的是，不仅空间是色彩构成的基本载体，时间也会成为色彩的视觉感受的重要因素。

3.3.1　先后色对比

"色的先后对比"又被称为"色后像"，是一种视觉心理现象。根据《现代影视技术词典》的定义："眼睛注视一彩色物体，经过一段时间再移视另一均匀表面时，就会在视野中产生一个形状与之相似的彩色影像，该影像色大体为原物体色的互补色。"色后像是由于视觉疲劳而产生的。当我们久久凝视一种颜色之后，眼睛对这种色彩的敏感度下降，会自动在视觉感受中减去这种颜色，使该颜色的补色显现出来。

大多数优秀电影都会利用先后色比对来加强影像的色彩感。图 3-29《英国病人》的色彩基调是在冷暖之间切换。故事分为突尼斯的沙漠和战争刚刚结束时意大利的修道院两个大部分。修道院里，身份不明的英国病人（拉尔夫·法因斯 / Ralph Fiennes 饰）一次次追忆着沙漠中他与凯瑟琳·克里夫顿（克里斯汀·斯科特·托马斯 / Kristin Scott Thomas 饰）的邂逅和恋情。摄影师约翰·西尔说，因为这是一个复杂的故事，所以摄影上必须能够分清哪些是意大利、哪些是突尼斯，哪怕只是一个特写也不能马虎。由于有意大利段落的冷色调作为陪衬，突尼斯段落的暖黄色显得热烈而富有生机。

冷暖段落的切换加强了相互的色彩效果，即使镜头之间只有很小的互补色反差，在银幕上也会很明显。类似的例子很多，将影片分为暖调和冷调是电影摄影惯用的手法，有些影片是根据剧情区分冷暖，如《英国病人》，也有些影片根据日景和夜景区分冷暖。《英国病人》中冷暖对比是使用传统手法，通过色温控制达到的，并在沙漠的段落里使用了珊瑚色镜（coral filter）进一步增强画面的暖红色调。

图 3-29　故事片《英国病人》。冷暖对比通过剪辑交替出现，相互加强。左列：沙漠中的暖色调，即使是城镇的镜头，也有着同样的色调。右列：修道院作为临时病房是清冷的色调。

① 现实世界的巴黎

② 20 世纪 20 年代

③ 20 世纪初

图 3-30 故事片《午夜巴黎》将现实和不同的历史时期设计为不同的暖色调。影像看起来带有浓重的红黄色，但观众观看时并不会觉得这么夸张，因为影片从始至终的暖色调所产生的视觉疲劳抵消和淡化了色彩的饱和程度。

利用先后色对比的视觉感受不仅可以增强颜色对比，也可以削弱色彩感。在《午夜巴黎》筹备期间，导演伍迪·艾伦最初的想法是把现实世界制作成彩色影像，当男主角吉尔（欧文·威尔逊 / Owen Wilson 饰）回到过去，与海明威、毕加索、达利等文化名人相遇时，变成黑白影像。但是，摄影师达吕斯·康第觉得这样做镜头之间的对比太强烈，会让观众分心。他在进行了一系列的试验后，与伍迪·艾伦达成共识，将过去做成酒红的色调。

如图 3-30 所示，《午夜巴黎》整部影片都是暖色调的，康第说，这是因为伍迪·艾伦不喜欢冷色。影片开场几个空镜头和现实世界是褪了色的老旧明信片效果（图 3-30 ①），棕黄色调；当吉尔回到 20 世纪 20 年代，影像呈现出暖红色调（图 3-30 ②）；从 20 年代退回到世纪之初，影像的基调更暖，但差别并不明显（图 3-30 ③）。观众在观看该片时，一开始会强烈地感受到做旧了的棕黄色调，但慢慢就会适应并忽略它。而从现实到过去，影

影像做旧试验

后期调色的软件和功能不拘一格，在此仅尝试两种简便的纯后期做旧方法。调色的关键是不要"过度"，而且尽量一步完成不要反复调整。

原图　　　　　　　　　　　　　　　　　做旧后

图层 1：HFX Diffusion/Soft Contrast　　图层 2：Gels/Golor Naked Cosmetice　　图层 3：Image/F-Stop R、G、B 各提亮 1 级

图 3-31 试验一：使用 Tiffen 数字滤镜软件（DFX）做旧的过程。该软件包含上百种滤镜效果和图像处理功能。

原图　　　　　　　　　　　　　　　　做旧后

步骤1：压暗画面中的高光并略微提亮画面。用"图像（Image）/调整（Adjust）"菜单下"曲线（Curves）"功能降低曲线上端并弯曲中部；或用"色阶（Levels）"功能，调低"输出"右端的数值，并调低"输入"的中间值。

步骤2：用"图像（Image）/调整（Adjust）/变化（Variations）"功能，分别调整影像的"高光"和"阴影"。在高光上加黄、红；在阴影中加绿、青。还可以压暗或提亮影像。

图 3-32　试验二：使用 Photoshop 做旧的过程和效果。

调从一种暖色到另一种暖色，观众能感受到时代的变化，但又不会特别注意它们的区别，色彩在时间中悄然变化，和谐超过对立，"色后像效应"减弱了同类颜色的差别。

　　该片用 35mm 胶片拍摄，为了得到"过去"的影像效果，康第采取了以下手段：（1）在镜头的选择上使用的是非常老的 Cooke S2、S3 镜头，并选择较长焦的镜头——不广于32mm，以此得到漫射效果更强的影像，而现实段落使用的镜头是 Cooke 5/i；（2）底片冲洗时"减冲"半级，使影像的反差减小，更加柔和；（3）尽量使用固定机位拍摄，模拟当时的摄影条件，完全没有使用移动轨等现代运动摄影的手段；（4）让画面的色彩更暖。

　　总体上，康第使用了前期和后期手段实现他的设想。在照明方面，照明组将上百个30W 的小灯泡安装在一块铝制嵌板上，组成灯泡的阵列，并加上调光器，当调光器压暗照明时，灯泡的色温也会相应更暖。同时，康第在主光上加 CTO 或 CTS 灯光纸，并使用一些偏蓝、绿的光反射到阴影当中，使画面中存在一定程度的色反差。CTO 降色温灯光纸的色调偏橙色，CTS 降色温的色调偏稻草黄色。伍迪·艾伦希望片中毕加索的情人阿德里安娜（玛丽昂·歌迪亚 / Marion Cotillard 饰）看起来像老电影中的明星（见图 3-30 ②、图 3-30 ③中的特写镜头），康第为此放烟、用微冷的逆光勾轮廓，并在镜头上加两块柔光镜——Schneider Classic Black Soft 和 Tiffen Black Pro-Mist，有时也用 Mitchell Diffusion。在后期调光阶段，康第压暗了一些画面中的高光，使它们处在影像的有效密度范围内，同时进一步加强画面的金黄色调。

　　该片 20 世纪 20 年代和 20 世纪初的区别在于：前者的"暖"是金黄色的；后者的"暖"是红色的，那个时代更多的是蜡烛和煤油灯照明，康第在场景中会施放更多烟雾，使用更强的轮廓光，加上黑色晚礼服，让画面呈现出红黑色。

3.3.2　色饱和度

　　走进电器商店的显示器展区，你会发现自己被艳丽的彩色影像所包围。这些影像的共同特点是色彩丰富、色饱和度高（图 3-33）。在商业广告的制作中，摄影师会选择蓝天白云或是颜色艳丽的景物，甚至在后期处理时还要进一步增加色饱和度。同时，这些影像在拍摄的时候，副光总是补得很足，以保证高光和暗部都处于可正常再现的安全区内。而且，画面或静止，或非常缓慢地移动，不会有模糊或拖尾发生。总之，在展示这样的影像时，你看不到显示器的缺点。等你把电视机搬回家，可能才会发现播放故事片时，影像的暗部层次丢失了很多。

　　如果你在乎电影节目在这些显示器上的播放质量，最好还是自带测试盘到商店，可以是故事片片段。用于测试的片段应选择自己最熟悉的影像，其画质要好、层次丰富、动态范围大，这样才能考验显示设备，便于比较。比如，《七宗罪》《匿名者》等暗部层次丰富、制作精良的影片都是不错的参照。

　　站在广告影像的反面，故事片摄影往往喜欢做减法，更偏好低饱和度影像。比如图 3-34 的故事片《圣彼得堡的邪魔》（*I demoni di San Pietroburgo*，2008）有着典型的低饱和度色彩。故事描述俄国文

图 3-33　松下电器的电视广告片，色彩艳丽，适于在显示器卖场循环播出。

学家陀思妥耶夫斯基创作小说《赌徒》的过程，其间穿插着他对被流放西伯利亚的回忆。在现实的场景中（图3-34左列）画面大多是低饱和度蓝灰色调的，有一些场景在台灯、烛光的光效下呈现出略微鲜艳的色调。而西伯利亚的场景（图3-34右列）则更加消色，几乎是黑白影像。

大多数自然景物的色饱和度并不高，人造物体才会大量使用高饱和度颜色。而严冬的圣彼得堡、冰天雪地的西伯利

图3-34 故事片《圣彼得堡的邪魔》的低色饱和度画面。左列：现实世界。右列：回忆流放西伯利亚的日子。

亚更是一片萧瑟，低色饱和度影像有利于真实展现故事所发生的环境。电影的低饱和度色彩处理，除了美术上服、化、道的设计之外，传统胶片洗印加工是通过 ENR 等留银工艺实现的，而数字后期改变影像色饱和度只需简单的一键式操作即可。

需要指出的是，每当我们说到某种普遍规律时，总是会有另一些反例。比如西班牙导演佩德罗·阿尔莫多瓦（Pedro Almodóvar）、墨西哥裔导演亚历杭德罗·冈萨雷斯·伊尼亚里图（Alejandro González Iñárritu）都曾制作过色彩非常夸张的影片。但是从统计学的角度来看，倾向于减色的影片数量大大多于加色的影片。

3.3.3 同时色对比

"色的同时对比"与"色的先后对比"类似，都是视觉心理学现象。当一个画面中出现两种互补的颜色时，互补色分别得到加强。如果用某种颜色，比如红色，包围一个消色的灰色块，灰色看起来会偏青色。

图3-35是电视剧《冰与火之歌：权力的游戏》中的一个场景，凯岩城之王泰温·兰尼斯特（查尔斯·丹斯 / Charles Dance 饰）召集家族会议。在这个环境中，光效为室外日光从不同方向进入房间。太阳直射的一面为暖色，而另一面为天光的冷色。兰尼斯特脸部受到太阳一侧光线的影响，为暖色；他身后的环境受到天光一侧窗户的影响，为冷色。在大全景中，受冷光影响的景面积很小，被暖色调景物所包围；中景里，两种色光平分秋色；近景中，人脸的"暖"被环境的"冷"所包围。因为同时色对比效应，只要存在暖光，即使天光被处理成"白色"，我们还是会把它看成冷光。

上述做法在电影摄影中非常普遍，即使《午夜巴黎》有着那么浓重的暖色调（图3-30），达吕斯·康第也会用让阴影偏一点冷色，在大屏幕上可以看到它的效果。

在科幻片或歌舞片中，通过同时色对比或先后色对比展示人工环境和照明条件，更是必不可少的摄影手法，因此而成为行业套路。如图3-36是影片《碟中谍2》（*Mission: Impossible II*，2000）特工伊森·亨特（汤姆·克鲁斯/Tom Cruise 饰）进入新型致命病毒实验室的场景。在色光的作用下，玻璃器具、培养皿和整个环境呈现出未来世界的视觉特点。

3.4 范例分析

3.4.1 《白丝带》：不怀旧的黑白影像

这是我们第二次遇到奥地利导演米夏埃尔·哈内克，他与达吕斯·康第合作《爱》之前，与克里斯蒂安·贝尔格（Christian Berger）合作过《白丝带》（*Das weiße Band -Eine deutsche Kindergeschichte*，2009）。作为摄影师，贝尔格不算高产，但《白丝带》是他与哈内克合作的第五部影片。之前他们一起制作了《隐藏摄影机》（*Caché*，2005）、《钢琴教师》（*La pianiste*，2001）、《机遇编年史的71块碎片》（*71 Fragmente einer Chronologie des Zufalls*，1994）和《荧光血影》（*Benny's Video*，1992）。

图3-35《冰与火之歌：权力的游戏》同时存在着"冷""暖"两种色光，并因此而相互加强了对方的色彩感。

图3-36 故事片《碟中谍2》利用同时色对比的视觉感受营造高科技未来环境。

哈内克的影像风格

贝尔格与哈内克在长期的合作中形成了一种明显的影像风格，或者说是贝尔格所认同并帮助哈内克实现的影像风格——精准而正常的视觉再现。它更像是哈内克的个人特点，因为当哈内克与达吕斯·康第合作时，同样的风格也存在。

回顾两人合作过的影片，图 3–37、图 3–38 分别是《钢琴教师》和《隐藏摄影机》的几个

图 3–37（上） 故事片《钢琴教师》，画面非常注重层次和细节的展现。窗外景物清晰可见，台灯的高光在胶片宽容度之内，钢琴的质感也是再现的重点。

图 3–38（下） 故事片《隐藏摄影机》。左上：马吉德居住的破烂公寓，曝光被压暗，看起来脏兮兮的。这个镜头也是摄像机偷窥的镜头。左下：广播公司的办公室，人脸、台灯上的高光以及窗外建筑都有着丰富的层次和细节。右上：洛朗夫妇。只有经过摄影的精心控制，白色沙发的质地才有可能如此漂亮地展现出来。右下：学校放学的场面，车来车往，人来人往，画面普普通通。

场景。这些场景看起来一点都不戏剧化，它们平实得看不出人工照明的痕迹。但是，有过一点摄影实践的人都知道，直接拍摄的影像要比它们粗糙得多，层次和细节都不会那么丰富，不会等同于人眼的自然感受。哈内克对视觉真实感的追求是他带有强烈的现实主义色彩的影片的重要组成部分，做足了功课却像什么都没做一样。

具体来说，哈内克影片在摄影上有以下共同点。

（1）符合人眼透视感的镜头焦距

哈内克与贝尔格合作的影片一般只使用两种镜头：35mm 和 50mm 定焦头。《隐藏摄影机》中包含大量视频偷窥的镜头，因此选择了 Sony 高清数字摄像机拍摄。在当时这种摄像机所配备的 DigiPrimes 镜头只有 14mm 和 20mm 可选择，经换算，它们分别比胶片摄影机的标准镜头焦距短一点或长一点。贝尔格选择了 14mm 定焦头，比所希望的镜头广了一点。哈内克与康第合作的《爱》使用的都是 35mm 定焦头。

（2）正常的观看角度

哈内克的镜头总是平视画面中的人物，以人眼正常视线为摄影的水平角度。

（3）影像要符合真实的视觉感受

如前所述，当画面亮度以一定的关系分布时，人眼就能认同影像所描述的时间和环境，比如夜景或日景、内景或外景。而哈内克的要求更严格，他的夜景要压暗，光线一定要有存在的依据。

如图 3–38，节目主持人乔治·洛朗（丹尼尔·奥图 / Daniel Ateuil 饰）的家（左下）和办公室（右上）比偷窥者马吉德的家要明亮很多（左上）。而且被摄景物的层次被严格控制，从高光到阴影都处于感光器件的动态范围之内。

镜头的焦距

摄影镜头可大致分为标准、广角镜头和长焦镜头三类。

标准镜头（normal lens）所得到的影像与人眼日常观察自然景象的视角比较接近，看起来最真实，也最普通。比标准镜头焦距短的镜头为广角（wide angle）镜头。比标准镜头焦距长的镜头为长焦（telephoto）镜头，或称作望远镜头。

所谓标准镜头，对于不同摄影器材、不同观看方式的媒体来说，焦距是不同的。135 照相机的标准镜头焦距为 50mm 左右，视场角在 40°—58° 之间都可以视为标准镜头。而 35mm 电影摄影机的标准镜头焦距大约为 50—60mm，视场角 25° 左右。习惯上，32—35mm 的镜头也常被当作标准镜头使用，视场角 35° 左右。所以视场角在 25°—35° 之间的镜头都可以算作 35mm 电影摄影机的标准镜头。

数字摄影产品因感光芯片 CCD 或 CMOS 尺寸不同而有不同的标准焦距，它们和胶片摄影机的焦距关系需要换算。有些数字摄影机的焦距和胶片摄影机一致，镜头在数字摄影机和 35mm 胶片摄影机上也是通用的，并有完全一样的取景范围，比如 Arri Alexa 数字摄影机。

图 3-39 故事片《我是爱》，为了摄影的需要而增加了蜡烛的数量。

图 3-37《钢琴教师》中，为了再现重要的道具——豪华钢琴漆面的光泽和宝石般的黑色，摄影师贝尔格宁可整部影片完全使用 ISO 800 的高感片，而不用电影惯用的 ISO 500 或颗粒幼细的低感光度胶片。因为感光度不够高的胶片要配合洗印上的"加冲"工艺，而如此一来，暗部有可能变成灰色，黑珍珠变鹅卵石。

哈内克喜欢把"真实"挂在嘴上。在《爱》的拍摄过程中，哈内克也曾否定过康第的工作："你设计的照明很漂亮，但是我不能在这个光线下读书，因此，它不真实。"有时，他可以容忍康第为道具灯加上一个方向一致的辅助光来增强光效。但他同时说："它不能只是漂亮，还得有功能作用才行。"在别的影片中，摄影师可以为了造型或基本照度保障的理由，在场景中添加很多光源，比如《我是爱》在晚宴上使用了很多蜡烛（不同于图 2-11 的另一场家庭聚会），道具员已经开始抱怨说太多蜡烛看起来很假（如图 3-39 所示）。而在哈内克的影片中是绝对不允许这样做的。

T值光圈和F值光圈的区别

电影摄影镜头的光圈刻度大多为"T值"，照相机为"F值"。T（光圈系数）＝ F（光圈系数）/τ（镜头的透光率）1/2。当 τ 为 100% 时，T ＝ F。

T 值对描述镜头的实际通光特性比 F 值更准确一点，但两者最多也只是 1/3 级光圈的差别。电影拍摄之前都会对实际使用的设备进行试验，并将误差换算为"实用感光度"或曝光量的增减，所以不用担心曝光表显示的光圈数和所使用镜头的光圈标识是否相符。

（4）特别在乎影像的锐度

康第这样评价哈内克："他对影像清晰度真的是吹毛求疵。如果他能用 70mm 胶片或 8K 数字机，我想他一定会用的！他在焦点和景深方面对摄影组的要求非常严苛。"康第和贝尔格都喜欢使用 Cooke S4、S5 定焦距镜头。他们觉得这种镜头拍出来的影像有足够的清晰度，却又不像 Zeiss 镜头那么生硬，并且在抑制眩光方面好于其他镜头。特别是当道具灯等光源被摄入镜头时，不容易产生镜头进光现象。他们还不约而同地使用了 T4 左右的光圈，使影像可以保持较大的景深。

在这些前提下，虽然哈内克影片中特写镜头不多，但我们还是可以从各种景别的画面中看到演员们的明眸和清晰的发丝。

（5）摄影机运动一定有演员的动作为契机

哈内克的摄影机一定是跟随演员的动作时才会移动。他喜欢较长时间的固定镜头，或跟随演员有轻微移动的镜头，有时也有复杂的场面调度。以图 3-38 的右下图为例，这是《隐藏摄影机》的最后一个镜头，长度大约 4 分钟，时间地点是放学时的学校门口。镜头中人们过来过往、进进出出，看不出谁比谁更重要，甚至看不出画面中所发生的重要事情——嫌疑犯正在和洛朗的儿子皮埃罗近距离接触。哈内克让观众——摄影机机位，站在远处，冷冷地观看。这个镜头就像故事本身，好像有严重的事情要发生，又好像一切正常什么事也没有。而哈内克的视觉风格也正如该片的片名 "Hidden" ——被隐藏了起来。

《白丝带》的影像特点

《白丝带》的故事发生在一战前夕德国北部乡间，一连串不可思议的恶意伤害事件暴露出这个表面上秩序井然的小村背后的道德危机。

《白丝带》具有上述哈内克影片所有的影像特征：叙事者从远处冷静的观察、正常的视觉透视关系、根据演员的活动调度摄影机运动等。然而，它是一部黑白影片，只能用黑、白、灰拉开景物的层次。

当哈内克告诉贝尔格他想把《白丝带》做成黑白片时，贝尔格的第一反应是："噢，旧时光。"不过，哈内克并不希望他的画面"温馨"或"怀旧"——这是年代戏惯有的品质。最终，他们选择了被贝尔格称为"一种现代感觉"的影像风格。贝尔格坦言，除了"不怀旧"，他自己也不清楚应该怎样解释"现代感"。

（1）不怀旧

可以将《白丝带》与经典黑白影片《呼啸山庄》（*Wuthering Heights*，1939）做一个比较。《呼啸山庄》是据伟大的女性作家艾米莉·勃朗特（Emily Brontë）的同名小说改编，由伟大的导演威廉·惠勒（William Wyler）、伟大的摄影师格雷格·托兰（Gregg Toland）、伟大的演员劳伦斯·奥利弗（Laurence Olivier，饰演希斯克利夫）和梅尔·奥勃朗（Merle Oberon，饰演卡西）合作完成的伟大的电影，是黑白电影之经典。

叙事人（画外音）：……如果我没有记错，一切都始于医生骑马时发生的意外。他在庄园的骑术练习棚结束盛装舞步练习后，骑马返回家中……

花园面向平坦的乡间草野和农田。

医生躺在受伤的马匹旁边。他的手臂奇怪地扭曲着，折断的锁骨隆起在血迹斑斑的外衣下面。他疼得嚎叫。

片刻后，医生14岁的女儿从房子里跑出来。她冲向父亲，看看他，又看看抽搐的马匹，六神无主，失声尖叫。她父亲冲她喊了句什么，她俯下身，想扶他起来。他痛不可当，冲她高声呵斥。她手足无措，踉跄后退。他又向她嚷了句什么，于是她跑开了。我们远远地听到这一切，在整个场景中叙事人依然在继续他的讲述。

——自《白丝带》文学剧本，
载《电影世界》，2010年第4期

图3-40　故事片《白丝带》片头，最终的完成片和文学剧本很接近。从上至下：当画外音说到"一切都始于医生骑马时发生的意外"时，画面从片头演职员名单的全黑衬底上渐显——医生骑马从远处奔向镜头，并被铁丝绊倒；医生倒地的近景镜头；医生的女儿安妮冲出房门；马在地上挣扎的镜头；女儿跑到了父亲身边，束手无策。

如图3-41所示，《呼啸山庄》用现在的眼光审视仍然很漂亮，然而从画面到表演都比当代电影更戏剧化。托兰在这部影片中用了复杂的光效来展现各种天气条件和一日间不同的时段，影像明暗分明。与现在不同的是，当时的电影摄影会使用比较重的柔光镜美化人物，特别是近景和特写，但不太在乎这样做是否合理。比如左上图卡西的特写，完全看不出她处在怎样的环境之中。由于当时胶片的感光度比较低，摄影照明灯用得多，功率也很大，而且即使是表现室外环境，也常常在摄影棚里搭景拍摄，远处的天空由美工师画出。这样做的结果是，常常会有许多不合理的影子出现在人物背后（左下），或者光线气氛有一种舞台灯光的效果（右列），因为聚光灯和自然日光有着不同的属性。当然，更不用说的是，烛光或台灯在画面中只是摆设，不能指望真正利用它们的光效，它们对于当时胶片的感光性能来说，亮度不够。

《白丝带》没有经典时期影片里那种明显的轮廓光（可与图1-7、图3-22、图3-30

图 3-41　故事片《呼啸山庄》。左上：卡西的特写镜头。左下：被狗惊吓后，卡西被抬进房间。右上：希斯克利夫和卡西从小独处的悬崖。右下：希斯克利夫将弥留之际的卡西扶到窗前看他们的悬崖，直到卡西在他的怀中去世。

的处理方式做比较），而且不同场景有着明显不同的光质。如图 3-42 所示，在庄园主家中（左列），钢琴上的几支蜡烛是这个场景光效的依据，画面大部分区域都很暗，光线集中在钢琴附近，并照亮正在弹钢琴的庄园主的妻子和拉小提琴的家庭教师。庄园主 9 岁的儿子西格蒙德离母亲和家庭教师远远的，他身处光线达不到的暗区。这样的亮度关系不是自然主义直接用烛光所拍摄的（可对比图 1-9，单一的烛光光源无法得到丰富的暗部层次），而贝尔格精心设计，通过辅助照明加强主光和副光，并严格控制曝光的结果。在

图 3-42　故事片《白丝带》，影像层次和细节不仅丰富柔和，也根据视觉上应有的明暗程度而采取不同曝光。左列：庄园主的妻子正在和家庭教师练习钢琴和小提琴的合奏，庄园主的儿子站在远离烛光照明的窗前。右上：室外阴天，孩子们向村中的接生婆问好。右下：村中舞会，庄园主一家在门前致辞。

图 3-42 右列两个室外场景中，我们可以看到阴天和晴天光质明显的区别。

《白丝带》也没有像经典电影那样使用柔光镜。贝尔格在个人习惯上不喜欢在镜头前加滤镜，如果需要调整色彩或需要柔光效果，贝尔格一般会通过调整照明光源的灯光纸或通过选择反光板、柔光板的材质来实现。当然，《白丝带》的人物光效都和角色所处环境有关，如果演员背光站着，他的脸就会暗下去，而不是像经典电影那样，为了让演员漂亮而保持演员脸部受光的角度让光效一成不变。

影片在拍摄时使用了 35mm 彩色胶片，因为制片人需要彩色版本在电视台播出。黑白影像是在 DI 阶段做的。在筹备阶段，贝尔格研究了那个时期的图片摄影作品，并参考了一系列黑白故事片：包括英格玛·伯格曼（Ingmar Bergman）导演、斯文·尼奎斯特摄影（Sven Nykvist）的一系列黑白影片，科恩兄弟（Joel Coen & Ethan Coen）导演、罗杰·迪金斯摄影的《缺席的人》（The Man Who Wasn't There，2001），乔治·克鲁尼（George Clooney）导演、罗伯特·埃尔斯威特（Robert Elswit）摄影的《晚安，好运》，克林特·伊斯特伍德（Clint Eastwood）导演、杰克·N. 格林（Jack N. Green）摄影的《不可饶恕》（Unforgiven，1992），以及贝纳尔多·贝托鲁奇导演、维托里奥·斯托拉罗摄影的《一九零零》（1900，1975）。贝尔格觉得后两部影片对以油灯、火把等光效的夜景处理特别有借鉴价值。

该片除了牧师家中的镜头是在德国莱比锡的摄影棚中搭建的布景之外，其他场景均在德国北部的 Netzow 实景或搭建布景拍摄。正如贝尔格和哈内克的其他影片，《白丝带》常用的镜头为 32mm 和 40mm 定焦头，偶尔使用 27mm 或 50mm 定焦头。

（2）难为摄影师的暗影像

如前所述，哈内克的影片都会根据视觉感受调整画面的明暗，所以他的影片中，夜景都非常黑。谈及哈内克对暗影像的偏好，贝尔格戏称：哈内克因不喜欢技术的限制而选择忽略它们。这就让摄影师的日子很不好过。在现场哈内克总是说：再暗些，再暗些！有时摄影师已经无法在取景器里看到演员，还要用摄影机跟拍演员的动作。贝尔格认为，如果不是前期把画面调得那么暗的话，后期调光就能有更多的影像信息被保留，调整的余地也更大。几乎所有哈内克影片中的夜景都挑战了技术的底线，影像暗到这样的程度，在好莱坞影片中几乎是不存在的。

图 3-43 是这种难为摄影师的场景之一。医生的儿子鲁迪夜里醒来，发现姐姐安妮不见了，便摸黑下楼，穿过黑暗的门厅进入亮着一盏油灯的厨房，然后返回门厅，向反方向寻找，当他再次登上楼梯，听到了一些动静，于是下楼梯推开父亲诊室的门，看到父亲和流着泪的安妮。整个过程中，摄影机一直跟着鲁迪，当他从楼梯走下来的时候，贝尔格用光束为他勾了个轮廓，模拟微弱的月光（图①）；当他走向厨房时（图②），贝尔格从厨房打出一束光隐约照亮地毯，并为男孩提供另一个轮廓光；鲁迪走到楼梯后面（图③），这边还有一个更加微弱的光给他勾轮廓，即使他已经出画，他淡淡的影子正好就在楼梯旁那面白

图 3-43　故事片《白丝带》夜景场景。鲁迪在黑暗的过道里往返穿行，寻找姐姐，直到推开父亲诊室的门。

① 鲁迪走下楼梯

色的墙上闪动；鲁迪准备推开诊室的房门时，他几乎是全黑的，打开房门，亮光扑面而来（图④）。在父亲的诊室中，一盏道具台灯是光效的依据，贝尔格又在墙角藏了一盏小灯为医生父女补光。在这个黑黑的、长长的运动镜头中，虽然鲁迪会被黑暗所淹没，但每次时间都不长，他会迅速走入另一个光区，小身影闪现一下。贝尔格拍摄这个场景时使用 ISO 500 胶片，将摄影机光圈开到最大，曝光不足 2 级。为了使人物和环境尽量拉开距离，鲁迪的睡袍是浅色的。

② 鲁迪穿过走廊走向厨房

　　在其他影片的夜景中，我们通常会看到明明需要躲藏起来的人，却拿着手电乱晃，或者系着白毛巾、穿着白色服饰，看起来不太合理。但影片那样做往往是出于摄影需求——没有光就没有影。像哈内克那样不要光，但要影，对摄影师来说简直是无法完成的任务。

③ 鲁迪返回走廊，拐向诊室

　　（3）安静的叙事方式

　　《白丝带》总是让摄影机处在较远的地方从旁观察，即使是耸人听闻的事件发生，也绝不煽情，反而让观众不寒而栗。哈内克从不让演员在表演上情感突发，也不会通过

④ 鲁迪推开诊室房门的主观镜头

快速剪辑增加影片的节奏，甚至不直接描述所发生的事情。

　　图 3-44 的例子是《白丝带》中一个典型的场面调度。在一个宽松的景别下，警察询问安妮和接生婆，那根绊倒医生的铁丝为什么又莫名地不见了（左列）。同时，我们可以看到画面中接生婆的那个智障儿子汉斯和安妮的弟弟鲁迪在后景跑来跑去，并从三人身边跑出画右。接下来，接生婆听到儿子呼唤，转头向画右看去。镜头切换为一个全景，两个孩子已经跑出一段距离，镜头跟摇汉斯，他返回拉着妈妈的手要一起去看热闹，此时景别回到了前一个镜头的中景上，随着接生婆母子走向画右，景别逐渐变回大全景，警察紧随其后。

图 3-44（上）　故事片《白丝带》，典型的米夏埃尔·哈内克场面调度。左列：镜头 1、中景、固定镜头，三人对话。右列：镜头 2，摇镜头，从大全景到中景，再返回大全景。

图 3-45（下）　贝尔格发明的 CRLS 照明系统，由脚架、支撑臂、灯具和投射器组成，投影器上有 4 块可以调节方向或改换材质的反光板。上：在《隐藏摄影机》拍摄现场的 CRLS 的照明。下:《白丝带》的拍摄现场，用 CRLS 为教堂打光，照明光源安放在教堂的窗户的外面。

当镜头停止在大全景上，观众可以清楚地看到一些人抬着一个担架。第二个镜头传达出一个重要的信息，就在医生受伤的第二天又发生了新的事件，这次更严重，还死了人。但在哈内克镜头下，这么重要的事情是通过轻描淡写的手法完成的。

贝尔格的视觉试验

　　贝尔格认为，虽然现在有新型灯泡和新型照明光源，但照明系统的聚光器从 19 世纪开始就没有改变过，还是菲涅尔所发明的聚光镜，它是聚光灯的基本组件。由于聚光种类单一，人工照明所产生的光质也是单一的，难以模拟千变万化的自然光效。贝尔格发明了一种照明系统——CRLS（Cine Reflect Light

图 3-46　故事片《隐藏摄影机》，洛朗家的门口。左：日景；右：夜景。用 CRLS 照明系统打出层次丰富细腻的暗环境。

System，电影反光照明系统）。如图 3-45 所示，CRLS 有两个关键部件：光源和投射器。投射器由 4 块可拆卸的铝制反光板组成，它们的方向和角度可以分别调整，选择不同纹理的反光板可以得到硬光或柔光，所以它既能用在室内，也能用于室外。投射器也有不同规格可供选择，勾眼神光可以选 1.5 英寸 ×1.5 英寸的投射器，而最大的投射器为 3 英尺 ×3 英尺（1 英寸≈2.5 厘米，1 英尺≈0.3 米）。

　　CRLS 有几个主要特点：（1）耗电少效率高，一个场景中 5k 到 6k 的 HMI 就够用了；（2）由于反光板可以分别调整，一个 CRLS 就能同时给出主光和副光，将光线反射到场景中指定的位置上；（3）不使用其他反光板、黑旗，贝尔格在拍摄现场常常只用两台 CRLS 就搞定整个场景，并将 CRLS 安置在墙角或布景之外，现场干干净净，演员不会被脚下的电缆绊来绊去。

　　如图 3-46 所示，洛朗家门口——这是《隐藏摄影机》的剧情中偷拍者反复拍摄的一个场景，包括近处的街道和远处山上的建筑。右图的夜景中，贝尔格用一台 575W 的 CRLS 放在房顶附近，另一台放在画面以外的街道上，调整反光板，让光线投射到不同的建筑上。

　　又如图 3-47《白丝带》中黄昏时实景拍摄的姐弟用餐场景，鲁迪在目睹了父亲受伤和农场主女佣死亡的事件后，问姐姐关于死亡的问题。室内没有灯光，副光是 CRLS 通过天花板反射的光线，摄影机附近有两块小反光板用于勾勒鲁迪的眼神光和逆光，窗外另有 3 块反光板把光线反射到室内。结合 CRLS 和自然光，并根据日光的衰减更换窗户上的 ND 灯光纸，贝尔格在真正的黄昏中拍摄了这个场景，这也是他自己非常喜欢的场景。如果换了别的导演和摄影师，很可能会在桌子上或什么地方放上一盏台灯，让布光和技术控制更容易一些。

　　贝尔格研究过人类的视觉现象，也喜欢花时间和眼科医生聊天，CRLS 是他视觉试验的成果，可以用同一盏灯模拟出比菲涅尔聚光灯更多的、不同的光质。他的试验不仅于此，在研究瞳孔对光线变化的适应速度方面，他发现人对明亮和黑暗的反应速度不同。《钢琴教师》中，他利用这一视觉特点在一个复杂多变的场景里将镜头的光圈在 T2.8 至 T11~T16 之间来回改变，而观众全然不觉。类似于图 3-43 从亮到暗或从暗到亮的镜头切换，在贝尔格摄影的影片中有很多，由于前后镜头亮度间距大，观众往往在适应了黑暗的镜头之后会感

图 3-47　故事片《白丝带》，医生的一儿一女正在用餐。CRLS、自然光以及窗户上的 ND 灯光纸共同营造了这个黄昏的场景。

到刺眼的明亮。在这一点上，贝尔格和导演哈内克的审美倾向是一致的。

摄影师的压力与动力

哈内克大概是世界上最难合作的导演之一，他与合作者的关系总有点紧张，对摄影师总是在信任和不信任之间摇摆，逼得摄影师无路可走。贝尔格承认，在哈内克的拍摄现场会很有压力，《白丝带》有过几次。"虽然哈内克把我逼到极限，但我还是得感谢他，因为你绝对无法回到过去、重复自己、使用简单的解决方案或故技重施。"（自《美国电影摄影师》，2010年第 1 期）

在图 3-48 的场景中，需要一盏油灯的光效。正在弹钢琴的学校教师（克里斯蒂安·弗里德尔 / Christian Friedel 饰）——也是影片的旁白者，听到有人敲门，便拿起油灯走向门口，来者是庄园主家的保姆埃娃（莱昂妮·贝内施 / Leonie Benesch 饰），哭诉她被主人辞退了。学校教师把油灯放在地上，并请 Eva 坐下，聊过一会儿后，两人持灯回到钢琴边，教师弹琴，埃娃聆听。一盏油灯显然不足以为场景提供恰到好处的主副光，特别是当教师把灯放在距两人有些距离的地上时，油灯的光亮甚至不足以照明演员的脸。为此，贝尔格在场景中加了两盏小灯补光，但附加的照明也在墙上投下了多余的影子。解决这个问题的方法在后期，不合理的影子在 DI 过程中被擦除。图 3-43 ④中，诊室中医生和安妮的位置上，贝尔格所补的光有同样的问题，多余的影子也是在后期被擦除了。

贝尔格说，自从 1992 年和哈内克工作以来，他们有着美学方面的共识，而且从来不相互讨论问题，因为哈内克自己制作的故事板拍摄意图非常清晰。他在剧本文案的背面画出详细的草图，用箭头标明运动向左或向右。剧组的全体成员都会得到一份拷贝。

达吕斯·康第也说，虽然他偶尔会尝试哈内克要求之外的拍摄方法，但看到完成片后，

图3-48　故事片《白丝带》，单一油灯光效的场景。摄影师贝尔格用灯补光所产生的多余阴影在后期制作时被擦除。

他承认还是哈内克的做法是对的。"当你和这种高要求的导演合作时，就是要"逐字逐句"地将他的视觉转换到银幕上。"（自 http://www.afcinema.com/ ）

　　无论如何，摄影师们都认为和米夏埃尔·哈内克的合作是珍贵的工作经历，而哈内克的影片除了本身屡获国际大奖外，也常常将摄影师送上领奖台。

3.4.2　《歌剧浪子》：胶片璀璨的谢幕

　　维托里奥·斯托拉罗曾经著书《用光、色和元素写作》（*Wirting with Light, Colors, and the Elements* ）。人们也称斯托拉罗是"用光写作"的大师。斯托拉罗说，在他入行初期，人们普遍认同摄影师是"用光绘画"的职业。但是，"写作"不同于"绘画"，"绘画"是静态的艺术，而电影是沿时间线展开的艺术。

　　斯托拉罗的摄影创作大多有比较大的自由度，不像《白丝带》那样受到导演的制约。而斯托拉罗对自己的要求也很高，如果仅仅是漂亮的画面，对他来说是不够的，他要用摄影制造冲突，"有意识"地表达哲学层面的"无意识"。

　　斯托拉罗最喜欢的比喻是《随波逐流的人》（*Il Conformista*，1970 ）中提到的柏拉图《理想国》中洞穴与囚徒的隐喻。一群囚徒被关押在洞穴般的室内，他们的手脚被捆绑着，只能看到背对着门窗的墙壁。如果远处有一堵矮墙，就好比木偶戏台的幕布，把操纵者和观众分开，矮墙后面又燃起一堆火，一些人在火光与矮墙之间走来走去，或者手举木偶在矮墙上面表演，那么囚徒们就会在墙上看到这些光怪陆离的影像，并认为这就是真相，但他们看到的只是真相的影子。这个比喻用来形容电影也很恰当，电影制作者们就是那些手持木偶的人，观众是囚徒。

　　鉴于影像上的理性设计和导演们深刻的故事内涵，斯托拉罗拍摄过的影片大多影像信息非常丰富，也是观影感受不那么轻松一类。但是正如《公民凯恩》或《2001太空漫游》（*2001: A Space Odyssey*，1968 ）那样，他的影像值得慢慢回味，留给后人的启示是深远的，借鉴意义不随时间的流逝而减退。

维托里奥·斯托拉罗

Vittorio Storaro，AIC，ASC
意大利/美国电影摄影师

维托里奥·斯托拉罗在电影摄影师中是最理性、最具哲学思维的一个。他的创作已经持续了半个多世纪，其间不乏电影摄影探索的里程碑之作。他是最早尝试用光和影、自然光和人工光以及色彩营造冲突的人，也是最早远距离打光、模拟自然日光平行传播特点的人。

斯托拉罗艺术生涯中，主要是在与4位重要的导演的合作过程中形成并完善了自己的艺术风格：贝尔纳多·贝托鲁奇的《随波逐流的人》、《末代皇帝》（*The Last Emperor*，1987）等；弗朗西斯·福特·科波拉（Francis Ford Coppola）的《现代启示录》（*Apocalypse Now*，1980）、《心上人》（*One from the Heart*，1982）等；沃伦·贝蒂（Warren Beatty）的《至尊神探》（*Dick Tracy*，1990）、《赤色分子》（*Reds*，1981）等；卡洛斯·绍拉（Carlos Saura）的《探戈》（*Tango*，1999）、《歌剧浪子》等。他曾3次获得奥斯卡最佳摄影奖和1次提名，获其他国际大奖48项、提名36项。

斯托拉罗的父亲是电影放映员，他在观看电影中成长，并在11岁就确立了自己的职业目标——成为摄影师。21岁时，他成为意大利最年轻的电影摄影掌机人。但是当时意大利电影业进入了停滞期，在无事可做的那两年里，他研究学习各种艺术——音乐、绘画等，为他之后的摄影创作奠定了重要基础。《随波逐流的人》是他早期创作生涯中最重要的影片，也是他走入好莱坞的敲门砖——科波拉因为这部影片，而邀请他合作拍摄《现代启示录》。

斯托拉罗的光影之旅

（1）光

斯托拉相信，所有的电影都有一个解决光和影冲突的方案，光线透露真相，而阴影隐藏真相。他在创作初期就已经将光和影运用到影片中，并用以刻画剧中人物。

如图 3-49 左列所示，《随波逐流的人》中的男主角马尔切洛·克莱里奇（让－路易·特兰蒂尼昂 / Jean-Louis Trintignant 饰）因童年遭遇而形成矛盾的人格，斯托拉罗把他放在光影交错的环境中，以显示他内心的冲突（上、中）。当克莱里奇从罗马来到巴黎之后，画面中的阴影消失了，因为当时的法国相对于意大利而言，代表着自由。但是，每当克莱里奇与法西斯同伙相遇时，他会再度回到有阴影的环境中，使人联想到之前的罗马场景。比如在一个中国餐馆的后厨过道里（下），克莱里奇试图把自己隐藏在黑暗的角落中，但是他的法西斯同伙在寻找他的时候触碰了一盏吊灯，使他们两人在摇晃的灯光中忽暗忽明。

图 3-49 右列是故事片《现代启示录》中的角色科茨（马龙·白兰度 / Marlon Brando 饰），他是这个故事的核心人物。但是科茨在片中迟迟不出场，即使出场，观众还是看不

图 3-49 维托里奥·斯托拉罗用光和影营造冲突。左列：《随波逐流的人》。右列：《现代启示录》。

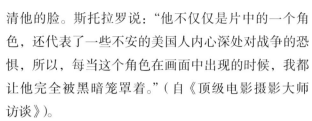

清他的脸。斯托拉罗说："他不仅仅是片中的一个角色，还代表了一些不安的美国人内心深处对战争的恐惧，所以，每当这个角色在画面中出现的时候，我都让他完全被黑暗笼罩着。"（自《顶级电影摄影大师访谈》）。

（2）色

斯托拉罗有意识地使用色彩营造冲突比使用光影要晚一些。在完成了《现代启示录》之后，他花了一年时间为自己充电，以便更理性地挖掘光的含义，而不仅仅是表现亮部和暗部。研习绘画、文学和建筑的结果，是他发现了一个彩色的世界。此时贝托鲁奇也意识到了这一点，两人的合作在新的探索中继续。

斯托拉罗对色彩的理解是希腊哲学家层面上的。他将亚里士多德的四元素转化为四种原色：土为赭石色，水为绿色，火为红色，空气为蓝色。这些颜色为生活带来平衡，相互结合便形成纯能量，达到平衡时是白色。

如图3-50所示，在《末代皇帝》中，斯托拉罗用牛顿的七色光谱——赤、橙、黄、绿、蓝、靛、紫，演绎了溥仪的一生。贝托鲁奇将斯托拉罗的颜色设计交给该片的美术师和服装设计师，让他们配合摄影的色彩构思。

当溥仪（尊龙饰）在战犯管理所割腕时，鲜红的血色引导出溥仪的第一段回忆。他被选为天子，召唤进宫。红色是生命和诞生的象征，夜景的火把和灯笼形成影像红色的基调。幼年溥仪在宫中的生活为橙色。他受到太监和奶妈无微不至的照顾，橙色代表女性、家庭，以及被母亲呵护。溥仪的登基大典是黄色的，代表着皇权和理性。庄士敦（彼得·奥图尔饰）来到紫禁城，成为溥仪的家庭教师，为他展示了一

图3-50　在《末代皇帝》中，斯托拉罗和美术师配合，用光谱七色演绎溥仪的一生。

个外面的世界，此时的影像里添加了绿色，真实世界的颜色，知识的颜色。溥仪被逐出紫禁城后，像一个花花公子，感受到了自由，用蓝色表示。溥仪接受日本人要他再次做皇帝的要求，这次是他个人的意愿，而不是被迫的，靛蓝色代表心智的成熟，是 50 岁的颜色。又是在战犯管理所，当溥仪回忆了自己的前半生，并在纪录片中看到中国人被日本人杀戮时，他终于意识到自己在历史中所充当的角色，受到良心的谴责，画面是紫色的，象征着一个轮回的结束，本性的复苏。最后，溥仪在战犯管理所接受"特赦证明书"的当天，借助东北的大雪，画面呈现出白色，溥仪经过重新感受和认识自己，终于获得新生，达到了身心的平衡。

粗略地观看影片，观众能够感受到紫禁城的暖色和之后冷色的对比，而摄影师的设计实际上更为细腻。斯托拉罗认为，观众不一定能理解他的处理，但是他们只要能够略微感受到就行。

斯托拉罗的色彩运用因影片的题材而异。在《至尊神探》中，如图 3-51 所示，斯托拉罗使用了饱和度很高的色光，加上大色块的布景和道具，让观众一眼就能感觉到它是来自漫画的故事，只是手绘变成了真人表演。

（3）元素

在光影、色彩对抗的探索之旅之后，斯托拉罗进入了"元素"时期，寻找它的平衡，使影像包含更多的寓意。斯托拉罗的"元素"不是狭义的构成画面的基本单元，而是前面提到过的土、火、水、气。他从这里出发，研究日与夜、太阳与月亮、父与母、爱与不和等元素之间的冲突与和谐。

卡拉瓦乔（Michelangelo Merisi da Caravaggio，1571—1610）是对他影响最深的画家，

图 3-51　《至尊神探》用饱和夸张的颜色诠释这个来自漫画的故事。

图 3-52 《卡拉瓦乔》。左列：模拟自然光效的场景。右列：模拟人工光效的场景。
左上：卡拉瓦乔在创作《持果篮的男孩》（*Boy with a Basket of Fruit*）。左中：新的工作室，开关窗户可以改变室内的照明效果。左下：红衣主教和卡拉瓦乔的朋友为他求情，希望教宗能够赦免他的杀人之罪。
右上：卡拉瓦乔常去的小酒馆，他画作的灵感大量来自这个酒馆中形形色色的人物。右中：卡拉瓦乔和朋友在街头斗殴，这个日外景照明被斯托拉罗处理得比一般日景更戏剧化，色调更暖，以展现故事冲突。右下：卡拉瓦乔用蜡烛为模特打光，以获得戏剧化的视觉效果。

所以当受邀拍摄《卡拉瓦乔》（*Caravaggio*，2007）时，他毫不犹豫地答应下来。如图 3-52 所示，影片中有自然光和人工光的冲突：描述卡拉瓦乔发现并使用烛光营造画作的戏剧效果；有日和夜的冲突——寓意着人类生与死的旅行；有白光和暖橙色光的冲突——白色日光代表了平和与常态，而以火把和蜡烛为依据的暖光反映出卡拉瓦乔观察事物的机敏、绘画的激情、争斗时的内心不安。在一个发生于罗马街头打群架的场景中，斯托拉罗没有按照其他日景那样使用白光照明，而是把它处理成暖棕色（右列中），因为这是一个激烈对抗的场面。

（4）来自绘画的灵感

斯托拉罗将卡拉瓦乔的画作《召唤圣马太》（*The Calling of St. Matthew*）视作改变自己一生的作品（图 3-53 左）。那是在 20 世纪 70 年代初，斯托拉罗的电影摄影师生涯刚刚开始的时候。在参观罗马的圣路易教堂（SanLuigi dei Francesi）时，其中孔塔雷利礼拜堂

（Contarelli Chapel）里有一组三幅卡拉瓦乔创作于 1599 年至 1600 年间的、描述圣马太生平的画作（图 3-53 右）：《召唤圣马太》、《圣马太与天使》（*The Inspiration of St. Mattew*），以及《圣马太殉教》（*The Martyrdom of St. Matthew*）。在《召唤圣马太》的画作中，光和影截然分开，人物上方的窗户虽然不是光束的来源，但在构图上起到了很好的平衡作用。斯托拉罗从中感受到了光和影对表达和谐与冲突的深刻意义。他说，没有这幅画的影响，就不会有《随波逐流的人》或《现代启示录》的光影设计。作为三幅一组的油画，卡拉瓦乔的作品还有更多含义：《召唤圣马太》是自然日光，而《圣马太殉教》是夜晚的人工光，描绘了圣人从生到死的演进。

图 3-53（上）　卡拉瓦乔的画作《召唤圣马太》是罗马圣路易教堂中关于圣马太的三幅一组巨型油画中的一幅。

图 3-54（下）　故事片《卡拉瓦乔》中描述卡拉瓦乔创作《召唤圣马太》的场景。

　　在影片中，斯托拉罗是这样描述卡拉瓦乔的创作的（图 3-54）：结

束一天的创作，卡拉瓦乔和模特们都睡下了。此时卡拉瓦乔正在绘画的《召唤圣马太》中还没有光束。清晨的阳光从窗户的缝隙里照进画室，正好有一束光穿过画稿。卡拉瓦乔被刺眼的光束晃醒，为眼前的景象所感动，这一时刻，他像是一个提前出生了几个世纪的摄影师，从此开始探索光和影戏剧化的表现力。

斯托拉罗对绘画的借鉴和研究是广泛的，他说，与他第一部电影《青春，青春》（ *Giovinezza, giovinezza*，1969）联系在一起的画家是卡拉瓦乔和维米尔；与《随波逐流的人》联系在一起的是比利时超现实主义画家勒内·马格利特（René Magritte，1898—1967）和意大利超现实主义画家乔治·德·基里科（Giorgio de Chirico，1888—1978），而《现代启示录》中的越南热带丛林则参考了恩伯·霍格思（Burne Hogarth，1911—1996）的漫画书《人猿泰山》（ *Zarzn* ）。

斯托拉罗的技术装备

与斯托拉罗合作过的照明师说，斯托拉罗在现场的工作速度很快。斯托拉罗认为自己不是一个把快慢当作衡量摄影师专业水准的人，但是他喜欢让他的工具用起来更称手。

（1）调光台

斯托拉罗喜欢根据剧情的需要在拍摄过程中调光，图 3-54 中让阳光慢慢投射到卡拉瓦乔的画作上就是一个例子。为此，从 20 世纪 80 年代初《心上人》的摄制开始，他使用调光器控制现场照明（图 3-55）。调光器可以控制照明的亮度、色彩和方向，而且调整键有刻度值，可以保证调整的幅度与摄影师事先确定的数值相符，而且一个人就能搞定，操作方便。

斯托拉罗最早使用的是舞台演出和电视演播室通用的调光台，到了《探戈》摄制时，

他有了自己的专用设备——DeSisti Lighting 调光台。

（2）照明

也是在 20 世纪 80 年代初，斯托拉罗开始使用由他的照明师菲利波·卡福拉（Filippo Cafolla）设计、罗马 Iride 公司制作的照明设备。如图 3-56 所示，这些照明是灯泡组合在一起的排灯方阵，通常是 8 个、16 个、24 个或 31 个灯泡一组。Jumbo（巨无霸式）——1 个至 16 个大功率 28V 飞机着陆灯（ACL）灯泡；Concorde

图 3-55 斯托拉罗用调光器控制现场照明。上：《心上人》的拍摄现场；下：《卡拉瓦乔》的拍摄现场。

（协和式）——比 Jumbo 的灯泡数量更多；Tronado（龙卷风式）——迷你型的 Jumbo，使用 120V FAY 灯泡。这些灯现在都使用 220V 交流电，可以直接接在调光器上。Jumbo 在外景拍摄中非常有效，体积很小，多个灯组可一水平方向摆成一排，远距离打出平行光，它们一般是 10k，但光输出相当于 2 个到 3 个 Xenon 灯。

这些灯和第二章所介绍的《谢利》中使用的 Dino 排灯看起来很像，实际上它们也是差不多的。Dino 是 PAR 灯灯组的一种规格，而 Jumbo 和 Concorde 都可以直接使用 PAR 64 型排灯的灯架，只是灯泡换成了 ACL，并经过电路串 / 并联改造，使之与 220V 交流电以及调光台相匹配。而小型的 Tronado 是 PAR 灯的一个标准规格，FAY 是经二色性镀膜的白炽灯泡，其色温是 5000K，可与日光平衡，最常用的灯泡规格每个 650W。达吕斯·康第在意大利拍摄《爱在罗马》时，也向 Iride 公司租用了斯托拉罗用过的 ACL 排灯。

斯托拉罗不用 HMI，也避免使用日光灯——他认为它们的显色性不够好，而且它们也不能用在调光台上。他也不喜欢用小块的黑旗、纱网挡来挡去，如果需要挡光或柔光的话，他会用大面积黑布或丝绸。他很少用副光，会用一块小银板给演员打眼神光，而且在拍特写镜头时，不需要重新布光，不像大多数摄影师那样再一次细调照明的位置。

斯托拉罗还是最早在胶片洗印中使用 ENR 留银工艺的人。ENR 留银工艺由罗马特艺色洗印厂（Technicolor Rome Laboratory）开发，并以发明者埃内斯托·诺韦利 – 雷蒙（Ernesto Novelli–Raimond）命名，首先用在了《赤色分子》的制作上。多年后才有更多的摄影师加入"留银"的行列，并有更多洗印厂开发出大同小异的各种留银工艺。

图 3-56　斯托拉罗喜欢的排灯：Jumbo 或 Concorde。左上：《至尊神探》的拍摄现场。左下：斯托拉罗和照明师在一起。右上：《卡拉瓦乔》拍摄现场，背景上是 Jumbo 排灯。右下：右上图的现场所拍摄的镜头。

ENR 为影像带来纯正而有光泽的黑色，同时降低了影像的色饱和度。当斯托拉罗需要用色光模拟特定光效并营造环境气氛时，完成影像的颜色和现场预测之间会有很大的差距。斯托拉罗总是使用 double CTO 和 double CTB，也就是双倍幅度的校色温灯光纸，以弥补 ENR 造成的颜色损失。他还喜欢在使用校色温灯光纸的同时加上一层淡紫色纸。根据斯托拉罗的偏好，世界上最大的灯光纸生产商之一——Rosco 实验室在 20 世纪 90 年代末期开发了一个以"Storaro"命名的灯光纸系列，颜色为红、橙、黄、绿、蓝、靛、紫。

（3）TransLite 景片

在《心上人》里，有个长达 6 分 14 秒的复杂场面调度，其中斯托拉罗用非合成方法完成了从一个空间到另一个空间的转换，如图 3-57 所示。一对相互赌气的恋人，男主人公汉克（弗雷德里克·福里斯特 / Frederic Forrest 饰）去找自己的朋友倾诉，而他的女友弗兰妮（特瑞·加尔 / Teri Garr 饰）也在女友家抱怨。汉克和男友坐着的沙发背后看起来是一面墙，慢慢渐显出弗兰妮和女友的房间，摄影机跟随弗兰妮进入她们的空间，在经过长而复杂的场面调度后，弗兰妮回到卧室，并从她们一侧再次看到汉克朋友的酒吧内景。

两个空间的转换使用了一块薄纱。如果薄纱的背面没有灯光，观众只能看到它自身的图案，以为是一面墙。但是当薄纱后面的照明亮起，另一个空间就出现了。同时，斯托拉罗关闭汉克一侧的照明，让他们变成剪影的前景（图 3-57 下）。

这是斯托拉罗第一次尝试用背景幕布转场，此后他在多部影片中都让幕布成了电影的主要背景。如图 3-58 ① 所示《弗拉门戈》（Flamenco，1995）是在一个比一般摄影棚更大的室内拍摄的（左上），铝框绷上幕布将场景分割为许多小空间，幕布可以随便移动摆放。斯托拉罗为幕布打上各种色光，有时是色光在改变颜色和强度，有时是演员漫步在幕布之间，从光区走到阴影中，或者走到幕布的后面（右上）成为雕塑般的剪影。

到了《探戈》（图 3-58 ②）斯托拉罗发现 Rosco 滤镜制造商有了一种双面 TransLite 景片——Rosco

图 3-57（本页）《心上人》用薄纱转换故事空间。

图 3-58（右页）继《心上人》之后，斯托拉罗又用景片为背景拍摄了《弗拉门戈》《探戈》和《戈雅在波尔多》。

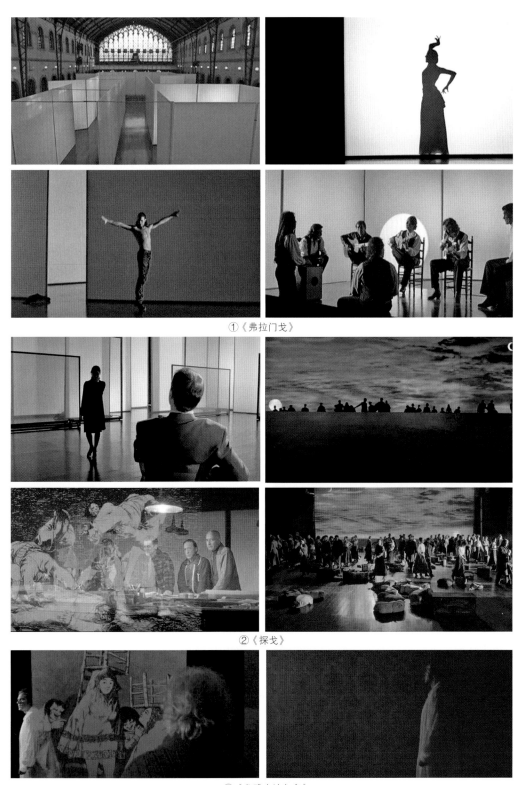

①《弗拉门戈》

②《探戈》

③《戈雅在波尔多》

Mural。TransLite景片曾经在第2章介绍过，达吕斯·康第把它用于《谢利》窗外的街景（参见图2-35）。双面的 TransLite 可以两面打印图像，使背景根据照明设置的不同在两种图像之间转换。斯托拉罗用它制作了影片结束前最宏大的场景——用太阳和月亮、一天的日夜轮回，表现移民从意大利和西班牙到达阿根廷的经历（图3-58②右列）。《探戈》有90%的镜头是在 TransLite 景片前拍摄的，这种景片看起来好像完全透明（图3-58②左上），但可以在上面喷绘图片或用投影播放幻灯片和视频影像（图3-58②左下）。

《戈雅在波尔多》（Goya en Bordeaux，1999）的主角是浪漫主义时期西班牙画家弗朗西斯科·戈雅，他晚年生活在幻想、噩梦以及对往事的回忆之中。戈雅非现实的空想通过 TransLite 景片来实现。影片一开始就是戈雅的卧室，四周的壁纸实际上是 TransLite 材料，如图3-58③所示，当戈雅陷入对过去的回忆，他年轻时的身影出现在幕布后面，他的画作在幕布上展示。

《戈雅在波尔多》有90%的镜头是在摄影棚搭建的布景中拍摄的，这些镜头除了戈雅的卧室和住所，还包括街景、宫殿和噩梦，因为很多故事发生在戈雅的头脑中。

斯托拉罗美学的一次集中表达

当维托里奥·斯托拉罗第一次与西班牙导演卡洛斯·绍拉相遇，并开始两人的合作时，正是斯托拉罗对光影、色彩营造冲突的思辨过程趋于成熟之时。绍拉做过摄影师，对黑白摄影有很深的造诣，不认为颜色有那么重要。是斯托拉罗说服他把《弗拉门戈》做成了不同一般的彩色片。而且，斯托拉罗不想使用实景，他认为那样做太写实，拍不出弗拉门戈的韵味。

到了《探戈》，这一次是绍拉先说，他不想用实景，他想再一次用幕布营造他和斯托拉罗自己的世界。制作《戈雅在波尔多》时，绍拉又一次对斯托拉罗说，"让我们保持咱们自己的风格吧"。所以，不用说也会是这样的结果：在此之后制作的《歌剧浪子》及《弗拉门戈，弗拉门戈》（Flamenco, Flamenco，2010）将绍拉和斯托拉罗的风格进行到底——那就是光影、色彩和 TransLite 景片。他们的影片中有了两个同等最重要元素：演员和光线。

当我们回顾了斯托拉罗的创作生涯之后，关于《歌剧浪子》本身反而无须多说，它是斯托拉罗对于电影摄影毕生探索并实践的一次完美的总结。《歌剧浪子》讲述的是威尼斯歌剧词作者及诗人洛伦佐·达蓬特（Lorenzo Da Ponte，1749—1838）创作歌剧《唐璜》的故事。剧中的洛伦佐（洛伦佐·巴尔杜奇 / Lorenzo Balducci 饰）性格存在着矛盾的多面性，他身为犹太人，不得不皈依基督教，隐藏起自幼拥有的民族信仰；他风流倜傥绯闻不断，但又专注钟情于纯真女子安内塔（埃米丽亚·韦尔吉内利 / Emilia Verginelli 饰）；他的作品浪漫而大胆，被大加赞扬的同时又备受攻击。这是一个适于斯托拉罗展现各种冲突的人物。

（1）绘画般的美感无处不在

《歌剧浪子》是一次大师们完美合作的结果，画面和声音的美呈现在影片的每一个场

① 绘画作品

②《歌剧浪子》的部分场景

图 3-59　斯托拉罗 的影像随处可以感受到绘画之美。①绘画作品从左至右：威廉·布莱克（William Blake）画作《作为缔造者的上帝》（*God as an Architect*，1794），卡纳莱托（Canaletto）画作《圣马可广场》（*Piazza San Marco*，1760），德加（Edgar Degas）画作《戴黑手套的歌手》（*Singer with a Black Glove*，1878）。②《歌剧浪子》中的几个场景。

景、每一个镜头和每一次摄影机运动的每一个瞬间里。在这部影片中可以看出，斯托拉罗对于绘画的研究和理解已经渗透在他的血液中了（图 3-59）。

（2）橙、蓝、白为基调

正如《末代皇帝》，《歌剧浪子》在颜色处理上也是多变而细腻的。大抵上我们可以把它分为三种基调（参见第二章图 2-10、图 2-23）：①暖橙色调，它代表了剧中人物的激情和性格中善的一面。每当洛伦佐流露出自己的真性情或充满激情地写作时，暖橙色总是伴随着他。暖橙色光来自夜晚或室内的烛光，或者从窗外射入房间的朝阳（图 2-23 左上）。②冷峻的蓝色调。当洛伦佐拈花惹草、被逐出威尼斯，或深陷恶势力中，蓝色总是包围着他（图2-23左下）。蓝光来自夜晚的天光。③在斯托拉罗的色彩术语中，白色是各种能量的平衡。《歌剧浪子》中白色也是中性的、平和的颜色。洛伦佐的成长史是冷与暖相互抗争的过程，但是当他第一次见到安内塔时，影片中第一次出现白光照明的环境（图2-10左）。在莫扎特出现的场景中，斯托拉罗也较多地使用了白光，他是洛伦佐最好的搭档，两人之间有一种默契和平静的关系（图2-23右上）。

在另一些场景中，斯托拉罗用冷暖变化的色光展示角色的内心冲突，如图3-60所示。在左列的例子中，洛伦佐走入蓝色月光笼罩的街心广场，这里有形形色色戴着舞会面具的人，所有的人都将真实的自己隐藏在面具背后。洛伦佐突然看到自己诗歌的出版商正在被示众，被众人侮辱，他冲动地跑到出版商面前，此时两人的脸被近处的火炬映照得通红，真情流露在他们的表情里。卡萨诺瓦（托比亚斯·莫雷蒂/Tobias Moretti饰）发现了洛伦佐，并将他拉到一个远离人群的地方。作为洛伦佐的心灵导师和挚友，卡萨诺瓦警告洛伦佐在大庭广众之下毫无顾忌地表达自己的态度太过危险，他帮洛伦佐戴上披风的帽子，把

图3-60 《歌剧浪子》中用色彩展示人物内心冲突。左列：洛伦佐与正在受刑的出版商和卡萨诺瓦的场景。右列：洛伦佐在构思《唐璜》的故事中唐璜勾引贵族女子的场景。

脸遮住。此时，洛伦佐和周围都是蓝色，蓝色中也隐藏着他不清楚的敌人，只有卡萨诺瓦的脸是暖色的，象征着他是一个关心洛伦佐、在危险时刻为他指明道路的人。

图 3-60 右列是另一个例子，这是洛伦佐想象中场景。洛伦佐第一次见到安内塔，是她父亲将她的终身托付给洛伦佐的场景，但洛伦佐认为自己配不上这个婚姻，也无法保证对安内塔负责，他逃跑了。在他构思的《唐璜》中，唐璜勾引贵族小姐的情节变成了自己的经历。他溜进小姐的卧室，看到帐子里的安内塔。洛伦佐拨开纱帘时身上是混合光——身后的蓝色月光和正面带有淡紫色、不那么蓝的品红色光。安内塔一方是暖橙色光，这个镜头在构图上与洛伦佐第一次见到她的画面相似（图 2-10 左），但色光不同。这一次两人之间充满激情，没有他们第一次见面时的平和。当洛伦佐进入安内塔的世界，他也进入了暖光的区域。在两个人缠绵于爱情时，镜头切换到卧室的全景，周边蓝色在慢慢减退，环境变暗，白色的纱帐十分醒目。此时，我们可以清晰地看到斯托拉罗对光线的设计：纱帘的上方有一盏白色的灯，帐子外面是蓝光，在调光器的控制下逐渐减弱，将二人世界陪衬得晶莹剔透、洁白无瑕（图 3-60 右下）。

影片结尾的镜头也颇为有趣。《唐璜》首映结束，与唐璜下地狱的结局不同，洛伦佐浪子回头，找到了自己的真爱——影片结束也是洛伦佐新生活的开始。如图 3-61 所示，

镜头从大全景开始（上），并慢慢向前推，我们看到洛伦佐在和一些人寒暄。在镜头推到中景时，安内塔来到洛伦佐的身边。洛伦佐问："你喜欢这出歌剧吗？"安内塔没有回答，反问道："你就是唐璜？"洛伦佐说："是的，但是我从地狱回来了，我来找你。"然后两人无视旁人的质疑手牵手走向庭院之外（中），他们迎着镜头走，摄影机随之后退，最后停止在两人接吻的近景上（下）。这个过程是他们从一处富有激情的暖光区域走到了平和的白色光区的过程，洛伦佐的内心冲突也终于得以平息。

图 3-61 《歌剧浪子》最后一个镜头，洛伦佐和安内塔有情终成眷属。

（3）TransLite 景片对时间和空间的延展

《歌剧浪子》几乎所有的景都是以 TransLite 景片搭建的，即使在不需要延展或转换空间的场景中也是如此。不仅室内的墙、四壁的书架是 TransLite 景片，连广场周围的建筑也是 TransLite 景片布置的，如图 3-59 ② 的右下图、图 3-60 的左上图以及图 3-61 的上图等。对于这样一部戏内戏外不分、现实和幻想不分的影片来说，TransLite 景片增加了它的戏剧效果。

从图 3-62 制作现场可以看到，摄影棚内 TransLite 景片将正在拍摄的环境围裹起来，从外面打光照亮布景，而布景内部只有很少的道具。在这部影片中，斯托拉罗使用了 5 台摄影机从不同角度拍摄，照明还是他用惯了的排灯，仍然使用调光台调光。不过这部影片与《弗拉门戈》和《探戈》相比，更加复杂，不仅是几块可移来移去的

图 3-62（上）《歌剧浪子》的拍摄现场。

图 3-63（下） 用 TransLite 景片转换时空的镜头。左列：洛伦佐向莫扎特解释他对《唐璜》剧情的设想。右列：从写作中洛伦佐到作曲中的莫扎特。

铝板，而是按照场景要求制作的整个环境；和《戈雅在波尔多》相比，它的制作更加完美，TransLite 景片和其他简单的建筑、结构和室内家具更加一体化，更像是建筑本身的一部分。

对于转场的镜头，斯托拉罗说，这正像马格利特的画，有着空间上的延展。而电影本身就是具备了在时间和空间上延展能力的艺术。

图 3–63 是影片中两个时空变换的例子。左列是洛伦佐向莫扎特解释他对《唐璜》剧作的设想，莫扎特家的墙壁后面变成了舞台，那里正在上演唐璜和贵族小姐家丁打斗的情节；右列还是这面墙，但这次空间的使用上颠倒了顺序，先是莫扎特家的墙外——洛伦佐在自己的房间里写作，然后后景变亮，那是莫扎特在家里作曲的情景。

不是随便哪部电影都适于这样拍摄和艺术处理。斯托拉罗也没有把自己的风格强加于电影，他在寻找能表达自己摄影理念的题材和合作者。纵观斯托拉罗近些年的电影摄影创作，可以看出他对题材非常挑剔，这些作品总是和艺术家或历史有关，哪怕是纪录片或电视剧。

难得有人可以不断重复自己，并在重复中升华，斯托拉罗做到了。难得有摄影师在影片的决策上能起那么大的作用，斯托拉罗也做到了。《歌剧浪子》不仅展示了斯托拉罗的艺术境界和娴熟的技术控制之间的完美统一，也可以算是胶片工艺的巅峰制作。虽然斯托拉罗的创作还没有停止，虽然还有很多摄影师仍在坚持用胶片拍摄，但它退出历史舞台已为期不远，《歌剧浪子》是它献给电影艺术最后的礼物，一次辉煌的谢幕。

3.4.3 参考影片与延伸阅读

从影调和色彩的角度观赏电影影像，制作精良的黑白片有助于研究借鉴影像的影调关系，彩色片则包含了色彩和影调双重关系。

（1）由格雷格·托兰摄影的美国电影《公民凯恩》是经典影片之经典，摄影师们都会把它的画面熟记在心。这部黑白巨作虽然制作于 20 世纪 40 年代，却没有好莱坞经典时期的影片中常有的匠气，它的低角度、低调摄影以及对自然的用光方法的尝试都遥遥领先于那个时代。相关介绍可参阅《美国电影摄影师》1941 年第 2 期初刊，1975 年第 4

期和 1991 年第 8 期再次刊登的、托兰撰写的文章："Realism for 'Citizen Kane'"。它的译文《〈公民凯恩〉的写实性》刊登于《当代电影》1984 年第 6 期。

（2）日、法、英、美合拍片《晚安，好运》在近十年故事片中是影调比较明快、有着典型的黑白摄影风格的影片。它的摄影师是罗伯特·埃尔斯威特，奥斯卡最佳摄影奖获得者。它的摄影介绍可以参见《美国电影摄影师》2005 年第 11 月刊。

（3）美国故事片《教父》三部曲是科波拉导演，并与主创人员三度合作的史诗性影片。该系列片的摄影师戈登·威利斯影响了整整一代人。这三部曲在技术上也是将曝光控制用到胶片极限的范例。相关介绍可见《摄影·电影·电影·摄影：狂恋光影大师对话录》，以及《光影大师——与当代杰出摄影师对话》中对摄影师的采访，在《教父》DVD 套装中也有幕后制作花絮。

（4）如果不讨论影像是否应该帮助导演讲述一个令人信服的故事的话，国产片《天机：富春山居图》（2013）的摄影还是很出色的。它的色彩很"玄"，并将广告的拍摄手法、新型商业照明都用在了电影摄影上，使它的影像很有现代感，也很大气。该片的摄影师是邵丹。在何清编《光色留影：当代电影照明创作实录》一书中，有对该片摄影师的访谈文章。

（5）中、日合拍片《吴清源》也是近十年中国产片中少有的摄影佳作，最难能可贵的是它的画面从始至终有着统一的风格。该片由田壮壮导演，王昱摄影。《电影艺术》，2007 年第 6 期刊登过对该片摄影师的访谈。

第四章

人物：故事片永远的主体

> 不要做工具的奴隶，你得了解你自己。我不反对技术，但解决问题的方案往往不总是在手册中。
>
> ——克里斯蒂安·贝尔格在维也纳电影学院对他的学生们说

对于电影画面来说，人物太重要了。一部影片中很少会有和剧中人物完全无关的空镜头。所以，虽然在上一章讨论过"突出主体"的话题，但本章仍有必要围绕人物和角色考虑更多细节的技术处理。

4.1　人物和环境

当学生刚刚进入电影照明训练的环节时，往往容易顾此失彼，有时为了营造环境气氛，却忽视了画面中最重要的人物是否处在合适的照明条件下；有时人物和环境混叠在一起；也有些时候设计得都很好，却因为开拍时演员没有站到正确的位置上而功亏一篑。在评价演员的表演能力上，也有两种标准：观众的要求是表演要生动感人；但是在拍摄现场，很多导演和摄影师更喜欢走位正确、明白全景或特写表演分寸，或者说有电影表演经验的演员，因为这样才能保证拍摄进度。进一步来讲，摄影师和照明师在照明设计上，应该尽量为演员留出活动的余地，如果演员被限制在一个固定的位置上，表演也难以正常发挥。

4.1.1　环　境

不少学生第一次拍摄室外人像时，很喜欢选择小树林，这是学校周边很容易见到的环境，比起参差不齐的家属楼，它们似乎也算好看。不过拍出来的效果往往没有那么好，背景不干净，人物也未必突出，如图4-1所示。究其原因，是这些树木作为背景明暗相间，亮度间距大，在画面中比较抢眼。比如左上图，即使开大光圈虚化了背景，仍然不能改变深色树干和树木之间明亮的间隙造成明暗对比，使得背景有太多细节，甚至超过前景的人物。右图的竹林虽然不显得那么乱，但竹林和人物的权重相当，特别是光影斑驳，人脸没有受光，就使得人物被环境所淹没。

其实树林、竹林都是电影中经常使用的环境。看过谢飞导演，孟庆鹏、甘泉摄影的

《我们的田野》（1983），一定不会忘记那片白桦林；看过李安导演、鲍德熹摄影的《卧虎藏龙》（2000）也一定记得李慕白（周润发饰）和玉娇龙（章子怡饰）的竹林斗法。任何景物都有可能成为最适合的背景，关键看你怎样处理人物和环境的关系。

图4-2是故事片《反基督者》（*Antichrist*, 2009）中树林的夜景。这是故事中患抑郁症的"她"（夏洛特·甘思恩伯格 / Charlotte Gainsbourg 饰）在被催眠状态下脑海里的景象。该片摄影师安东尼·多德·曼特尔（Antony Dod Mantle）也是《贫民窟的百万富翁》的摄影师，他用非自然主义的绘画感让它有别于现实。该镜头在德国一处森林中拍摄，拍摄过程使用了一台小型的 motion control（运动控制器）和高速摄影机 Phantom。motion control 可以在多次拍摄的情况下保持摄影机运动轨迹一致，而 Phantom 把摄影频率提升到了 1000 fps。比如在拍摄上图画面的时候，摄影师首先用自然主义的方法为树林打光，然后把灯光调转方向以不同的画幅比拍摄桥下的水。多德·曼特尔在后期 DI 过程中又将前景和后景分成很多不同的图层，取出每条景别

图4-1（上）初学者喜欢以树木草本作为人像摄影的背景。但这些景物深浅不一，常常干扰了前景的人物。

图4-2（下）故事片《反基督者》夜色中的小树林即是"她"的梦境，又是影片中的不祥之兆。

或照明不太一样的画面的一个局部，把多图层合成在一起，得到最终影像。

当我们欣赏图 4-2 画面的明暗关系时，可以看出，虽然人物在画面中非常小，但是很醒目，上图小桥上的"她"处在画面中唯一明亮的小溪之上，这一纵向的亮区为影像区别开主次；而中、下图背景上浓重的烟雾，使演员奔跑的区域比较开阔，她没有被繁杂的树丛所淹没。这些画面显示出摄影师的功力，环境真正烘托了人物。其绘画感绝不是单靠后期或特效就能完成的，后期只能锦上添花，不能将烂影像变成优质画面。

依靠亮度区分背景最为有效

图 4-3 的学生作业中，人物和环境的关系处理得比图 4-1 好。上图的画面很有电影感，环境被黑暗所包围，观众比较容易将注意力集中在亮区中的人物上。如果拍摄时照相机机位略微向画左移动一点，使人物和后景中他所加工的竹子之间稍稍有一点空隙的话，构图会更干净。下图虽然是大全景，但画面中赛艇和赛手比水明亮很多，因此也很抢眼，人物得到了突出。

电影的场景都比较复杂，过于简陋的空间会影响故事的可信度。摄影师需要简化纷乱的环境，让背景和人物有所区别。在第三章所讲到的"突出主体"的方法中，"亮度对比"是最重要的。背景亮度高于或低于人物都是常见的、突出人物的摄影策略，可以通过构图和曝光加以控制。如果环境在亮度关系上凌乱，那么通过景深控制和轮廓光改善效果就很有限。

电视剧《冰与火之歌：权力的游戏》有七国纷争，每个领地要有自己的特色，它的场景注定是复杂的。图 4-4 是该剧中凯岩城城堡的场景，泰温·兰尼斯特在与儿子提利昂·兰尼斯特（彼得·丁克拉格 / Peter Dinklage 饰）就权力划分谈条件。在图①的中景中，泰温·兰尼斯特背后是一面被室外投入的日光所照亮的墙，比人脸亮，所以我们虽然看不清他的表情，但人物和环境没有混叠，他的侧姿非常清晰。图②出现在几个镜头之后，是一个泰温·兰尼斯

图 4-3　"曝光技术与技巧"课程练习，人物与环境关系的例子。上：06 级本科学生周刘宝作品。下：09 级本科学生郭盼盼作品。

① 泰温·兰尼斯特（中景）

② 泰温·兰尼斯特（中近景）

③ 兰尼斯特父子的关系镜头（全景）

④ 兰尼斯特父子的关系镜头（大全景）

⑤ 兰尼斯特父子的关系镜头（父为小全景）

⑥ 兰尼斯特父子的关系镜头（父为中景）

⑦ 兰尼斯特父子的关系镜头

⑧ 凯岩城城堡内部大全景

图 4-4　电视剧《冰与火之歌：权力的游戏》，凯岩城城主泰温·兰尼斯特和儿子提利昂·兰尼斯特对话的场景。当大环境的明暗关系通过布景和照明奠定下良好的基础后，人物与背景、人物与人物之间很容易建立起和谐的相互关系，近暗远亮、主次分明。在交代环境的较大景别中，人脸的细节不是很重要，但人物和他们的肢体动作要能清晰分辨；在较小的景别中，人脸要有更多细节，更倾向于正常曝光。

特的中近景，此处他的脸比较亮，而后景的墙比较暗，画面中有一扇明亮的小窗，位置没有和人物叠在一起，它丰富了影像的高光，起影调平衡的作用。一般来说，电影画面在拍摄的时候往往将人脸作为订光的依据，而这个场景在比较大的景别里对人物都进行了"曝光不足"的处理，以环境气氛为订光的主要考量，不在乎能不能看清人脸。

从图4-4场景的整体来看，它的布景和照明设计非常高明，使得人物总能处于合适的环境之中。父子俩隔着一张桌子对话，儿子始终坐着，而父亲或坐或起身倒茶、饮茶，有一个活动范围。光线通过桌子侧面一扇半开的窗子投入室内（图③、④、⑥），使该场景面向窗户180°范围内的摄影机调度都能得到近暗远亮的照明关系。而且，当父子俩的脸侧对窗户时，也可以得到很好的侧光照明（图②、③、④、⑦）。从图⑤的环境可以看出，墙壁亮暗不均符合古老城堡采光不足的建筑特点，为图①和②的亮背景或暗背景提供了生动的、便于场面调度的环境。图⑧是本故事段落结束的镜头，一个大全景中儿子提利昂愤然离去。镜头中，父子谈话的书桌已经退到远处，来自另一扇门窗的光线修饰了提利昂经过的路线，画左还有一个被照亮的区域展示古堡的复杂结构，平衡画面的明暗关系。

我们还可以将图4-4和第三章图3-35做一个对比。图3-35也是同一个布景，家庭会议安排在书房外面的厅堂里，也就是图4-4⑧中提利昂经过的厅堂。在图3-35中，最重要的造型光束来自图4-4②镜头中所包含的那扇小窗，同样为整个场景不同景别的镜头提供了近暗远亮的照明布局，并使每个人物都处在侧光照明的条件之下。在这两个场景中，曝光控制会根据内容的需要做出调整。比如大景别中光束要很清晰——减少曝光可以强调光束和暗环境的对比，而中近景中人物肌肤影调要正常，细节要丰富。然而这种曝光的细微调整并没有使影片影调的一致性受到影响，观众并不觉得场景忽明忽暗。

不要忽略前景的作用

与背景相比，初学者更容易忽略前景对人物的烘托作用，往往直接把人物放在一面墙或一个简单背景前面，或者放置了前景却不够恰当。这样的画面要么纵深感不强，要么前景过于醒目，超过了人物的重要性。在图4-5的学生作业

图4-5 08级本科生钱添添作业。上图前景的植物比较凌乱，下图前景的窗框较好，有很强的修饰感和窥视效果。

中，这位同学已经有了很强的利用前景的意识。从效果来看，下图的效果比较好，而上图的植物就有些与人物在主次关系上平分秋色的感觉。实际上，这盆植物用得不好有两个原因。一是植物体积大，形态和人物之间缺少关联。学生所使用的道具往往不那么称手，有什么只好用什么，所以出现类似问题在所难免。二是植物过于艳丽，上面还用灯打了光影，就显得不那么单纯，太抢眼了。这个问题是可以解决的，只要把照明减弱，让植物成为剪影或半剪影，就会使画面的影调关系大为改善，就像《冰与火之歌：权力的游戏》所做的那样。

图 4-6 是一些影片中利用前景的例子。前景最简单的作用是将主体框在一个更小的范

①《另一个波琳家的女孩》　　　　　　②《神探夏洛克》

③《波吉亚家族》

④《谍影重重 3》

⑤《慕尼黑》

图 4-6　电影中对前景的利用。

围内，吸引观众的注意力，而暗前景加上明亮的背景往往特别有效，如图 4-6 ①《另一个波琳家的女孩》和图 4-6 ②《神探夏洛克》所示，即使人物非常小，在画面中仍然很显眼。

在图 4-6 ③《波吉亚家族》的例子中，该家族小女儿卢克雷齐娅（霍利迪·格兰杰 / Holliday Grainger 饰）在不幸的婚姻中爱上了丈夫家的马夫保罗（卢克·帕斯夸利诺 / Luke Pasqualino 饰），他的哥哥胡安认为这是家庭的耻辱，于是派手下追杀保罗。夜幕中，保罗在建筑的拱廊下奔跑躲闪，但是当他看到自己的前后都有杀手在晃动时，知道无路可走了。如果这一追一逃发生在空旷的、没有前景的环境里，紧张程度会大打折扣。

图 4-6 ④是《谍影重重 3》（*The Bourne Ultimatum*，2007）中的场景。该片从始至终处在间谍与反间谍的猫鼠游戏中，而影像中的前景有助于这样的叙事。该片大量运用前景造成窥视的视觉效果。比如本图例中，两名特工在公共场所碰头（左），当他们互相交换情报时，景别变得更加紧凑，过肩镜头中，前景人物几乎遮挡了一半画面，也遮挡了面对镜头的人物（右），观众只能看到他一双沉思而警觉的眼睛，感受到他们的谈话有着不可告人的秘密。

图 4-6 ⑤是《慕尼黑》（*Munich*，2005）中的场景。从明暗关系来看，台灯是明亮的前景，画面整体上近亮远暗。这是一个违背"近暗远亮"透视关系、但前景运用出色的例子。虽然画面中前景没有强化纵深透视，但夸张的构图仍具有图片摄影的美感。从前景作用来看，台灯是这个场景在叙事上非常重要的道具。《慕尼黑》以 1972 年慕尼黑奥运会上以色列运动员被劫持、杀害的真实事件为背景，讲述了一个事件之后以色列向世界各地派出暗杀小组、严惩对事件负有责任的人员的故事。在图 4-6 ⑤旅店的场景中，暗杀小组组长阿夫纳（埃里克·巴纳 /Eric Bana 饰）的隔壁住着他们准备暗杀的要员，而且他们已经将炸药藏到了该房间的床垫里。阿夫纳房间里的台灯是阿夫纳向同伴们发送信号的工具，等候在汽车里的同伴一旦看到阿夫纳关闭台灯，就会引爆炸弹。所以在这个场景中，摄影师突出了台灯的视觉效果，让观众把注意力放在台灯上，放在阿夫纳关灯的动作上。也可以说，这是一个前景"喧宾夺主"的例子，它在重要性上和画面中的人物平分秋色，甚至更加重要。

4.1.2　人　脸

在大多数电影画面中，观众需要看到人物的表情。初学者会因为各种考虑不周而造成人脸和环境的亮度不匹配，使人脸没有得到应有的照明。

在图 4-7 的例子中，后景走过来的女生遮挡了前景女生的光，两个人都变成了"黑脸"。从下图所记录的拍摄情况看，量光和实拍显然有所不同。量光时有一束光线照亮了女生背后的墙，也为画右女生脸上加了造型光。不知是实拍时少打开一盏灯，还是修改了照明布光而没有再一次复核。从设计上来看，主光来自画右，很容易被画右的女生遮挡。但同学在布光时，只考虑了画左一个女生的情况。

图 4-8 的例子来自一份低年级叙事练习的作业，不强调摄影造型，但这个镜头在初

学者的作业中比较典型。该镜头在照明设计上有点顾头不顾尾，镜头起幅有一个来自画右的台灯修饰人物，后景也有一盏壁灯破一下昏暗的墙面，照明设计近乎完美。但当人物起身向画右踱步时，摄影机跟摇，一直到演员在一面墙前站定，长而缓慢的过程中场景昏昏暗暗的，没有为人物造型的主光，甚至没有打亮场景的照明。

图4-9是一个在照明设计和总体考虑上做得更好的例子，景物明暗关系和夜景的气氛都很到位，不过该画面涉及的两个场景在人脸的考虑上也还存在一点瑕疵。左列是女生躲在门后窥视主人回家的举动。在左上图的中景镜头里，人物暗，墙面亮，彼此能够很好地相区别，但此时观众还应该多多少少看到一点人物的表情，女生的脸却是黑的，难以分辨。而相比之

订光点: T2.8　　　EI: 320　　　镜头焦距: 32mm

亮度分布:
1. -1　　2. +0.5　　3. +2　　4. -2　　5. -0.5　　6. -4　　7. -2.5

下，左下图的近景中为女生增加了来自门一面的造型光，修正了中景镜头的缺陷，但是上述两个镜头同属一个场景，从中景切到近景时，光线是不衔接的。右列镜头是女生洗脚后上床就寝，环境气氛很好。画面的落幅（右下）没有问题，画中人物摆弄蚊帐的姿势清晰可见。起幅处有一束月光来自画右，后景有一盏油灯是室内照明的光线依据。根据月光和油灯，这位同学让油灯成为人物的造型光，在相反的方向上是月光洒在身上的效果。镜头的瑕疵在于：两束光为面积占画面中比例很小的脸部带来较复杂的光影变化，光线之间有一道较重的黑影，反而使人脸不那么

图4-7（上）　学生作业。不当的场面调度使两个演员在画面中最重要的时刻脸上无光。

图4-8（下）　学生作业。画面在起幅时人物和背景都有光线修饰，但人物起身走开时，对造型的光线没有贯穿始终。

图4-9　08级本科学生钱添添作业。在大的环境气氛处理比较出色的前提下，对人脸的控制有一些小疏忽。左列场景人物在中景里脸上无光（上）；右列镜头在起幅处（上）人物背对"月光"，脸上的光线"不干净"。

容易辨别。这个问题很容易解决，如果让人物面向画右，在油灯的左侧，那么脸上就只需要一个主光；或者保持现在的构图，让油灯在脸上的效果更明显一些，照亮的面积可以更大一点，并挡掉脸上的月光，这样也可以使人脸的光线造型比较简洁、干净。

　　图4-5和图4-9的学生作业均参考了《青木瓜之味》的影像处理，但并没有照搬该片的场景，而是在作业要求和简单的布景及照明所能实现的前提下，将该片重要的摄影特点模仿了出来，在初学者中属上乘之作。这也使我们有机会在两者之间进行比较，看看专业摄影师的技术成熟表现在什么地方。

　　《青木瓜之味》由越南裔导演陈英雄执导、法国摄影师伯努瓦·德洛姆（Benoît Delhomme）摄影，是公认的、带有浓郁东方色彩的佳作。图4-10左列是一个连贯的镜头。梅就要离开这个做了十年女佣的家，晚上她收拾好自己的东西准备离开，又不舍地东瞧瞧西看看。镜头透过庭院中的热带植物跟随梅从卧室走到庭院，其间梅在卧室的门前短暂停留，然后穿过走廊到达庭院。这也是房东老太太的主观镜头，她舍不得梅的离去，暗中关注着梅的举动。我们可以看到，即使是夜景光效，在梅停留的三个重要的位置上，我们都能看清梅的表情动作。植物也恰到好处地把梅包围起来，但没有遮挡住梅身体的主要部位。这种人脸明暗关系的处理是专业摄影师行活儿的成熟之处，而大面积植物所营造的前景却不是学生作业里一盆植物能替代的。右列是该片中几个不同的环境，上图和中图是日景，下图为夜景。虽然影片的布景体现了越南建筑的多彩特点，但人物并未被丰富的环境色所吞没。上图中，梅躲在门后，而少爷在寻找他，梅对少爷的心仪和害羞都清晰地刻画在脸

图 4-10 故事片《青木瓜之味》带有东方美学特点的画面，虽然道具布景多样，色彩丰富，但仍能在环境中突出人物。

部表情里。

模仿和原作之间都会是不一样的，当学生作业模仿过经典电影之后，就会进一步体会出原摄影师的匠心所在，对电影画面的理解可以提高一个层次。

在镜头的整个调度中，演员不一定总处在合适的光位之下，但其中几个重要的位置一定要事先想好环境和人物的关系怎样处理。比如，当演员停下来和什么人交谈，或者做什么事的时候，都是观众需要对演员投以更多关注的时刻。

成熟的电影摄影师会和导演、美术师事先沟通，使场景既有利于展现故事环境，又适合人物造型。在室内，多数摄影师喜欢把摄影机主角度面向窗户一侧，窗户可以增加场景的临场感，在画面中形成漂亮的高光，也容易将人物处理成侧光或逆光照明，而非平淡的顺光。

　　图 4-11 是《辛德勒的名单》中的一个有场面调度的镜头。这是辛德勒（连姆·尼森 / Liam Neeson 饰）和他的犹太会计施特恩（本·金斯利 / Ben Kingsly 饰）第一次会面的场景他们一前一后进入一个房间，关上门，向画右走了几步，辛德勒已经来到办公桌前，施特恩站在第二个门口，谨慎地把这扇门也关上。辛德勒告诉施特恩找他的目的，施特恩则恭恭敬敬地站在门旁听着。辛德勒请施特恩坐下，自己坐在桌子上，接着又站到窗前，最后坐在施特恩对面的椅子上，这一过程中他一直在让施特恩了解自己的想法。我们可以看到，除了进门的镜头中人物没有用特别的造型光外，接下来每一处关键点画面的明暗搭配和构图都堪称均衡，人物也有完美的侧逆光照明。摄影机在这个镜头大约横摇了 90°，最后落幅停在一个相对于窗户对称的双人全景上。

　　因忽视对人物的造型而使人脸黑作一团，与专业摄影师刻意将人物隐藏在阴影中，这是两码事。第三章中介绍的《现代启示录》是后一种情况的一个极好的示例。摄影师斯托拉罗把故事中最重要的角色科茨的脸埋藏在灯光照不到的地方（图 3-49 右列）。在《睡前故事》（ *Bedtime Stories*，2008）中也有一个因剧情需要将角色置于环境暗区的例子。如图 4-13 所示，片中老板诺丁汉（理查德·格里菲思 / Richard Griffiths 饰）是个有细菌恐惧症的人，因为相信明亮的环境会加剧细菌的繁衍，即使是白天，他也把自己关在黑屋子里，这就使得斯基特（亚当·桑德勒 / Adam Sandler 饰）为他修电视、之后三人谈话都在黑暗中进行。

图 4-11　故事片《辛德勒的名单》中一个镜头的调度。镜头运动过程中，在每一次停顿的关键点上，人物和环境具有恰当的平衡关系，明暗互衬，脸部造型光得当。

看光镜

　　初学者对人物或环境控制不当和观察能力不足有关。人眼所能辨别的明暗层次会远远大于感光器件的记录能力，因此在拍摄现场看似没有问题的场景，拍摄的结果很可能和想象中的不一样，一些景物过亮"毛掉"了，另一些则黑得分辨不出层次。

　　解决之道除了量光要细致之外，还可以利用看光镜观察景物的亮度关系。看光镜本质上是一片ND中灰滤镜，有的会带有一些暗棕或暗蓝色调，密度上有不同规格供使用者选择。通过看光镜观察景物时，人眼的敏感度会降低，比较容易察觉景物的反差关系，过暗或过亮的部分可以及时发现并纠正。不仅初学者应该使用看光镜，熟练的电影师也常常镜不离手。

图 4-12　故事片《艺术家》（*The Artist*，2011）的拍摄现场，资深照明师吉姆·普兰内特（Jim Plannette，左）正在和摄影师纪尧姆·希夫曼（Guillaume Schiffman，右）用看光镜检查外景照明。

虽然场景描述的是一个黑暗的环境，但房间里会有经百叶窗或门透入室内的自然光，以及一些电器发出的光亮，画面相当漂亮。该场景对人脸密度的控制也很到位，在人物对话时，观众还能够看到人物的表情，比如图4-13下图三人对话的场景中，"马屁精"（画左）正在表达自己的看法，他的脸上有一个微弱的侧光照明，处于前景的诺丁汉背部以及一旁默不作声的斯基特（画右）基本上是剪影，而且"马屁精"不断用手势来增强他

图 4-13　故事片《睡前故事》中有意将人物置于黑暗中的例子，表现老板对阳光的恐惧。这一场景中人脸是曝光不足的，但整个环境高光和阴影互为对比，层次分明。

的表演，弥补面部表情不清的问题。这个例子可以看出：（1）电影画面即使描述的是整体上黑暗的环境，摄影师仍然要找到一些照明的方法，让画面中存在一些高光和底子光；（2）让人物脸部曝光不足并仍然保持一定的密度，使观众可以分辨演员的表情，比正常曝光控制的难度更高；（3）该片中只有这一个场景是这样处理的，其他影像均为正常的影调，否则观众会因为需要不断地努力分辨人物表情而难以忍受。

4.2 关系镜头

画面中存在两个以上人物时，需要整体考虑镜头与镜头之间照明的匹配。如果对话的双方一明一暗，观众就有可能察觉到镜头的切换，因此而分心。

4.2.1 正打反打

正打反打是电影中双人对话最常见的方式，一个大一些的景别交代两人相互的位置，然后镜头在甲看向乙和乙看向甲两个方向上切换。交代两人相互关系的镜头不一定是场景中的第一个镜头，但是摄影师一定会先确认大景别的关系，再细致处理近景或特写镜头。

我们先来看一张图片，如图 4-14 所示。当母女俩脸对脸时，如果用顺光作为造型光，光线平淡，肯定不好看；如果用侧光，一个人面部光线合适的同时，另一个的脸就会是黑的，光线从耳后打到腮部。用两盏灯打出侧逆光可以使两人面部都有适当的造型光，并附带修饰头发和背光面的轮廓。轮廓光的宽窄可以通过调整灯位得到控制。这幅图片是在一个很小的环境中拍摄的，人物和背景之间只有 1 米多的距离，如果背景布和人物之间的距

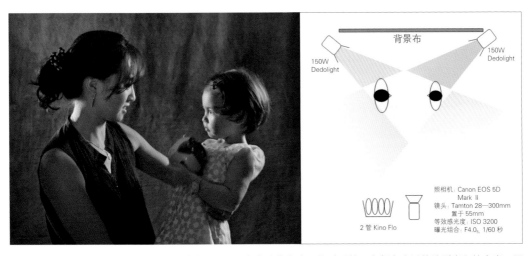

图 4-14　用两盏灯为人物交叉打出侧逆光，可以平衡人脸的亮度，使对话的双方都有合适的造型光和轮廓光。照相机旁侧的 Kino Flo 灯用于人物的底子光。

离再大一些，可以将两盏灯向内收，灯具外侧
的遮光板也可以再闭合一些，轮廓的亮度和宽
窄便会减小。

　　虽然电影的场景更为复杂，但用类似方法
处理人物是通行的做法。图 4-15 是故事片《罪
恶之城》（Sin City，2005）比较夸张的处理方
法。该片中总是为人物两侧打出比较宽的侧逆
光，形成"夹板光"效果（上）。这样做的好处
是人物无论向左还是向右转动头部，都会得到
良好的侧光照明（下）。不好之处是人物面对镜
头时，最重要的五官处在背光的阴影里。但是
该片在前、后期的控制上是很严格的，观众还
是可以看清人物的表情，特别是眼神。

　　一般的故事片在处理侧逆光方面会更加细腻，轮廓也会窄一些。前面列举过的图 4-11
就为人物关系奠定了良好的基础。当辛德勒坐定后，该场景接下来是一系列正打反打，如
图 4-16 所示。图 4-11 下图展示了辛德勒和施特恩的位置关系，在图 4-16 上图辛德勒的
近景中，他被画左窗外的光线所照明，形成侧光；下图施特恩一侧窗户在画右，他的左脸
被照亮。这样的正打反打人物照明匹配，看起来很舒服。有了这个侧逆光的依据后，近景
镜头更可以"借光位"，让照明范围更广一些，只要是侧光都合理。在此我们能进一步体会
到，电影摄影师为什么那么在意窗户的作用。

　　图 4-17 的人物关系更复杂，而摄影师雅努什·卡明斯基（Janusz Kaminski）也趁观众
不注意对照明动了手脚。在一所教堂里，辛
德勒成功地和一些从事黑市交易的人搭上了
关系。该场景中，人物造型光还是同前例类
似的偏侧逆的侧光，并有勾勒人物的轮廓
光。开始的一组镜头，是几个黑市贩子在相
互交谈，主光来自画右（上）。当辛德勒主
动和他们搭讪时，摄影机比上图向画左移动

图 4-15（上）　漫画风格的故事片《罪恶之城》里夸张
的两束侧逆光成为一种影像风格。

图 4-16（下）　与图 4-11 同场景的近景镜头，在全景
为侧逆光的前提下，人物被侧光所照明。

图 4-17 《辛德勒的名单》中另一个人物关系的例子。在整个场景中，主光从画右偷偷换到了画左。

了一些，主光还是来自画右（中）。此时上图中间的人物成为中图画左的前景人物，他脸部的光效和上图基本一致，但暗部被提亮了，光比也减小了，整个脸部的亮度比辛德勒脸部受光的一面要暗，充当层次丰富的暗前景。下图是一个反打镜头，主光移到了画左，两个人物的关系在明暗处理上与中图类似，只是光位变了。这种偷梁换柱并没有让人不舒服，而且下图的镜头实际上很复杂，后景是做礼拜的信众，几个躲开辛德勒的商贩在远处关注着事态的发展，这就要求照明能够体现出丰富的纵深层次。

上述例子中，照明主光来自对话的两个角色的一侧，在正打反打的镜头里，每个角色都能得到侧光照明。而有些导演和摄影师会将对话双方的位置安排得比较极端，让一个演员处于逆光的位置，他对面的演员肯定是顺光照明。由安东尼·明格拉导演、约翰·西尔摄影的故事片《天才雷普利》（*The Talented Mr. Ripley*，1999）讲述了出身平凡的汤姆·雷普利（马特·戴蒙 / Matt Damon 饰）跻入富家子弟迪基（朱迪·劳 / Jude Law 饰）的生活、并反客为主的故事。如图 4-18 所示，左列场景是汤姆第一次和迪基搭讪，佯称自己是迪基的大学同学，而迪基和女友玛吉（格温妮丝·帕特洛 / Gwyneth Paltrow 饰）则笑话汤姆未经日晒的白皮肤和意大利海滩多么不协调。汤姆处在逆光的照明条件下，迪基和玛吉因为太阳刺眼而用手遮挡住眼部。右列是另一个场景，迪基跑去加入了当地人的游戏，汤姆和玛吉则在一旁看热闹。此时迪基逆光，汤姆和玛吉顺光。这两个场景在匹配正打反打双方的亮度上有共同之处——（1）人脸是曝光的依据，不管环境如何，摄影师让双方脸部保持了近似的密度。（2）实际上摄影师并没有让顺光的一方真正彻底地顺光，而是给予角色前侧光照明。我们可以看到人物的脸庞有明暗过度，这有利于造型。（3）逆光一方人物背后都有一些背景景物，左列是遮阳伞，右列是远处的树木。这些背景非常重要，它们使人物避开了明亮的天空，因此能够正常曝光，与顺光一方在亮度上匹配。回顾第三章图 3-7 的下图，如果逆光的人

图 4-18　故事片《天才雷普利》中的人物关系，对话的双方一方逆光，另一方顺光。左列：汤姆在海滩上和迪基搭讪。右列：迪基加入当地人的娱乐之中，汤姆和玛吉在一旁看着。

物叠在明亮的天空背景上，那么逆光和顺光的画面无论如何也达不到平衡，还会给画面中的人物带来负面影响。

4.2.2　室内室外

　　正因为大多数摄影师喜欢在画面中带上窗户，窗户与人物的亮度平衡就很重要。进一步讲，窗内窗外也可能有同样重要的事物需要在同一个镜头中交代，或者角色有可能从室内走到室外，摄影师要平衡不同环境的光比，既要看起来真实，又要使亮度关系不失控。

　　对比一下第三章图 3-10《匿名者》和图 3-41《呼啸山庄》的右下图这两组有窗户的镜头。它们都很精致，也都是在摄影棚里拍摄的。《呼啸山庄》有比较浓"摄影棚味"，因为自然环境下窗外的晚霞和室内人物不可能只有那么小的亮度间距。《匿名者》的室内幽暗，窗户亮得"发毛"，反而显得很真实。

　　正常的室外照度要远远高于室内，房间的窗户越小，室内外的照度差距越大。在不需要看清室外景物的室内，窗户作为画面中出彩的高光可以很亮，也允许没有层次。但窗户到底有多亮是有限度的，太亮的窗户会造成镜头进光，影响画面的暗部层次甚至清晰度。

防止镜头进光

　　图 4-19 是低年级学生作业中窗户过亮而造成镜头进光的例子，一旦镜头进光，影像的画质就变得很差。右图的作业根据学生的曝光记录，窗外明亮的部分在曝光点上 4 级光圈。

图 4-19 学生作业中，窗户过亮产生镜头眩光，对人物的暗部造成严重影响。左：画左人物因镜头进光而变得比较灰，按照正常的影调再现，他应该像画右背身的人物那样是黑的。右：镜头进光使女生的脸部和部分头发受到影响。

有关光位的名词解释

顺光、侧光、逆光 水平方向上照明光源与摄影机拍摄方向的夹角为 0° 时是顺光照明，此时光源从摄影机方向投向被摄物体，景物没有阴影。最典型的顺光照明是照相机内置闪光灯所发出的光线，照明和拍摄方向完全一致。照明和摄影机拍摄方向为 180° 时是逆光照明，夹角在顺光和逆光之间是不同程度的前侧光、侧光和侧逆光照明。

顶光、脚光 垂直方向上明显高于或低于摄影机机位的照明光位为顶光或脚光。正常情况下，光源的位置都会高于摄影机位，而照明接近人物头顶上方时为顶光。正午阳光是典型的顶光，而地上或较矮的桌子上所放置的蜡烛会在人脸上形成脚光效果。

图 4-20 散射柔光环境下的顺光（左）和侧光（右）照明条件。
初学者容易误将五官与照明之间的关系当作光位的定义，把人脸迎向光线照射的方向当作"顺光"（右），这是不对的。顺光照明的画面中没有阴影或阴影很少（自然环境中很少有绝对顺光的摄影条件）。右图中年轻女子的脸部有明显的受光面和背光面，是来自画右的前侧光照明的。

应该说较好的 35mm 摄影镜头对付高出曝光点 4 级光圈的高光应该不至于出现镜头进光的现象，但老式镜头另当别论。另外，测量上可能也有误差。

镜头质量对镜头进光的影响很大，一些非常优秀的电影摄影镜头即使对着太阳拍摄，都不一定出现镜头进光的现象。现场是否施放了烟雾、镜头上有否使用漫射类柔光镜，以及镜头的焦距、光圈和感光器件的动态范围都会对镜头进光有所影响，所以应该通过试验了解所使用的设备，并在现场细心观察。当有镜头进光的现象发生时，在摄影机取景器和现场监视器中可以观察得到。观察时，首先应该将摄影机镜头的光圈设置到实拍的数值上。

图 4-21 的试验中，镜头进光仅发生在窗户亮度过高的情况下，如果通过辅助照明或反光板对人物适当补光，该问题可以避免。实际上试验所使用的这款镜头质量并不算好，在逆光摄影时也发生过镜头进光的问题。它之所以在试验中表现得还不错，和画面的构图有关。如果我们仔细观察会发现所有画面在窗框上都有不同程度的镜头进光，即使是图中画面①——窗户亮度仅高出订光点 4 级半光圈，窗框也已经发灰，只是人物距窗户有一点距离便没有受到影响。如果将人物叠在明亮的窗户前，镜头进光现象也会像图 4-19 那样影响画面中的重要景物。

避免镜头进光是将窗户摄入画面的技术底线，而影视制作对窗户的控制更为细腻讲究。

图 4-22 是《波吉亚家族》中窗户的例子。历史上，被后人称为亚历山大六世教皇（Pope Alexander VI，1431—1503）的罗德里戈·博尔贾（Rodrigo Borgia），也就是剧中的老波吉亚（杰里米·艾恩斯 / Jeremy Irons 饰演），任职正值文艺复兴盛期，当时的梵蒂冈建筑（特别是老圣彼得教堂）大多在亚历山大六世死后不久重建，已不复当年样貌。摄制组在匈牙利的科尔道制片厂（Korda Studios）搭建了老圣彼得教堂的豪华走廊、图书馆以及梵蒂冈的其他场景。老圣彼得教堂的窗户所使用的一种人工吹制的玻璃，美术师将它用在了很多梵蒂冈的场景中，近景和特写镜头中使用真玻璃拍摄，而其他景别中用树脂和醋酸盐材质的替代品。

图 4-22 左列画面出自《波吉亚家族》的第一季，右列出自第二季。玻璃窗在这些画面中都有生动的图案，而细看的话，第一季中玻璃的纹理仅有多边形的图案，第二季中则质感更好，有凹凸感和更细微的纹理。造成这一区别的原因是两季拍摄所使用的数字摄影机不同。第一季用的是 Sony F35，摄影师保罗·沙罗希（Paul Sarossy）说，Sony 数字机就像10~15 年前的胶片，为了基本的曝光而需要更多照明把场景打亮。窗户也不能作为光源使用，因为如果光线对人合适了，窗户就会太亮，需要把它压暗。所以场景中需要打两束光：一束用来打亮窗户，让它有合适的亮度并能展示玻璃的纹理；在镜头取景范围之外，另一束光打亮人物，模拟来自窗户的光线。到了第二季，摄制组改用 Arri Alexa 数字机，情况大为改观。沙罗希认为，Alexa 的动态范围远比 Sony F35 更接近胶片的宽容度，所以打亮窗户的光线也是切实照明演员的光线，很容易匹配，而且窗户的质感令人惊叹。图 4-22 的右上图是图 4-6 ③的前一个场景，马夫保罗去看波吉亚家的小女儿卢克雷齐娅和自己的儿子。玻璃窗是昏暗环境中唯一明亮的物体，凹凸起伏的玻璃为场景增加了真实的美感。

窗户亮度的曝光试验

本试验完全在自然光照明条件下拍摄，未使用反光板补光，旨在了解特定的感光器件和镜头对高光再现的能力。这一场景室内外照度差非常大，考虑到窗户作为光源将被直接拍入画面，影响影像的高光部分，所以要用"亮度"测光。

从结果来看，窗户亮度高出订光点 6 级至 7 级光圈时，镜头进光的现象都可以忽略不计（图①至图③），而图⑤的镜头进光已经比较明显，对暗环境产生的影响也较大。

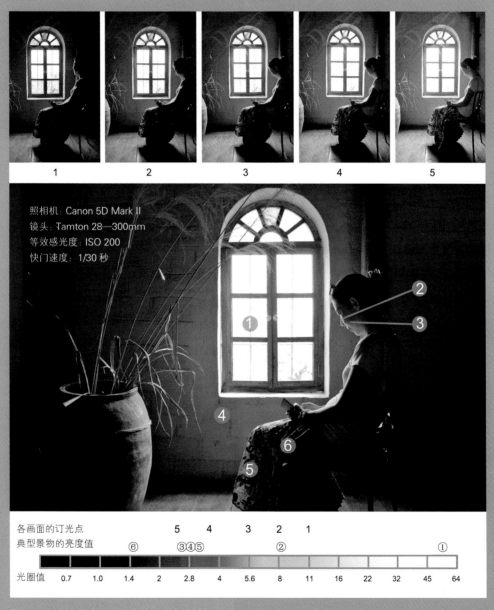

图 4-21　窗户亮度、曝光和镜头进光的关系试验。记录采用 RAW 格式，后期对画面分别进行过调整。

室内外带关系镜头

如果室内外都有人物活动或重要的景物，还需要降低窗内外景物的照度差，让内外景物都有适当的密度，但具体掌握起来要视情节而定。一部影片，甚至一个场景中，可以用不同的曝光处理室内外关系。

图4-23是故事片《白丝带》中两个场景对窗户的不同处理。上图当医生发生坠马意外后，一群孩子在窗下问医生的女儿安妮是否可以为她做点什么。在这个场景中，室外孩子们是视觉中心，应该用正常的影调再现。一般来说，以室外照度订光就可以。下图的场景是不善言表的农户要和亡妻单独待上一会儿，他是画面的视觉中心，窗外有什么完全不重

图 4-22（上） 电视剧《波吉亚家族》，使用不同的数字摄影机，玻璃窗的质感不同。左列：第一季，Sony F35 数字摄影机。右列：第二季，Arri Alexa 数字摄影机，质感表达更加丰富。

图 4-23（下） 故事片《白丝带》中对室内外关系的处理。上：以室外影调正常为曝光依据。下：曝光只考虑室内，窗子是"毛掉"的。

要，所以窗户是"毛"的。窗户的高光也反衬出农舍小屋昏暗阴沉。

在第二章介绍过的《塞拉菲娜》中，对窗户也有不同的处理。图 2-36 中包含两个门窗"毛掉"的场景，图 4-23 中是该片中对另一些门窗亮度控制的例子。图①是乌德家的两个场景。左图是塞拉菲娜帮主人打开窗，准备清扫。这个镜头的曝光是以窗外景物正常再现甚至稍微曝光不足为准的，房间内比较幽暗，是清晨或日落后的光线效果。右图为正常日景，乌德站在窗户旁边，观众可以看清窗外的环境，但窗外的景物比较亮，有些曝光过度。这个镜头模拟的是室内环境的视觉感受：室内景物影调正常，看向屋外则景物明亮。不同于图 4-11 的《辛德勒的名单》，这个镜头中乌德背光而立，所以摄影师为他的脸部加上了一个副主光——比主光暗，用于人物的光线造型。照明处理与图 4-22 的《波吉亚家族》类似。图②是塞拉菲娜常去的商店。每当手头有点零钱，她就会去店里选一些绘画用的颜料、画布。商店坐落在一条街道上，隔着窗户看清街道的模样是叙事所必需的。曝光处理

① 艺术家经销商乌德的家

② 颜料商店

③ 精神病院

图 4-24　故事片《塞拉菲娜》根据故事的需求处理室内、室外关系。

和图①相似，以室内影调正常再现为曝光依据，室外照度大约高出室内 1.5~2 级光圈，使室外景物有点"毛"，但主要的层次还在。图③展示的是精神病院一间采光较好的病室，门外有草地和大树，塞拉菲娜打开房门，慢慢走向一棵大树。影片结束在她坐在大树下的镜头上——这是她一生最喜欢的享受方式。这个场景是以室外景物正常再现为曝光依据的，当镜头切换到大树时，从房间中看到的室外环境和单纯的室外环境密度是一致的。和图①相比，它的室内外都更明亮一些，白色的病房补光多一点很容易亮起来，所以给观众的感受是正常日景。

图 4-25 是故事片《断背山》(*Brokeback Mountain*，2006) 中恩尼斯（希斯·莱杰 / Heath Ledger 饰）拜访杰克父母的场景。农舍里陈设简单，几乎没有家具，四周是白色的墙面。凡有过一点布光经验的摄影师都知道白墙不好打光，白色太亮会把人物衬托得很难看，暗了又脏兮兮的。所以那些比较写实的、有着白墙的教室环境往往摄影效果很差。好在杰克父母家采用了木质墙面，纹理比一般教室粉刷的白粉丰富许多，而且墙上的漆是灰白色而不是纯白的，有助于平衡人物和背景的亮度关系。这也是电影美工师在场景加工上的高明之处——适合摄影的纹理和反光率。

一般来说，人脸的亮部比背景亮，而暗部比背景暗，是一种比较舒服的影调平衡。该片摄影师罗德里戈·普列托（Rodrigo Prieto）对这个场景布光的策略是将窗户"打毛"，让室内呈现出较大的反差，墙的亮度相对暗一些。具体的做法是打开位于图①画右之外面的一扇大窗，也就是图⑥画面中那扇窗户，用一盏 18k 的 HMI 透过一块柔光屏从窗外为室内人物打主光；在两扇较小的窗外，也就是图①中恩尼斯背后左右的两扇窗，各吊了一盏 6k 的 PAR 灯，透过窗纱将窗影打在地板上；恩尼斯背后的房门小窗上是一盏 4k 的 PAR 灯。我们从图①至图⑤的画面中可以看到，窗户是"毛"的，人物脸部的光比大约有 6∶1 至 8∶1，墙面的亮度比人脸的亮部暗，比人脸的暗部亮。画面简约且明暗分明，气氛压抑。

当恩尼斯从杰克的房间返回客厅后，他将开门离开，如图⑥至图⑧所示，其中图⑦和图⑧是同一个镜头的起幅和落幅。为了使开门后得到正常室内外亮度平衡，在这一组镜头中，窗外的景物变暗了，变得有层次了。或者说，是室内的照度提高，缩小了室内外明暗差距，以此保证恩尼斯开门后，有影调比较正常的室外坏境。它和上面开场的镜头有着不同的曝光控制。

在特写镜头中，普列托在地板上加了一盏 Kino Flo Image 80 型灯，模拟太阳照耀在地板上的反射光对人脸的影响，并在摄影机镜头的下方加了一盏小型 Kino Flo，勾勒人物的眼神光。

初学者常常困惑于多窗户环境，不知道是不是应该把窗子都利用上向室内打光，或是为了尊重自然照明关系任凭这些门窗的光线相互干扰，结果是造成人物光影混乱。图 4-26 是学生摄影棚实习常用的简易景片，有两个房间多个门窗。在这个作业中，学生设计了一个两间屋子的横移，一束光从画右的窗子里照射进来在烟雾中形成光束（上）。但接下来的中近景就不好办了，从人物造型的角度来说，画左的窗户比较有利，结果是左右两束光使人脸看上的光起来不干净，环境中也缺少黑得下去的景物。

图 4-25　故事片《断背山》中杰克父母家窗户和室内外关系。①－⑤：开场的一组镜头，房间三面都有窗户，摄影师罗德里戈·普列托让画右一扇画面以外的大窗成为主光源的方向，画面中带到的门窗则"毛掉"，成为影像中的高光。⑥－⑧：恩尼斯看过楼上杰克的房间后，返回客厅。室内外照度差减小，以便在恩尼斯开门时，内外照度得以平衡。

图 4-26 如果场景中有多扇透光的门窗，应该分清主次，以免造成光影的混乱。上、中：学生作业完成画面，两扇窗户产生光线之间的干扰。下：拍摄现场工作照。

图 4-25 刚好给类似场景提供了一个榜样。杰克父母家有三面窗户，而普列托仅让主光来自画右，在杰克父亲和恩尼斯的脸上形成干净的侧光，如图③、图④。从图②的关系来看，杰克母亲的特写镜头应该是顺光才对，但摄影师在这里悄悄动了手脚，让她也处在漂亮的侧光照明下，如图⑤所示，或者说是"借光位"拍摄。

如果参考《断背山》的布光方式来修改图 4-26 的作业，可以有两种改进的方式：（1）将主光调整到画左的窗户上；（2）调整演员的位置，让他们脸转向画右。这两种方法都能使人物的造型光和室外来光方向一致。

4.3   肌肤的影调、色调再现

经典好莱坞时期，把明星拍漂亮是故事片摄影最重要的工作。现在电影中的人物肖像处理已经变得多样化，符合剧情的前提下处理好人物肌肤的影调、色调仍然是摄影师必须关注的问题。

4.3.1   硬汉和淑女

初学者容易将光质和光比混淆，以为光比越大，光质也就越硬。实际上，很小的光比可以是硬光，很大的光比也可以是柔光，如图 4-27 所示。柔光来自具有面光源性质的照明，比如门窗、柔光屏、反光板，以及室外背阴处的环境散射光等。此外，当天空中有薄云遮挡直射的太阳时，形成的光效被摄影师称为"朦胧阳光"，是室外肖像摄影理想的柔光照明条件。

柔光是美化人物肖像最基本的手段。电影制作史上，一向有为女性多加柔光的习惯，"重女轻男"。在电视剧《新朱门恩怨》（*Dallas*，2012—）的例子中，只要是拍摄女演员，摄影师罗德尼·查特斯就会在演员上方罩上一块充气柔光屏（Grip Cloud，见图 4-28 的左下图），柔化来自太阳的直射硬光，模拟薄云遮日的效果。充气柔光屏属于气球灯（balloon

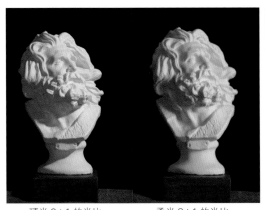

硬光 8 : 1 的光比　　　　柔光 8 : 1 的光比　　　　硬光 4 : 1 的光比　　　　柔光 4 : 1 的光比

图 4-27（上） 硬光和柔光的区别在于明暗交界的宽窄。光质越硬，明暗交界线越明显，柔光的明暗过渡过程比较长，是渐变的。从石膏像颈部的阴影关系可以看出两者有很大差别。

图 4-28（下） 电视剧《新朱门恩怨》中用柔光屏柔化人物照明。左列：拍摄现场。右列：对应的完成镜头。

light）的一种，只是里面没有照明灯，因此也比较薄。充气柔光屏有标准的规格，可以多块拼合在一起使用。在其他场景中，查特斯也使用普通柔光屏在演员头部上方遮挡直射阳光，用黑旗挡住部分前侧光，如图 4-28 的左上图所示。这样一来，树林中散乱的光影不至于直接投射到演员脸上，又因为顶光同时受到遮挡，也有利于人物造型。黑旗的作用是使人脸有更明显的光比，暗部可以暗下来。

故事片《通天塔》（*Babel*，2006）通过彼此相关的三个事件

图4-29 故事片《通天塔》用不同的影像纹理和颗粒讲述不同地域的故事。上：摩洛哥当地男孩和故事。下：美国夫妇的子女和墨西哥保姆的故事。

讲述人们之间难以沟通的故事，其中涉及四个地域：非洲的摩洛哥、北美洲的美国、南美洲的墨西哥以及亚洲的日本。摄影师罗德里戈·普列托通过不同胶片、镜头和后期 DI 不同程度的跳漂白效果来展现影像纹理及颗粒感的区别，以此区别不同的地域和不同的故事。片中，关于摩洛哥当地男孩的故事，普列托使用了 16mm 胶片，以便获得比较粗的颗粒纹理，展现摩洛哥恶劣的生存环境（图4-29上）。美国部分是 35mm 胶片（图4-29下）。在胶片种类、是否使用加冲工艺，以及 DI 调色程度的共同作用下，两个地域的影像有着比较明显的区别，美国部分层次细节过渡更柔和一些，摩洛哥的比较硬朗。从影像中可以看出，这两个镜头都使用了柔光照明，影像的"硬朗"不能归结于照明处理。

　　普列托和导演亚历杭德罗·冈萨雷斯·伊尼亚里图的本意都是希望通过 16mm 胶片使影像产生明显颗粒感，但是当胶片在法国埃克莱尔（Éclair）洗印厂胶转数后，颗粒全无！这家洗印厂一向以扫描出干净的 16mm 胶片为自豪。因为赶着戛纳电影节送展的时间，普列托没有时间重新扫描，在尝试用 DI 添加颗粒但效果不尽如人意后，只好扫成什么样就是什么样了。为此，普列托得到了一个深刻的教训：在前期准备时，一定要把前、后期相关的影像加工单位都先确定下来，并在同一个协作伙伴的设备上做测试！虽然摄影师自己还不够满意，但在观众看来，影片中不同地域的特征非常明显。对此，第五章中将有进一步的解释。

　　看过爱德华多·塞拉掌镜的《戴珍珠耳环的少女》（*Girl with a Pearl Earring*，2003），会知道这位电影摄影师的影像可以精致到什么程度（图4-30左列）。他在《反抗军》（*Defiance*，2008）中一改细腻的影像风格，塑造出"二战"期间犹太人抵抗纳粹的硬汉形象（图4-30右列）。虽然塞拉在后一部影片中使用了数字调光，但粗糙的影像却不是 DI 的功劳。他在这两部影片中都使用了"加冲"工艺。《戴珍珠耳环的少女》的拍摄地中欧、北欧的冬天昼短夜长，因此需通过加冲增感延长拍摄时间。塞拉用 Fuji 日光型高速胶片 Reala 500D 拍摄外景，按照 ASA 1000 来曝光——减少 1 级光圈的曝光量，然后通过加冲弥补底片密度上的损失。影像画质很好，看不出加冲工艺所造成的偏色。《反抗

图 4-30 爱德华多·塞拉摄影的故事片。左列：《戴珍珠耳环的少女》，画面细腻唯美。右列：《反抗军》，用粗糙的影像纹理表现"二战"期间一支犹太反抗军在丛林中的艰苦生活。右上图是影片开始不久的场景，右下图来自影片尾声一场惨烈的战争，随着反抗军生存状况逐渐恶化，影像的纹理也变得更加醒目。

军》在树林的外景中采用加冲工艺是为了得到有些失控的、粗粝的影像。在这部影片中塞拉让加冲的幅度达到 2 级，从而破坏了彩色胶片红、绿、蓝三条特性曲线原有的平行和反差比。该片主创在服、化、道的处理上也有个非同一般的决定，就是不为演员化装。

关于 DI，塞拉是这样说的："我喜欢后期调光，而 DI 是后期调整的一个礼物。但是我不用它发掘视觉效果，我只用它'清洁'画面。"例如，通过 DI 统一多台摄影机所拍摄的镜头的色彩，调整夜景的暗部让黑更纯正；或者当现场施放烟雾时，靠近光源的地方烟雾会比较亮，使附加照明露出痕迹，若在现场调整照明则比较费时，不如在 DI 中修除。

在摄影镜头上加漫射镜（diffusion），比如柔光纱、Pro-Mist 镜（朦胧效果镜，俗称"黑柔"或"白柔"）等，也是美化人物的重要方法。漫射镜和柔光光源有着不同的画面效果。柔光光源自然真实，而漫射镜的效果比较人为化。经典好莱坞时期，柔光镜的痕迹随处可见，当代电影中，柔光镜的效果变得不那么明显，但是它们仍在被大量使用。比如图 4-31 是

爱德华多·塞拉论数字调光

有人说DI给你机会让你把拍摄平平的画面在后期做出你想要的效果，但我相信的做法刚好相反，如果我不知道自己最终想要的是什么，又怎么能布光呢？（自《臂中兄弟》，《美国电影摄影师》，2009年第1期）

图 4-31 故事片《赎罪》中加有柔光纱的镜头。

图 4-32 故事片《给朱丽叶的信》。上图为室内，下图为室外，并没有因为室外的照度更高而让人脸更亮，反而为了突出逆光的金色头发而略微压暗了人脸。

故事片《赎罪》（*Atonement*，2007）中使用黑丝袜作柔光镜的场景。

4.3.2 人脸密度

对于人脸来说，亮部比暗部重要，亮部会首先吸引观众的注意力。人脸的亮部也是后期配光、调光的依据。在调光师没有机会了解摄影师的拍摄意图的情况下，他们往往根据人脸的亮部来调整整个镜头的密度和色彩。这不仅因为人脸重要，也因它是生活中人们最熟悉、最有能力辨识的物体，是影像正常再现的重要参照物。

保持人脸的密度一致

大多数影片会在不同场景和镜头中保持人脸有大致相同的光比和密度。比如前面列举过的《辛德勒的名单》（图 4-16、图 4-17）、《断背山》（图 4-25）、《天才雷普利》（图

4-18）都属于这一类电影。保持人脸的统一也是保证影片有统一基调的重要因素。特别是内容比较轻松的幽默喜剧、浪漫故事，往往会将人脸密度控制得比较明亮，且光比不大。比如图 4-32 的《给朱丽叶的信》，无论室内或室外、逆光或侧光，女主角苏菲（阿曼达·赛弗里德 /Amanda Seyfried 饰）脸的密度控制都比较接近。

具体的人脸密度应该控制在多少，影片不同、演员人种不同会有

所差异。大致上，白种人和黄种人的肌肤会处在中灰或比中灰略微明亮的密度等级上。电影洗印和数字流程有一套 LAD 控制方法，遵循这一方法可规范制作环节，使被加工的影像密度符合或接近工业标准的灰阶、色块和肌肤密度。

Kodak LAD工业标准

　　无论是胶片的洗印过程还是胶转数或数字影像，电影工业所遵循的都是Kodak公司制定的LAD控制标准。胶片洗印的LAD和数字过程的DLAD是一幅包括了灰阶、典型颜色和人脸肌肤的影像。在不同的加工环节中，LAD画面的灰阶和色块有相应的密度值或数字格式的数据，可以测量得到。如果消色的灰阶在完成影像上是纯正的"灰"，那么肤色自然再现也能得到保证。摄影师也可以参照LAD的控制数据和画面的主观效果来控制摄影曝光，使最终影像的密度接近工业标准的推荐值。具体的控制数据可见Kodak官方网站：http://motion.kodak.com/motion/Support/Technical_Information/Lab_Tools_And_Techniques/index.htm。

图 4-33　左：胶片所使用的 LAD 画面。右：数字影像的 DLAD 画面。

人脸的亮部不可以失控

　　大多数故事片中或多或少会有一些场景，人脸的密度没有正常再现，比如剪影效果的人脸。而且少数影片会根据场景和故事调整人脸的密度，比如第三章所介绍的《白丝带》，为了光效自然合理而压暗了某些场景中的人脸亮度（图 3-42、图 3-43、图 3-47）。在《通天塔》中，人脸的密度也没有统一。如图 4-34 所示，摄影师完全根据故事情节和环境来调整肤色的明暗，差距可以很大，即使是同一个演员，脸部密度也可以差出 2 级光圈的曝光。

　　不过，无论前期拍摄的曝光控制还是后期制作的调光配光，对于人脸密度的一个最基本原则就是：首先保证人脸的亮部有足够的层次，而暗部有时是可以没有层次的。当然特殊情况不在其中，比如表现闪电的瞬间。

东西方审美的差异

　　如果将本书中大部分电影画面的截图和图 4-33 中的 LAD 标准人脸做一个比较，你会

图 4-34 故事片《通天塔》中人脸密度的例子。摄影师可以根据环境和故事要求提亮或压暗人脸，但最基本的原则是：人脸的亮部不失控。

发现，电影摄影师所控制的人脸密度比 LAD 提供的样板要暗一些，光比也会大一些。这与当代电影的放映显示设备性能提高有关，也与审美倾向的变化有关。暗部再现能力提高，使摄影师可以展现出更丰富的影调层次，而当代西方电影不再将"白"作为演员美与不美的标准。在东方，"白"和"平柔光"仍然在很大程度上受到推崇，很多人觉得亚洲女性的肌肤暗了不好看，所以在影像再现时会比正常再现更亮一些。

　　比如同样发生在亚洲的故事，同为亚洲演员，韩国摄影师金丙书拍摄的《危险关系》（2012）和澳大利亚摄影师戴恩·毕比（Dion Beebe）拍摄的《艺伎回忆录》（*Memoirs of a Geisha*，2005）对女演员的塑造是不同，虽然他们对环境的控制不相上下。

　　《危险关系》（图 4-35 左列）中凡女演员出场，人脸都会比较亮，光比较小；而《艺伎回忆录》里虽然也会有光比较小的前侧光镜头，但更多场景中用侧光或侧逆光修饰人物较多，且人脸的亮度要暗一些，有的场景中人脸可以很暗。

　　王家卫导演的影片《一代宗师》（2013）有两位摄影师参与了创作。法国摄影师菲利浦·勒苏尔（Philippe Le Sourd）为影像奠定了基调。由于影片拍摄周期较长，当勒苏尔在档期上与该片发生冲突，不能全部完成摄制时，王家卫又请来宋晓飞继续摄影工作。宋晓飞的摄影需要锁定在勒苏尔的影像风格上，使自己所拍摄的画面和前任摄影师不分彼此，他做到了。影片在泰国后期调光，并统一了影像的影调、色调。有趣的是，两位摄影师的影像还是会有点差异。宋晓飞将大气氛控制在和勒苏尔相近的范围里，但他担心勒苏尔的影像反差大，暗部层次会损失得比较多，所以他的做法是保留更多的暗部细节，用白布反

图 4-35　东西方审美差异。左列：中、韩、新加坡合拍片《危险关系》。右列：美国电影《艺伎回忆录》。

图 4-36　故事片《一代宗师》影像上的小差异。左列：金色调明显，光比较大。右列：较左列而言影像更柔和，暗部清晰。

光增加阴影里的底子光，以便后期
DI 有更大的调整空间。如图 4-36 所
示，勒苏尔所拍摄的画面更偏金黄
色，暗部也更黑一些；而宋晓飞的影
像光比小一些，接近东方审美。在美
术师的配合下，宋晓飞的影像更具有
导演希望的老月份牌的视觉效果。宋
晓飞说："如果你们想分辨我和菲利
浦拍摄的镜头，可以通过影像的光比
和画面的反差来区别。菲利浦的处理
可能会比较硬，我可能比他稍微柔和
一些，这可能也是我们两个摄影指导

各自不同的习惯和风格。"（自《电影艺术》，2013 年第 2 期）

上述例子都是电影摄影的佳作，没有对错之分，但确实有审美倾向的不同。我国有大
量的小制作影片走"平光"路线，就是不让影像中有黑死的地方。图 4-37《人在囧途之泰
囧》（2012）中女演员白白亮亮的脸在国产电影中具有典型性。在大制作中，如果想要提亮
女演员的脸，可以通过照明控制来实现，为演员打更多的光。但不可能进摄影棚、没有多
少照明设备的小制作就会遇到一些问题，因为通过曝光增加人脸亮度的同时，环境也被提
亮了。曝光过度会影响画面整体的影调和色调，也会因为环境"抢眼"而分散观众的注意
力。为了迎合中国电影喜欢提亮人脸的嗜好，有的后期制作公司会特意调整输入输出的曲
线关系，让人脸所处的中等反光率景物在胶转数的时候就被提亮。

最后顺便说一下，黑人的脸不应通过增加曝光的方法变亮，因为场景中其他景物都会

因此而无法正常再现，合适的
照明角度比改变曝光更有效。比
如图 4-38 故事片《惊天危机》
（*White House Down*，2013）中两个
比较暗的环境下，黑人演员的五
官能够清晰展现不是因为增加了

图 4-37（上） 故事片《人在囧途之泰
囧》中，女演员偏亮的脸部密度在中国
电影中带有普遍性。

图 4-38（下） 故事片《惊天危机》中
黑人的肌肤再现。

曝光，而是由于偏侧逆的光线展示出皮肤的细节。一般来说，黑人的皮肤比较平滑且有光泽，侧光有利于质感的显现。

4.3.3　眼神光

眼神光是指瞳孔上特别明亮的高光点，对于影像清晰度的主观感受非常重要。电影拍摄时，跟焦员会将焦点放在人物的眼睛上，否则画面就有失焦的危险。因为画面的景物中人物最重要，人物身上脸最重要，脸部五官中眼睛最重要，而眼神光有助于观众确认焦点确实在眼睛上。戈登·威利斯在《教父》中用顶光为马龙·白兰度照明，让他的眼睛隐藏在阴影中，没有眼神光，神秘莫测。这一打破常规的用光方法之所以成为电影摄影史上的佳话，也在于整部影片对待其他人物的处理都是常规的、眼神清晰的。否则它就是技术不及格的影像而不是大师之作了。

凡在摄影机旁的光源或高光都会形成眼神光。如前所述，不同摄影师勾勒眼神的习惯不同，克里斯蒂安·贝尔格在《白丝带》中使用的是自制照明设备，维托里奥·斯托拉罗喜欢用小银板反射，罗德里戈·普列托在《断背山》中则是用 Kino Flo。

除此之外，中国灯笼也是很多摄影师所喜爱的补光光源，约翰·西尔在《英国病人》中就曾用它补光，而《大侦探福尔摩斯》（*Sherlock Holmes*，2009）的摄影师菲利浦·鲁斯洛（Philippe Rousselot）更是使中国灯笼成为他的标志性照明。中国灯笼如图 4–39 所示，可以跟随摄影机的移动而移动，使人物暗部有适当的副光，而且可形成眼神光。在小型制作中很容易找到它的替代品，比如宜家的纸灯罩。

西方浅色眼睛很容易拍出丰富的层次，东方人的黑眼睛虽然不一定能拍摄出那么多的细节，但只要照明使用得当，做出眼神光不是问题。在《艺伎回忆录》中，东西方审美差异还体现在对眼睛的处理上。故事中，女主角千代子（成年由章子怡饰）生得一双不同寻

图 4–39　中国灯笼在电影制作中常用于辅助光照明。左：故事片《雨果》的拍摄现场，中国灯笼被安置在摄影师的移动车上。右：故事片《偷书贼》（*The Book Thief*，2013）的拍摄现场，照明师在跟拍镜头中跟随摄影机移动，为演员提供合适的副光照明。

图4-40（上） 故事片《艺伎回忆录》中演员被要求戴上了"美瞳"，以便增加眼睛的层次细节。

图4-41（下） 故事片《碟中谍4》好莱坞式的调光：保持人脸的肤色正常。上：完成片（左）和摄影素材（右）的对比。中、下：完成片中的镜头。

常的、水汪汪的、灰色亮眼睛。原著小说这样描写，读者可以加上自己的想象，但事实上没有东方人会天生一双"灰"眼睛，而且饰演该角色的演员眼睛既不水汪汪也不算特别明亮。为此，化装师让她戴上一副特殊的"美瞳"隐形眼镜，如图4-40所示。这副"美瞳"可能让西方摄影师觉得演员眼睛的层次丰富了，但在东方观众看来，"美瞳"的眼睛看起来怪怪的，在一些特殊的角度下甚至会让人怀疑演员是不是患上了白内障！

4.3.4　DI：好莱坞式的调光

数字调光已经是当代电影制作必不可少的环节，虽然摄影师们都表示他们会在前期控制影像的整体效果，但DI过程确实在统一影片基调、改善画质方面起到很大的作用。

鉴于电影摄影师非常在意肤色再现，在调色过程中尽量保持人脸正常还原就成为DI的重要任务。图4-41是故事片《碟中谍4》（Mission: Impossible-Ghost Protocol，2011）后期调光的例子。上排左图是右图调光后，在保持人脸肤色基本不变的情况下，环境被调得很蓝，模拟室外建筑物阴影下受蓝色天光影响而呈现的冷

好莱坞式调光试验

　　本试验使用Photoshop制作。步骤如下——（1）将人物的肌肤抠像，生成第二个图层。（2）使用"图像/调整/变化……"功能单独调整背景图层的影调、色调，包括压暗背景。在"中间调"中加蓝、青色，"阴影"中加蓝、青、品色；在"高光"中加黄色。（3）使用同样的功能单独微调肌肤图层，主要是在阴影中增加了蓝、品色，以便和调整后的环境更协调。步骤（2）和步骤（3）也可以用"色阶"或"曲线"功能替代。

　　在电影工业生产中，不可能逐帧以手工抠像的方式将肌肤隔离。在专用的调色软件中，可以根据影像的特点，利用"色键"功能自动或半自动地提取肤色。其调整虽然和Photoshop的操作方式各有不同，但基本思路是一致的。

图4-42　将正常照片调光为"好莱坞"色调最关键的步骤是分离肌肤和环境，对两者分别调整。

色调。不仅如此，调光过程中背景明亮的地面和天空都被压暗了，这样有利于突出人物。

　　实际上，好莱坞式的调光在调整幅度上是比较夸张的，并成为一种套路。但也正因为如此，它是美国大片的影像标志。

4.4　范例分析

4.4.1　《吊石崖的野餐》：梦境般的悬念

　　《吊石崖的野餐》（*Picnic at Hanging Rock*，1975）是澳大利亚导演彼得·威尔的早年作品，根据琼·林赛（Joan Lindsay）的同名小说改编。故事发生在1900年2月14日，女子贵族学校按照惯例在情人节当天要到吊石崖野餐，却发生了学生和老师失踪的事件，之后警方介入调查，但毫无线索。小说读者和该片的观众都在问：这个故事是真实事件还是虚构的？小说作家琼·林赛对故事的真实性不置可否，认为读者应该自己决定；而电影导演彼得·威尔说，他没有得到琼·林赛的授权是以事实为依据还是虚构。所以他把影片拍得扑朔迷离，正如片头的独白："亦真亦幻皆梦中之梦"。而影片的视听效果对营造这场梦境起到关键的作用。影像的首要任务是展示女孩们的清纯美丽，当她们失踪时，观众会为此感到无限惋惜。

雾里看花——镜头中的少女们

该片摄影师是拉塞尔·博伊德（Russell Boyd），他当时出道时间不长，这是他的第三部影片。在本片筹备期间，博伊德和导演、制片参考了不少电影大片，而对博伊德影响最大的是戴维·汉密尔顿（David Hamilton，1933—）的摄影作品（图4-43）。汉密尔顿是英国摄影师和电影导演，因擅长拍摄少女而闻名于世。博伊德喜欢汉密尔顿影像中朦胧的美感，虽然没有刻意加以模仿，但《吊石崖的野餐》从头至尾充满着同样朦胧的美。

（1）影像特色

悬疑片总是和低调摄影相配合，用阴影隐藏秘密的。但《吊石崖的野餐》是发生在正午的失踪事件，与低调不相干。影片用朦胧的影像，不仅带来少女的美，也暗示着宿命和神秘。这种朦胧主要是柔光纱、高速摄影、长叠画的效果，加上音乐和动效的功劳。

博伊德准备工作的第一件事就是到婚礼用品商店买了一叠新娘用的面纱，之后用在了摄影镜头上。这部影片几乎在所有镜头中都使用了柔光纱，有些镜头重一些，有些镜头看似没有，但实际上也用到了。20世纪70年代的照明特点在总体上比较硬，不像现在使用那么多的柔光屏和反光板，是纱网的漫射作用使少女们柔美无比。

在音乐的配合下，高速摄影也被大量使用。当少女们向镜头跑来或挥手远去，有着明显的慢镜头效果（图4-44左列），而另一些看不出使用了高速摄影的镜头也稍微提高了摄影频率，使动作变得更舒缓。当女孩们到达山上，穿行于岩石之间时，影片通过声音、高速摄影、镜头的震颤以及隆隆的地声营造出一种地震的效果，让光天化日之下的山峦显得变化莫测。

另外，影片在剪辑上通过长长的叠画，表现出诗意的梦境，让观众感到，冥冥之中有一种神秘的力量引导着少女们义无反顾地登上岩石错落的山崖（图4-44右列）。

（2）实景拍摄

在琼·林赛的小说中，她所描述的情景大多是自己儿时熟悉的地方和事物，吊石崖也确有其地，位于澳大利亚的维多利亚州，现在是吊石崖自然保护区。影片中两个主要的拍摄地点，一个是女子学校，另一个是吊石崖。

女子学校的场景选定在位于南澳大利亚州的马丁代尔宅邸（Martindale Hall）。这栋

图 4-43（上）　大卫·汉密尔顿摄影作品
《姐妹》（Sisters，1972）。

图 4-44（下）　慢镜头、长叠画是《吊石崖
的野餐》的影像特点之一。

建筑原本是富人小埃蒙德·鲍曼
（Edmund Bowman Jr.）为迎娶英国
小姐而建的，房子建好，小姐却没
有来，加上鲍曼债台高筑，便很快
出手将宅邸卖掉。现在马丁代尔是一家博物馆。第一次选景，博伊德就对这栋建筑非常满
意，认为它能做出戴维·汉密尔顿的柔光效果。图 4-45 ①是片中女子学校的镜头，内景居多。
光线通过窗户自然地投入室内，亮暗分明，在 20 世纪 70 年代这也是比较前卫的用光方法。
　　影片的主要外景地就选在了小说中的吊石崖。选景时，博伊德发现一处山谷在中午 12
点至 1 点半之间光线恰到好处，这个地方成为拍摄女子学校午餐的地点，学生和老师慵懒
无聊地读书、养神，如图 4-45 ②左列所示。这个场景需要拍摄五六个小时，一天时间就够
了，但是为了光线，每天都只能在这里拍一个小时，然后转移到山上拍其他镜头，因此足
足用了一个星期，最终的画面效果非常好。博伊德说自己不可能制造出中午的阳光，所以
他们要做的就是把握时机，好在工作现场并没有听到什么人抱怨。对于女孩们上山的镜头，
当然只能遵循故事发生的时间，在不出彩的白天拍摄。摄影师在构图上尽量利用岩石的缝

① 内景拍摄于马丁代尔宅邸

② 外景拍摄于吊石崖自然保护区

图4-45 《吊石崖的野餐》主要的实景地。

隙、溶洞营造危机感，如图4-45②右列所示。

　　《吊石崖的野餐》的制作费用大约44万澳元，在澳大利亚算是大制作，但绝对无法和好莱坞的豪华制作相比。从总体上来看，它使用的技巧也都比较简单，却很有效，很适合这样一个故事。

柔光效果对比试验

① 无滤镜　　　　② Tiffen Warm Soft/FX 3　　　④ Tiffen Warm Soft/FX3 局部

③ 无滤镜局部

图4-46　前期拍摄时加柔光镜。虽然选择了效果较重的柔光镜，但影像的清晰度不变，发丝仍清晰可见。

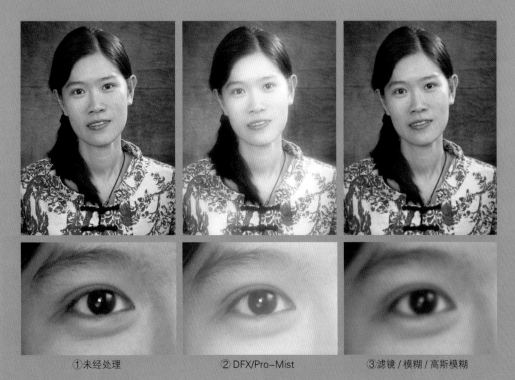

①未经处理　　　　② DFX/Pro-Mist　　　　③滤镜／模糊／高斯模糊

图4-47　后期通过数字滤镜 DFX 软件加 Pro-Mist 朦胧效果镜和简单"模糊"的比较。DFX 的 Pro-Mist 属于雾镜，对画面的"白化"作用较强，而且为便于比较选择了效果最夸张的参数。但即使这样，调光后的影像锐度不变，眼部仍旧清晰。"模糊"效果虽然还没有表现出柔光的作用，但影像已经开始模糊，失去了应有的锐度。

柔光光源和柔光镜的区别

当代电影在使用柔光镜方面已经变得更加谨慎，之所以发生这样的演变自有它的道理。从操作层面来看，当大量的柔光光源被应用到电影制作中，柔光镜便失去它的作用。从美学层面来看，柔光光源存在于自然界，摄影的效果是真实的、自然的，而柔光镜是在镜头上加上了一层纱，是隔着纱看景物，所以在多数场景下是一种人为的效果，不自然。

如果《吊石崖的野餐》推后40年制作，摄影师也许会像王家卫那样用镜子、玻璃等营造虚幻效果。但无论如何，对于这样一个充满悬疑、分不清真相的故事来说，柔光纱的使用恰到好处，它强调了影像主观性的一面。

在当代电影中，虽然摄影师一般会使用效果较轻的漫射镜，但在表达人的主观意念、梦境时，还是会让柔光镜的效果很明显。比如图4-48的好莱坞故事片《天伦之旅》（Everybody's Fine，2009），当男主角弗兰克（罗伯特·德尼罗 / Robert DeNiro 饰）心脏病发作时，他的头脑中出现幻觉，梦见自己和儿时的子女们对话。这段谈话的影像降低了色彩饱和度并加了柔光，是典型的后期调光加柔的效果（右列）。而影片的其他段落都是正常影像，看不出特殊处理的痕迹（左列）。

后期加柔是当代电影流行的做法，特别是一些需要合成的特效影片，既希望在合成时影像是锐利的，也会在合成之后再加柔光效果。后期加柔处理得好，与前期加柔的效果类似，但降低影像的色饱和度是拍摄时加漫射镜所做不到的。本文之前提及的留银工艺虽然降低影像的色饱和度，但同时会使影像变得更加粗糙，与图4-48细腻的画质不同。

后期模拟漫射镜的柔光效果，仅"模糊"或"虚化"影像是不够的。漫射镜上有细微的纹理，当光线透过时，强光会产生漫射，起到雾化或柔化影像的作用。漫射镜也因为纹理不同而被分成柔光镜、雾镜、低反差镜等。一般来说它们的效果是，影像的高光部分产

图4-48　故事片《天伦之旅》。左列：正常的影像。右列：弗兰克心脏病发作时的梦境，典型的后期数字柔光效果。

生光晕，柔化影像并提亮影像的暗部。好的漫射镜在柔化影像的同时，可以保持发丝、眼睫毛的锐利，画面清晰度不变。

为了模拟漫射镜效果，需要保留影像中锐利的细节（比如将清晰的原始影像和柔光后的影像叠加），还要剥离影像中的高光，令其产生漫射的光晕，所以需要较多的步骤才能完成。当然也有偷懒的办法，就是使用专门的数字滤镜软件，比如 Tiffen 数字滤镜软件 DFX。

4.4.2 《林肯》：充满仪式感的伟人肖像

雅努什·卡明斯基所摄影的影片几乎都值得大书特书。当你觉得他完美地演绎了一个故事的时候，他的下一部影片又会有新的拍摄手法去适应新的故事。他是那种现场果断、拍摄速度很快、同时又不仅仅满足于漂亮行活儿的摄影师。

《林肯》（Lincoln，2012）与史蒂文·斯皮尔伯格之前所导演的影片风格都不太一样，没有了激烈的动作，取而代之的是大段大段的对话和演员精湛的表演。这是卡明斯基再次尝试新的摄影手法的动因。他为这部影片定下的基调是深刻描绘角色的肖像。"它很像一出舞台剧，戏剧化来自剧本和演员，只能用特写来拍摄。"（自《美国电影摄影师》，2012 年第 12 期）

影像特点

（1）群像

《林肯》没有大的战斗场面，最多的场景是各种会议、游说，是政治家之间的较量。大多数场景中少则三四个人，多则是整个国会成员。构图漂亮的群像是该片影像上突出的亮点，如图 4-49 所示。错落有致的人物安排、用光线分割或构成的画面，使大场面中每一个应该被看到的人都清晰可见，又不喧宾夺主。每一组群像都像是古典主义绘画，充满仪式感。

图 4-49 故事片《林肯》中有着大量的人物群像，无论构图或用光都非常完美。

雅努什·卡明斯基

Janusz Kaminski，ASC
波兰裔美国电影摄影师

　　雅努什·卡明斯基 1981 年从波兰移居美国，学习电影制作。1991 年他接拍了第一部用于电视播放的影片，并因此受到史蒂文·斯皮尔伯格的注意，请他担任《辛德勒的名单》的摄影指导。从此之后两人合作至今，斯皮尔伯格的每一部影片都由卡明斯基摄影。同时，卡明斯基也为其他导演拍摄过一些影片，比如在摄影上很有探索精神的《潜水钟与蝴蝶》(Le scaphandre et le papillon，2007)。卡明斯基自己也导演故事片，但他在导演领域的影响力不及摄影。

　　卡明斯基因《辛德勒的名单》《拯救大兵瑞恩》(Saving Private Ryan，1998) 两次夺得奥斯卡最佳摄影奖，并另有 4 部影片获得过奥斯卡最佳摄影提名，获其他国际大奖 38 项、提名 66 项。

　　卡明斯基以迷恋胶片的颗粒感、喜欢留银工艺著称，他的影像风格大胆粗犷但不失细节。粗犷来自由特殊工艺而产生的影像纹理，而不失细节在于构图和影调的控制能力。他也因《拯救大兵瑞恩》中以摄影机的抖动、频闪和镜头进光的纪录片风格模拟战争的真实感而受到瞩目。

　　卡明斯基认为，早期在波兰的生活对他的艺术感受起了重要的作用。他说："每个人的整体生活经验都会透过潜意识影响他在创作上所做的每个决定，那也就是每一个摄影师不同的原因。"(自《摄影·电影·电影·摄影》)。

（2）突出人物

卡明斯基曾经解释过黑白和彩色电影的区别。在经典黑白电影中，照明总是照亮人物，使人物成为画面中最突出的元素。在彩色片里，有时不专门为人物打光，这样使得环境中一些次要的景物变得很显眼，让观众分心。

卡明斯基在《辛德勒的名单》中对黑白影像有过出色的控制，这一次他把黑白影像的原则应用到了彩色电影中。首先，他的照明只打人物不打环境，那些有历史意义的壁纸、地毯只要隐约可辨即可。其次，人物也是分主次的。如图4-50所示，主要人物的脸上受光比背景人物要多，更容易从其他人物中脱颖而出。

林肯（丹尼尔·戴·刘易斯 / Daniel Day Lewis 饰）之死是影片结束前的戏剧化高潮。斯皮尔伯格没有正面描述林肯遇害的过程，他拉长了同僚目送林肯离开白宫的过程，然后是剧场演出中断，有人出来宣布：总统遇害了——这让我们想起另一部优秀影片《贝隆夫人》的开场镜头。场景转到白宫，如图4-51左列所示，林肯躺在床上，光线只把他一个人打得雪亮，就像受难的基督，周围是黑压压的同僚们。当医生宣布林肯死亡，镜头切到林肯的近景，接下来是长长的叠画，一盏模糊的煤气灯从画右进入遮挡住林肯的脸，随后焦点会聚在煤气灯的火焰上。火焰之中，林肯的形象再一次渐显，他正在一个大型的群众场合讲演，影片最后在林肯的演讲中结束。这是一组完美、感人的镜头，不禁让人想起《公民凯恩》中落地的水晶球，或者《辛德勒的名单》逐渐熄灭的蜡烛。

图4-50（上） 主要人物受到更强的光线照射，次要人物被隐藏在阴影里。

图4-51（下） 林肯之死，从全景切换到近景，接着是长叠画。

但是这一次导演的意图是林肯用生命点亮人们心中的自由平等之火。

　　卡明斯基研究过经典摄影：漂亮的剪影，或者美丽的光线落在人们的脸上。《林肯》在一些场合将总统处理为剪影，他的侧面轮廓有着明显的个人相貌特征。但更多的场合下，卡明斯基将林肯的眼睛藏在深深的眼窝中，以增加这位伟人的神秘感，如图 4-52 所示。对于斯皮尔伯格来说，眼神光在影片中是必不可少的，而且他觉得让角色直面观众是与观众最好的沟通方式，要并让观众看清他们的眼睛（移动车参见第 374 页），而不是拍摄角色侧面的轮廓，但最终他还是接受了摄影师的做法。这种布光方法也使得刘易斯的脸显得更加瘦长，接近林肯本人。

　　（3）节制的摄影机运动

　　《林肯》在摄影机的运动上非常节制，除了极少数镜头外，大多数镜头不用移动轨和dolly，也没有 Steadicam（斯泰尼康，或斯坦尼康）摄影机稳定器。有时画面安安静静地缓慢推拉，但场面调度往往又是丰富且细腻的。如图 4-52 右列所示，在国会正式开会之前，

图 4-52　左列：影片中林肯的形象，他的眼睛时常被隐藏在阴影中，但特写镜头里，卡明斯基会用一盏手持的小灯为其勾勒眼神，使眼睛的细节隐约可见。右列：节制的摄影机运动配合巧妙的场面调度。

一些对废除奴隶制的第 13 修正案持异议或怀疑态度的议员正私下议论时局以及黑奴自由可能的后果。镜头从一张《纽约先驱报》关于"威尔明顿沦陷"的版面开始，越过前排拿报纸的人，停在发议论的议员们中间，听他们恶言恶语攻击事件对全国民众的影响。然后，位于画右的议员乔治·彭德尔顿（彼得·麦克罗比 / Peter McRobbie 饰）说："当我们寄希望于民意时，他们可没闲着，他们在忙着拉选票。"此时大家的脸转向后景，一名原来挡在镜头前面的议员也闪身为大家让开了视线。观众看到，支持废除奴隶制的撒迪厄斯·史蒂文斯（汤米·李·琼斯 / Tommy Lee Jones 饰）正在落座。议员们议论并攻击的对象不言自明。

　　在影片《慕尼黑》中，斯皮尔伯格和卡明斯基营造过非常炫目的摄影机运动，他们总是跟随人物、车辆或事件从一个主体变换到另一个主体，最后落定在一个目标上。这一次他们没有这样做，在很多安静的镜头中，只有摄影机在缓缓推向演说中的角色——这本是电影摄影的禁忌之一，没有为运动设置合理的契机。但是斯皮尔伯格与卡明斯基总是会在电影中尝试着打破成规，正如《慕尼黑》用变焦镜头表达出跟踪与被跟踪的效果，《林肯》中摄影机的缓慢移动也没有让观众分心，因为镜头的运动优雅而缓慢，而演员的表演又有足够的魅力。

外景、实景、摄影棚

　　正如好莱坞大片，只要对叙事有利，创作者会根据制作的便利而决定实景或摄影棚拍摄。在斯皮尔伯格的影片中，外景和实景的比例都是很高的。

　　（1）外景

　　《林肯》的外景选在弗吉尼亚州的里士满和彼得斯堡两个小镇拍摄，因为这里有很多保存完好的内战时期的建筑，对于提高影片的真实感有好处。故事发生在 1864 年冬季，斯皮尔伯格希望看到冷冽的影像，所以卡明斯基用了 Kodak Vision3 500T 5219 灯光型高速胶片，没有使用雷登 85 滤镜校正色温。最终的影像呈现出深深的蓝色调，如图 4-53 所示。

　　有一个场景是林肯和尤利塞斯·S. 格兰特将军（贾里德·哈里斯 / Jared Harris 饰）在门廊下的谈

图 4-53　外景影像用蓝色调显示冬季的阴寒凛冽。上：林肯视察尸横遍野的战场，晦暗的影像使观众的心情同样沉重。下："大河女王"号汽船，是林肯和南方代表谈判的地方，代表着和平的希望。影像比较明快，色彩也没有那么清冷。

话，士兵行军在门前的道路上经过，落日将战士的身影晃动在他们的脸上和墙上，如图 4-54 所示。卡明斯基放置了一个安装了窄角反射器的 18k ArriMax 灯，在大约 45 米远，用来投射士兵的身影。卡明斯基说，"安装了窄角反射器的 ArriMax 灯，很像用镜子直接反射阳光。效果是使一个低角度的日落产生这些柔和并移动着的人影，在林肯和格兰特的脸上晃动"。实际上，这一效果并不特别自然，有人工照明的痕迹，但也算是一种尝试。

（2）实景内景

最重要的实景是国会会议厅，在影片中占很大比例，拍摄地点选在弗吉尼亚州的州议会大厦。这里的桌椅都是老物件，甚至一搬动就会散架。

实景拍摄会受到室外变化着的日光影响，所以照明的首要任务是保持从早到晚室内都有稳定连贯的光效，才能保证拍摄时间和工作进度。会议厅有 8 扇大窗，卡明斯基要把它们打亮，用人工光源模拟的日

图 4-54（上） 卡明斯基用照明远距离打在行军战士的身上，在林肯和格兰特将军身上形成明暗变化的光影。

图 4-55（下） 国会会议厅为实景拍摄。保持室内光线稳定是照明的基本需求。

光成为室内照明的主要光线，以保证光线强度的稳定。他在每个窗外安置一架 Condor（神鹰），每个 Condor 上安装两个 18k 装有菲涅尔透镜的 HMI，灯前加生成漫射光线的 Lee 牌 Hampshire Frost 灯光纸。Condor 是大型升降架，高度可达 9~40 米。它很像消防云梯，为了便于移动，有些 Condor 带有脚轮，另一些则直接安装在汽车上，可以开到任何想去的地方。

如图 4-55 所示，大段的国会辩论场面在影片中起码出现过 4 次，卡明斯基使用的是同样的光效，没有将它们再做区分。后景有些烟雾，窗户明亮，看不到室外。近景人物用一个漂亮的侧光或侧逆光造型。在室内，卡明斯基用 Lumapanel Ultras 灯加上大幅柔光布为演员打主光。Lumapanel 是与 Kino Flo 类似的日光灯型排灯，如图 4-56 所示。

（3）摄影棚内景

《林肯》的内景建在弗吉尼亚州的梅卡尼克斯维尔，该摄影棚原来是一处旧厂房，包括林肯的椭圆形办公室、白宫走廊等布景，而"大河女王"号汽船也建造在这个工厂里。

如图 4-57 所示，椭圆形办公室是一个多次出现的场景，窗外是 TransLite 景片，但由于厂房狭小，景片距窗户只有 3 米远——看来不仅是学生作业会遇到这个问题。如果演员站在窗前，窗外的景致看起来就不够真实，景片的颜色也比较闷。解决

图 4-56（上） Lumapanel 照明设备在影视制作中的应用。

图 4-57（下） 林肯的椭圆办公室是摄影棚内景。左列：日景。右列：夜景。

的办法是在 TransLite 景片背面加 Lumapanel Ultras 灯校正景片的颜色，而美工在窗户上加上了凝霜效果。卡明斯基发现，让景片的底部偏暖而上部偏冷，能够产生非常真实的冬天效果（左上）。在另一个场景中窗外的冷色调形成美丽的暮色景致（右上）。

设定日景的照明依据是从窗户射入室内的日光。和 TransLite 景片类似，厂房的房顶不够高，距景片大约只有 60cm，而 TransLite 距窗户又不够远，没有合适的架灯位置。为此照明师特制了一些简单的灯架，可以嵌入 10 只或 12 只 Dino 4 灯泡型的 PAR 64 灯，每个灯泡 1000W，然后将它们在窗外沿窗子的上方一字排开，使灯的调度恰如阳光洒入室内，并在适当的位置上产生光束。

对于室内夜景，那个时代的主要照明是蜡烛和煤气灯。摄制组发现丁烷煤气灯作为道具灯效果最好，它有着自然闪烁的火焰，而且比油灯或蜡烛更亮。但是对于 500T 的胶片来说，仅用蜡烛和煤气灯所产生的光亮是不够的，它只能照亮自己和近处的人脸，整个场景将会一片漆黑。所以卡明斯基用"自然光"加强煤气灯光的效果。从图 4-57 来看，无论白天还是夜晚，白宫的办公室里都会开着煤气灯。这些灯白天只是一些修饰，它的强度远远不及窗外打入的"日光"。夜晚，窗外还是保持着淡淡的月光，这月光也让室内煤气灯顾及不到的地方有若隐若现的层次。与此同时，卡明斯基会在蜡烛火焰的附近藏一个小的 LED 灯，这些 LiteGear 公司生产的 LED 灯靠电池供电，它们的遥控器可以连接在电工的调光板上，并通过对调光器编程，得到逼真的闪烁效果。

虽然无论"日内"还是"夜内"，卡明斯基使用的都是混合色温照明，但是他并没有突出日光和煤气灯之间的色温差别，画面的颜色和谐舒服。卡明斯基大部分拍摄使用了 Kodak Vision3 500T 5219 胶片，偶尔也用少量 250D 5207，低感光度日光片应该是用在了室外高照度的日景场景上。

卡明斯基有时会在镜头用一点效果比较轻的漫射镜或 Classic Soft 柔光镜。图 4-58 的场景就是一个典型的用了漫射镜的镜头，滤镜的纹理会在壁炉里火光和煤气灯的高光上产生较强的光渗效果，就像加了星光镜。卡明斯基的光圈总是设置为 T2.8 或 T4。如果光圈收得更小，意味着必须增加照明的强度，而光圈若大于 T2.8，影像的景深就太浅了，而且会把跟焦员逼疯。

图 4-58 《林肯》中使用了漫射镜的镜头。

色调和DI

卡明斯基酷爱 ENR 留银工艺，几乎是业内众所周知的事。但随着电影工艺越来越数字化，特别是拷贝片的数字化发行，胶转数成为胶片摄影的影片必不可少的工艺环节后，卡明斯基也在调整自己的喜好，并在《慕尼黑》之后，改用 DI 数字调光。在《林肯》筹备期间，卡明斯基和斯皮尔伯格的最初设想是营造出一个有变化的年代感，包括 DI 过程中不同程度地去色彩饱和度。但是在做了一些试验后，他们意识到，场景、服、化、道加上表演本身已经强烈地转换了时代，其他要做的事只是稍稍加强这种年代感而已。所以卡明斯基把注意力集中在营造有趣的光线上。那个时代留下来的影像都是黑白的，人们以为那是个无色的年代。但实际上，那一时期的色彩是非常鲜艳明亮的，美术师非常准确地再现了那些色彩。卡明斯基在后期稍微降低了影像的色彩饱和度，再多就会破坏颜色的美感。他说，如果还是用以前的洗印工艺的话，他会通过少许留银的方法把明亮的色彩降下来，而现在是在 DI 中做。DI 比起留银工艺好处颇多，它比留银工艺稳定，并能通过数据，比如 20%，来准确控制去饱和的程度。而且更不用担心所拍摄的色彩经留银后会发生什么变化，不需要预矫正。我们最终在银幕上看到的《林肯》的影像，还是保持了卡明斯基一贯的质感和纹理。

《林肯》是卡明斯基和斯皮尔伯格合作的第 14 部电影。在他导演了一些独立制片的低成本电影之后，他这样形容导演和摄影的关系："当我以摄影师的身份工作时，它让我感到非常舒适和熟悉。但我在生命中也需要更多刺激。电影摄影就像开一辆轿车，而导演则像骑摩托车。做导演会提心吊胆，因为没有史蒂文为你做这些决定，它是一种真正孤独的专业。"说到今后的打算，卡明斯基又说："我会继续做摄影师，我想和史蒂文一起工作，直到我做不动为止。只要我还有力气在片场里行走，或有人能为我推轮椅我都愿意干下去。"［自《洛杉矶时报》（*Los Angeles Times*），2013 年 2 月 20 日］

4.4.3　《浮士德》：大师级的"烂"影像

浮士德是德国传说中的人物，为了无限的知识和世俗享受，把自己的灵魂卖给了魔鬼。它出现在众多文学和艺术作品中，也几次被搬上电影大银幕。俄罗斯导演亚历山大·索科洛夫（Aleksandr Sokurov）拍了一版《浮士德》（*Faust*，2011），摄影师是法国人布鲁诺·德尔博内尔（Bruno Delbonnel），拍摄过《天使爱美丽》等一批有影响的艺术片和商业片。

索科洛夫版《浮士德》被评论为"进入了 20 世纪 20 年代怪兽通道的《靡菲斯特》"。《靡菲斯特》（*Mephisto*，1981）是一部由西德、匈牙利以及奥地利合拍的，电影史上很有分量的影片，讲述的是纳粹时期一个二流演员为出演"浮士德"用尽心机巴结党卫军军官的故事，也是一个将灵魂出卖给魔鬼的故事。

这样的评论不能算过分，而且反映出《浮士德》向老电影致敬的倾向。该片采用了 1.37∶1、几乎方形的标准画幅比，而不是现在流行的宽银幕。影像看起来不是一般的

"旧"，甚至有些脏兮兮、被污染的感觉，好像尘封了百年以上。而且那个魔鬼穿着类似早期电影粗制滥造的体型服，看上去不伦不类。片头还有一些和整部影片不搭调的、类似迪士尼卡通的 CG 山景。影片的制作过程也像真正的艺术片那样，拖拖拉拉，历时两年，伴随着主创人员的兴奋和沮丧，不停地尝试各种效果。索科洛夫的制作团队是一个多国团队，人与人之间的交流要通过翻译。他们的拍摄地点辗转多处：捷克的波希米亚中央高原、萨瓦河畔几处城堡、位于布拉格的巴兰多夫电影制片厂（Barrandov Studios），以及冰岛的埃亚菲亚德拉冰盖火山。

透过调色、镜头变形或移轴、倾斜的地平线、过度柔光、不同的反差和曝光这些表象，实际上德尔博内尔的摄影在构图和用光方面是十分讲究的，暗部层次也非常丰富细腻，如图 4-59 所示。他研究了伦勃朗所绘的浮士德（图 4-60），以及如何实现伦勃朗所绘"浮士德"的用光方法。他说，画家个人化的笔触让你一下子就能判断出作品的年代。电影影像除了色彩和光线以外，是不是还有别的东西可以产生类似笔触的功能？他 20 多年来一直在琢磨这个问题，所以在《浮士德》的摄影上，他不满足于色彩和光线，他要朝着自己既定的目标努力。无论怎样，他的影像确实通过做旧把观众带回了 20 世纪 20 年代，确实除了光色，还用上了更多改变影像纹理的手段。

《浮士德》的影像有很多后期调光的工作，而且影像的视觉效果是多变的、反复无常的。为了让调光师了解摄影师的要求，德尔博内尔针对不同的镜头选出一个画格，用 Photoshop 调整到他所希望的影调和色调，供调光师参考，如图 4-61 所示。该片的后期在英国伦敦的松林电影制片厂（Pinewood Studios）制作。德尔博内尔说："当时另一部007 电影也正在该厂制作后期，放映时人家是一部漂亮的影像作品。"言外之意，他自己的片子是比较"脏"的。

《浮士德》获 2011 年威尼斯电影节金狮奖。它一共制作了两个拷贝，一个送到了电影节，另一个只在英国一家边缘影院放映了一两场。评论认为："毫无疑问，《浮士德》和你近年能看到的

图 4-59（左页） 亚历山大·索科洛夫导演的影片《浮士德》。

图 4-60（本页） 伦勃朗蚀刻版画作品：《浮士德》（*faust*，1650—1652）。

布鲁诺·德尔博内尔

Bruno Delbonnel，AFC，ASC
法国／美国电影摄影师

　　布鲁诺·德尔博内尔毕业于法国电影摄影师学院（或法国自由高等电影研究学院，École supérieure d'études cinématographiques），成为极少数非卢米埃尔学院（Louis Lumière College）毕业的电影摄影师。他自己对此耿耿于怀30多年，然而他的艺术成就却不是靠名校来衡量的。他曾4次获得奥斯卡最佳摄影奖提名，获其他国际大奖13项、提名57项。

　　德尔博内尔与让-皮埃尔·热内、蒂姆·伯顿（Tim Burton）和科恩兄弟都有过多次合作，他的摄影风格也因导演和影片类型而异。比如《天使爱美丽》《漫长的婚约》，继达吕斯·康第之后，将热内影片夸张的色彩和镜头效果进行到底；而《哈利·波特与混血王子》（Harry Potter and the Half-Blood Prince，2009）、《醉乡民谣》（Inside Llewyn Davis，2013）是比较"正常"的影像；《黑暗阴影》（Dark Shadows，2012）则带有蒂姆·伯顿半消色、半迪士尼卡通的黑色幽默风格。

　　德尔博内尔的影像有一种特殊的品质，在他的画面里，人物的肌肤总是异常平滑细腻，富有光泽。他崇尚柔光，总是将照明打到柔光屏上，甚至让光源经过几次柔光和反光之后才投射到人物身上。他的早期电影通过特殊洗印工艺获得他所希望的影像，比如《天使艾米莉》；现在则是在DI阶段调光，先添加数字ENR，然后分别调整RGB通道的曲线，削弱色彩，并在高光处加上漫射光效果，比如《醉乡民谣》。

图 4-61　摄影师布鲁诺·德尔博内尔为调光师制作的调色方案。左列：调整前的原始摄影影像。右列：用 Photoshop 调整后的影像。

电影都不相同，它那不同一般的视觉效果肯定是电影节评审嘉奖它的理由之一。而对观众来说它节奏缓慢，毫无趣味，显然没什么人愿意花上一两个小时去感受'邪魔的沉思'。"（自 http://www.thinkingfaith.org/articles/FILM_20120713_1.htm）

也有评论认为："对于《浮士德》的摄影，布鲁诺·德尔博内尔似乎愿意为索科洛夫夸张的艺术片风格选择一种古怪的影像。毕竟德尔博内尔做过《哈利·波特与混血王子》《黑暗阴影》这类高票房的电影，所以人们之前可能以为《浮士德》是商业大片的影像匹配一种病态的另类导演方式，但结果不在预期中。出乎意料是好事。"（自 http://www.kinokultura.com/2012/37r-faust.shtml）

说到这里，读者可能已经明白本片例的用意，它是个商业成功的反例。德尔博内尔不用证明自己作为摄影师的实力和艺术上的成就，也不用担心丢掉摄影师的饭碗。他为科恩兄弟摄影的《醉乡民谣》又一次收获了奥斯卡最佳摄影奖提名。但是，对于一个刚刚出道的无名小卒来说，他就要在艺术和饭碗之间多加权衡，因为故事片对艺术影像没有太大的包容度，稳妥而精致的制作比先锋实验更符合商业目的。

4.4.4　参考影片与延伸阅读

好莱坞商业片有着很好的"行活儿"基础，即使摄影指导不在场，也能拍摄出不失技术水准的画面，像是工厂生产出来的一致性很好的产品。从这个意义上讲，这类电影的摄影都是可以借鉴的。由于学生作业并不等同于商业片，并允许同学有比较大胆的尝试，所以初学者也可以从摄影上比较有个性的艺术片中吸取营养。

（1）王家卫电影的影像总是有比较强烈的个人标记，景别和镜头的运用有一定的规律。《一代宗师》画面漂亮唯美，特别可贵的是影像的一致性。在很多片中，演员一开打，影像往往就变得比较粗糙。这是因为打戏现场更关注的是摄影机的运动，以及为演员预留出更大的表演空间等，所以有时会忽略照明设计，甚至没有地方布灯。《一代宗师》中无论文戏武戏都能把人物造型和环境气氛把握得很好。

有关该片的摄影，《电影艺术》2013 年第 2 期中有一篇对摄影师宋晓飞的访谈《影像的极致——与宋晓飞谈〈一代宗师〉的摄影创作》，其中谈到不少摄影细节。另外，Indie Wire 网站有两篇文章可供参考：《摄影师勒苏尔谈〈一代宗师〉中的站台打斗》(http://blogs.indiewire.com/thompsononhollywood/cinematographer-le-sourd-talks-anatomy-of-the-grandmaster-train-fight)，以及《〈一代宗师〉的摄影师菲利浦·勒苏尔谈拍摄王家卫诗意电影的快乐和痛苦》(http://blogs.indiewire.com/theplaylist/interview-grandmaster-cinematographer-philippe-le-sourd-talks-about-the-pleasure-and-pain-of-shooting-wong-kar-wais-martial-arts-epic-20131214)。

（2）意大利电影《大牌明星》(*Il divo: La spettacolare vita di Giulio Andreotti*，2008) 又是一部被誉为"黑暗王子"的影片，其影像风格绝对不同于好莱坞商业电影。影片的主角是意大利颇有争议的政治人物朱利奥·安德烈奥蒂（Giulio Andreotti，1919—2013），他曾三次出任总理，又被怀疑和一系列暗杀事件有关，与黑手党有牵连，是意大利历史上最具影响力的神秘人物。影片以高度风格化的手法描绘了朱利奥·安德烈奥蒂的肖像。它抓住安德烈奥蒂失眠并于凌晨 4 点在住宅中踱步、房间内总是百叶窗紧闭的习惯，影像总体上是低调的。该片的场面调度和摄影机运动是评论界盛赞的特色，它使人物出场的方式别具一格，幽默有趣。有时安德烈奥蒂的党羽在伴随怪诞哨声、长长的慢动作中亮相；有时摄影机静止不动地拍摄同样静止不动的安德烈奥蒂，背景音乐是庄严的弥撒曲。然而，不同风格的片段在该片中被巧妙混搭，一气呵成。

该片导演保罗·索伦蒂诺（Paolo Sorrentino）与摄影师卢卡·比加齐（Luca Bigazzi）也是长期合作的搭档，并于 2014 年因《绝美之城》(*La grande bellezza*，2013) 拿下第 86 届奥斯卡最佳外语片奖。

（3）美国电影《囚徒》(*Prisoners*，2013) 是罗杰·迪金斯摄影的惊悚片。你在看这样一部电影时，会始终被剧情所吸引，不会对它的摄影留下深刻印象，在视觉上不会有什么跳出剧情的东西让观众分心。细看你会发现，它在不张扬的外表之下有着令人称道的摄影处理：角色和环境浑然一体，照明设计自然可信，场景气氛和人物的心境高度一致。如果将同样是迪金斯摄影的大片《007：大破天幕杀机》和《囚徒》相比较，迪金斯本人更享受

《囚徒》的摄影过程，他说这种影片是刻画角色的，没有什么东西会比人脸更加生动。

《囚徒》的摄影制作可参考《美国电影摄影师》2013 年第 10 期中的相关文章。

（4）《生命之树》（*The Tree of Life*，2011）透过一个家庭失去 19 岁儿子的事件，描绘了家庭中孩子们的成长肖像，它是一部角色内心独白的诗意电影。该片是那种触动了你的神经、你却难以用语言表达为什么被感动的影片。导演泰伦斯·马利克（Terrence Malick）一直都是个不高产的电影艺术家，对影像有着高要求。该片较少常规叙事的"正打反打"，自然光和运动摄影是该片影像处理的两大特色。影片拍摄现场几乎不使用电影照明设备，演员可以大胆表演，不用在设备中穿行，可以随机地跑向几乎任何方向。而大量的手持摄影也不是为了追求纪录片的写实风格，摄影师埃曼努埃尔·卢贝斯基（Emmanuel Lubezki）用 Steadicam 手持摄影稳定器创造出飘浮状的摄影机运动，跟随演员进出房间、近距离拍摄人物，用以表达角色的内心感受，捕捉情感真实的瞬间。这部影片不像纪录片，还因为它的清晰度和画质都保持了高水准，由 65mm 和 35mm 胶片混合拍摄。

卢贝斯基说，该片的实验精神来自他对导演的信任。马利克对他说过，我们的工作是在打擦边球，你应该试验和尝试所有的可能，但我不会使用任何有辱你摄影水平的画面，凡是你不想留在影片中的东西也都可以拿掉。导演的话使他不再有任何顾虑。

《生命之树》的摄影制作参见《美国电影摄影师》2011 年第 8 期，以及《英国电影摄影师》（*British Cinematographer*）2011 年第 5 期。

（5）法国印象派画家传记影片《雷诺阿》（*Renoir*，2012）由李屏宾摄影，虽然和西方摄影师相比，他的照明有点"来路不明"——光源没有那么强的自然依据，但人物造型非常漂亮，并有着雷诺阿绘画的质感。

> 我想，摄影师最基本的工作就是关注发生在我们身边的一切，并利用那些在正确的时间以正确的方式呈现的元素。
>
> ——埃里克·克雷斯（Eric Kress，DFF）

在学生作业中，技术上出状况最多的场景是外景。外景摄影并不比摄影棚或实景的内景更难，但是它的成败很大程度上依赖于拍摄时机、画面构图的取舍，小制作尤其如此。如果不能有效地将景物亮度范围控制在感光材料或元器件的宽容度之内，单靠增减曝光是无济于事的。

5.1　天空和背景的处理

如果说"电影摄影师不喜欢蓝天"，一定会有读者站出来反驳：你说得不对！约翰·西尔摄影的《致命伴旅》（*The Tourist*，2010）把蓝天白云下的威尼斯水城拍得像明信片一样，《断背山》的蓝天是美国西部风光不可或缺的组成部分。但是从统计学的角度而言，故事片中确实很少出现蓝天，即使是《阳光灿烂的日子》（1994），它的影像让人印象深刻的是室内浓浓的烟雾，而不是偶尔几次闪现的蓝天。

蓝天夺目的色彩使它有可能破坏整部影片的色调，而且只有在前侧光的拍摄角度才会有曝光合适的蓝天，使人物造型受到限制，这大概就是电影摄影师不喜欢蓝天的原因吧。

天空是外景摄影不可忽略的景物，无论在你的画面中要不要带上天空，都应该是一种理性的选择，而不是赶上什么拍什么。

5.1.1　天空和人脸的亮度关系

天空亮度一般会高于人脸。如图 5-1 所示，在晴天顺光或前侧光照明条件下，天空的亮度比人脸略高（左），但随着天空云层增厚或照明方向转向侧逆，天空和人脸的亮度间距就会拉大。在右图的例子里，朦胧阳光加上逆光条件，树丛缝隙中的天空比人脸亮度要高出 5~6 级光圈，甚至可以更大。也就是说，晴朗天气条件下摄影，天空和人脸都可以得到较正常的密度，而阴天或晴天逆光条件下摄影景物的亮度平衡很容易失控。

另外，在感光材料或器件的颗粒／噪声水平固定的前提下，均匀的、接近中等密度的被摄景物往往会比其他景物显现出更强的颗粒感或噪波，在技术控制不当的情况下，天空有可能成为影像中最脏的景物。如图 5-2 所示，这是 120 相机拍摄的黑白照片，因为底片大，影像的颗粒总体上是比较幼细的。但是如果将天空和建筑物相比较，天空中可以看到不均匀的灰色斑点，而建筑上却不明显，因为建筑物的细节掩盖了胶片的颗粒感。

对于电影摄影师来说，仅仅做到人脸和天空都有层次还是不够的，天空还应该有助于故事的叙事。雅努什·卡明斯基说过，他在拍摄《拯救大兵瑞恩》时发现，如果人脸比天空亮，画面就有了战争的气氛。比较图 5-3 两组画面：左列是卡明斯基摄影的、带有天空的画面，天空因硝烟弥漫而被压暗，不仅尽显战争气氛，人物和

图 5-1（上）　人脸和天空的亮度关系。左：天空亮度比人脸高 0.7 级光圈。右：人物上方树叶缝隙中的天空亮度比人脸高 5.5 级光圈。

图 5-2（下）　影像中天空的颗粒感往往比其他景物明显。左：完整的摄影画面，拍摄时使用了红滤镜压暗天空。右：左图的局部。

图 5-3　人脸和天空的亮度关系对比。左列：雅努什·卡明斯基摄影的影片《辛德勒的名单》《拯救大兵瑞恩》《林肯》，人脸比天空亮，画面富于表现力。右列：《一个世纪儿的忏悔》，天空密度失控。

环境的亮度比也达到了最佳状态；右列的画面来自法、德合拍片《一个世纪儿的忏悔》（ *The Confession of a Child of the Century*，2012 ），获得过戛纳电影节"一种关注大奖"提名。这种电影往往有着比较强烈的实验精神，但也夹杂着制作上的粗糙和不成熟。图例中这个外景的天空显然是失控了，画面的影调不均衡，这是摄影师对景物亮度平衡缺乏理解和执行能力所造成的。

　　要使人脸比天空更亮，需要做些"手脚"，黑白摄影比较容易实现。卡明斯基在《辛德勒的名单》中用黄、橙，偶尔也用红滤镜提亮人脸，压暗天空；或者为人物打更多的光。彩色摄影无法使用上述滤镜，只能靠选择或控制光线、施放烟雾来改变人脸和天空亮度之间的比例。《拯救大兵瑞恩》还有不少镜头中背景天空很亮，到了《林肯》，卡明斯基对天空亮度的控制越来越细致有效。

　　放大量的烟雾是压暗天空的一种方法，在战争片中屡试不爽。但如果故事本身不适合浓重的烟雾，就要通过拍摄时机、拍摄角度和照明来调整人脸和天空的亮度比例。

图 5-4 《醉乡民谣》阴天的外景。

图 5-4 是布鲁诺·德尔博内尔在《醉乡民谣》中的做法。民谣歌手卢伊恩·戴维斯（奥斯卡·伊萨克 / Oscar Isaac 饰）和女伴琼·伯基（凯里·马利根 / Carey Mulligan 饰）在一个小广场中边走边吵嘴，然后在长椅上坐下。该场景在纽约格林尼治村的华盛顿广场公园拍摄，是个阴天。德尔博内尔和他的照明团队用了 4 块 12 英尺 × 12 英尺（约 3.7 米 × 3.7 米）的柔光架，绷上未漂白平纹布，为人物反射光线。这 4 块反光屏距演员很近，大概 3 米，其中有两块分别放在摄影机两旁。摄影师根据天气变化决定补光的强弱，只要简单转动反光屏的倾斜度，反光在人脸上的强度就会改变。与此同时，演员的右侧加上了一面黑旗，用以减少侧面的环境反光，使脸部光线有从明到暗的微妙过渡。通过这些处理，不仅人脸的亮度相对于环境有所提高，光线也有了造型的效果，不再是阴天的顶光。摄影师对两个角色采用了相似的照明方法，但用在男演员上的副光比女演员要少一点。

对学习电影摄影的学生的建议

对时下想要成为摄影师的人，我想要对他们说，不要花太多时间窝在电影学校。四处旅行，去追寻各种对比：去撒哈拉，到冰与火共存的冰岛。到各个城市去：纽约、威尼斯。睁大你的眼睛看看这些地方的光影，看光线如何在建筑物之间折射，看它如何照耀出一个地方的风景。坐坐火车，或是坐上你自己的车，开着到处跑。当我在暗夜开着车时，我会让音乐在车里流淌，灵感就是在这时纷纷涌现，要是这时窗外还下着雨就更是灵思泉涌了。还有，要看电影，看很多的电影。

——达吕斯·康第，《摄影·电影·电影·摄影》

罗杰·迪金斯在《囚徒》中也有类似的画面效果，如图 5-4 所示。该片的外景不是阴天就是下雨，气氛与人们在孩子失踪之后焦躁的心境相一致。在迪金斯的影像中，天空是有层次的，青灰的色调，而不像《一个世纪儿的忏悔》那样苍白。而且，他会根据人物的心情调整曝光：在多弗夫妇带两个孩子去往邻居家的路上，大家很开心，因此虽然是阴天，仍正常曝光（上）。小女儿失踪后，多弗父子四处找寻，此时雷雨交加，画面被压得很暗，曝光不足（中），它的亮度甚至低于室内环境（下）。这样的处理推动了故事的发展，也符合人眼的视觉感受。虽然自然环境下，室内的照度一般会比室外低，但人们在进入暗环境后瞳孔张开，所以反而产生灯火通明的感觉，倒是雷雨天有晴天的反衬，比较晦暗压抑。

阴天室外摄影，虽然人物和天空之间的亮度对比比较大，但因为环境照度低，所以更容易通过为人物补光获得人与背景的亮度平衡。但有些天气条件下，让人脸"追"太阳的亮度就不太容易，或者做得不自然。电影摄影中更常见的做法是画面中不带天空。如果天空不能对叙事所有帮助，又难以得到亮度上的平衡，不如做减法，让它不出现在画面里。

树木、山峦或城市建筑都是外景摄影很好的背景，它们和人脸的亮度比较容易平衡。在图 5-1 里，小树林遮挡了高于人脸 5 挡至 6 挡的明亮天空，略微施放的烟雾使树干不至于太黑。在这样的背景陪衬下，人脸是较亮的物体，黑色大衣是最暗的物体，使人物成为画面中反差最鲜明、最吸引观众注意力的景物，而不是像第四章提到过的学生作业那样主次不分（参见图 4-1）。

在《囚徒》中，迪金斯选择的外景地有高高的树木，所以他的镜头中几乎没有大面积的天空，更不会像图 5-2《一个世纪儿的忏悔》那样，把地平线卡在演员的脖子上，让画面半黑半白（图 5-5）。

图 5-5　《囚徒》阴天的外景画面里，观众可以看到天空的层次。而且与下图的室内场景相比，曝光也压得比较低。

图 5-6（上）《醉乡民谣》通过对前景大量打光降低景物与天空之间的差距。

图 5-7（下）《辛德勒的名单》中大多数室外场景的背景不是天空而是城市建筑。

　　图 5-6 是《醉乡民谣》中一个天空和前景亮度差非常大的场景。也许初学者会觉得它和《一个世纪儿的忏悔》没有什么区别。但实际上，《一个世纪儿的忏悔》那种没有层次的天空和明亮的画面不符合人眼的视觉感受，而《醉乡民谣》符合人眼的感受。当人们在自然阳光下逆光看景物时，人眼能够辨别天空的层次，同时会由于瞳孔收小而感觉阴影下的景物更暗，但它们又是有层次的。德尔博内尔通过照明将过亮和过暗的景物"挤压"到胶片的宽容度以内，使亮区和暗区的景物都能保留一定的层次。具体的做法是用大量的照明从摄影机方向投向场景，提亮人物和环境，缩小它们和后景天空之间的亮度差，但仍保持比较大的反差比。当代的胶转数技术可以很好地保留底片上已有的层次细节，德尔博内尔和他的调光师在 DI 阶段再将画面压暗。

　　图 5-7 是卡明斯基在《辛德勒的名单》中的做法。绝大多数室外场景中，人物的背景是城市建筑而不是天空，摄影师较容易用暗背景衬托人物。

　　基于摄影师们的做法，此处可以再补充一句：电影摄影师不仅不喜欢蓝天，甚至不太喜欢天空！

5.1.2　逆光摄影的亮度平衡

　　在电影学院"曝光技术与技巧"课程的试题中曾经有这样一道题：请简述室外逆光条件下人像摄影应注意哪些问题。有的同学回答，应该以人

渐变镜的作用

图 5-8　灰渐变镜的效果。左：无滤镜；右：Tiffen Color-Grad ND 6 灰渐变滤镜加在地平线以上。

彩色渐变镜（Color-Grad filters）是外景摄影经常会用到的滤镜，特别是灰渐变镜，因为它只影响影像的密度而不改变其色彩，效果比较自然，常用来压暗天空使其具有更多的层次。如图 5-8 所示，摄影时将灰渐变镜灰色的一侧向上，它能够吸收过强的天光，压暗天空，使天空层次和色彩都更加丰富。红、橙色的渐变滤镜（或日落镜）也比较常用，可以加强日出日落的效果。

渐变镜使用不当有可能在画面中留下明显的痕迹，特别是有人物的画面，它不仅改变背景颜色，也会让人物的肤色不能正常再现。

如图 5-9 所示，故事片《复仇》（Revenge，1990）使用渐变镜的本意是模拟清晨和黄昏的气氛。但是这些画面只是在上方多了一些红色，景物本身并不具备日出日落的光效。而且，人脸刚好好处在渐变镜有色的一侧，因此变成了红色。

一般来说，有人物、有浅色前景的画面不宜使用彩色渐变镜，因为它们容易暴露渐变镜的痕迹或使肌肤的影调色调不正常。渐变镜在使用时应该通过取景器仔细调整镜片的位置，要将光圈收小到实际使用的光圈值上。如果摄影机处在最大光孔的状态下，会因为景深较小而影响调整的精度。

图 5-9　故事片《复仇》渐变镜使用不当的例子。画面中可以明显地看到滤镜的痕迹，并使人脸变成了红色。

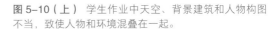

图 5–10（上） 学生作业中天空、背景建筑和人物构图不当，致使人物和环境混叠在一起。

图 5–11（下） 故事片中将人物处理为剪影或半剪影的例子。左列：《阿拉伯的劳伦斯》。右列：《林肯》。

脸的亮度或照度曝光；也有同学说，应该在曝光上取人脸和背景亮度的平均值。这些回答都没有切中逆光摄影的要害——没有解释怎样控制景物的亮度平衡。你可以让人物的影调正常再现，也可以把他们处理成剪影或半剪影，但前提是你为人物选择了什么样的背景？画面的亮度平衡是否失控？

剪影、半剪影人像

选择明亮的背景，根据背景的亮度曝光，人物就呈现出剪影或半剪影效果。这看起来很容易，实践中却不尽然。在图 5–10 的两例学生作业中，虽然都有大面积天空，而人物和错落不齐的楼群、小丘叠合在一起，主次不分。本来几个亲密的伙伴一起看夕阳应该是很开心的事，影像却没有体现出这份浪漫。所以，选景、构图是外景摄影成功的第一步。

图 5–11 展示了故事片中摄影师的做法。在《阿拉伯的劳伦斯》中（左列），摄影师弗雷迪·扬（Freddie Young）让站在火车顶部的劳伦斯用身体遮挡太阳，半透明的纱袍在空中飘舞（上）；或者让他起着骆驼漫步海边，在太阳的余晖中，观众看到的是劳伦斯侧面

图 5-12（上） 故事片《红高粱》中张扬的室外逆光摄影画面。

图 5-13（下） 逆光照明条件下人物正常曝光再现的例子。左列：《狐狸与孩子》；右列：《给朱丽叶的信》。

的半剪影（下）。这两个画面一个利用了明亮的天空，另一个利用了反光的水面。当天空的亮度比背景的人物高出很多时，用反光板为人物补光，可以得到略带层次的半剪影效果。在《林肯》中（右列），赞成和反对第 13 修正案的两派在无人区做出和平谈判的姿态，卡明斯基将人物处理为剪影，背景上弥漫着硝烟，让观众感觉到故事内在的、剑拔弩张的情绪。低角度摄影使人物以天空为背景。

《红高粱》（1987）也是利用逆光非常出色的影片，它曾经打动一代人，如果没有逆光下泛红的景物，也就没有所谓的"红高粱"，如图 5-12 所示。它的一些画面甚至挑战了摄影的规则和禁忌，这些画面如果出现在别的影片里，可能就是不及格的影像，在这部电影中却是故事必不可少的组成部分。

丰富的背景层次加上剪影或半剪影的人物，这种画面很容易营造气氛，但一般适合大全景的景别，如果导演希望观众看清演员的表情，显然不能这么做。

正常人像要避开天空

逆光摄影更多的时候是将人物拍摄得非常"正常",而非剪影、半剪影。其规则是要为角色选择暗背景,而不是明亮的天空。

故事片中可以找到太多这样的例子。比如,图5-13的《狐狸与孩子》(同时参见第三章图3-8)、《给朱丽叶的信》(同时参见第四章图4-32下),其中都有大量逆光且曝光正常的影像,人物的金色头发在阳光的照耀下形成美丽的装饰,强调了影片的爱情喜剧风格。

逆光照明条件下,只有通过选择暗背景才能使人物和环境达到亮度上的平衡。而避开天空不仅对逆光摄影有利,对其他照明方向的人物造型也有利。在意大利影片《我是爱》中,作为一个纺织业巨头、中产阶级家庭的俄裔儿媳,埃玛(蒂尔达·斯温顿 / Tilda Swinton 饰)在家里和家庭成员面前过着拘谨、压抑、无聊的生活。当她爱上儿子的好友、年轻的安东尼奥时,生活的另一面展现在她眼前。如图5-14所示,《我是爱》描绘出两个世界:乡村的与城市的,一个阳光明媚,另一个内敛压抑。埃玛和安东尼奥漫步乡间、偷情做爱的

图5-14 故事片《我是爱》。左列:埃玛和安东尼奥郊外私情的场景,体现出角色的好心情。右列:埃玛家中,道貌岸然的中产阶级家庭环境,气氛压抑。

图 5-15（上）《我的父亲母亲》用逆光诠释青年男女的爱情往事。

图 5-16（下）《一个世纪儿的忏悔》地面过亮，背景失控。

场景不仅有逆光摄影，太阳也处于顶光或侧光位置。这些场景中，摄影师使用了长焦距镜头、浅景深、大特写，以及快速剪辑，并尽可能捕捉环境中的各种植物、昆虫、花草，增强场景的浪漫气氛（左列）。城市中埃玛一家的豪宅和工作场所是广角镜头拍摄的。冷调的、高反差的（右列），与乡间形成强烈对比。

亚洲人的黑发虽然不会像西方人的浅发那样产生明亮的金色光环，但是逆光摄影所传递出的强烈的光感不变。如图 5-15，在《我的父亲母亲》（1999）中，摄影师侯咏在回忆父母当年恋爱的段落中，使用了大量的逆光外景摄影，衬托出年轻的恋人之间单纯、热烈的感情。

漂亮的逆光往往太煽情，不少摄影师也会刻意回避这种光效。在当代摄影中，外景的逆光摄影比二三十年前少了很多。比如雅努什·卡明斯基曾经说过，他改变了导演史蒂文·斯皮尔伯格的一些习惯，其中包括逆光摄影。"在与我合作以前，史蒂文习惯用逆光，而逆光很自然地把场景浪漫化，什么东西看起来都美丽而煽情。"（自《摄影·电影·电影·摄影》）。

警惕过于明亮的地面

地面也会有亮度失控的问题，而且在学生作业中很普遍。图 5-16 还是来自《一个世纪儿的忏悔》，地面和建筑都失去了层次。就这个镜头而言，即使仅仅减少曝光，让背景建筑和地面有正常的层次，画面就会好看许多。

如果地面的反光率很高，或者阳光、地面和摄影机三者的关系正处在"反射角"上，地面高度就有可能失控。"反射角"是指

图 5-17 《慕尼黑》对地面亮度的控制。上、中：地面洒水使其表面质感更生动。下：旅游度假海滩，地面明亮但不失控。

摄影机镜头恰好处在物体表面反光最强的角度上。一般来说，在侧逆光照明的条件下，光线投射角与摄影机拍摄角度相对于物体表面法线对称时（入射角等于反射角）最容易发生。

在电影中，泥泞、尘土飞扬，或潮湿的地面比干巴巴的水泥地更生动。地面洒水是电影制作常用的手段，土地或柏油马路潮湿之后会比干燥的表面更暗。如图 5-17 所示，《慕尼黑》在多个国家的不同城市拍摄，环境条件各不相同。涉及城市街道的场景，卡明斯基总是让地面湿漉漉的，不仅使地面亮度进一步压暗，也由于积水的反光和不均匀使地面的影调呈现出细微的变化（上、中）。但在一处海滨度假胜地，卡明斯基没有打湿地面，因为它不符合阳光下沙滩的视觉感受（下）。此处地面虽然比较亮，是整部影片中最亮的地面，但它仍有少量层次。与此同时，对人物补光，提高人脸的亮度，也可以缩小地面和人脸的亮度差距。

在洒水或补光不能奏效的环境下，只能通过调整拍摄时机或改变构图达到人物和地面的亮度平衡。

5.1.3　日出日落

日出日落前后被摄影界称为"魔幻时刻"，此时的光线为低角度、低色温照明，非常生动，并且变化很快。故事片《天堂之日》（Days of Heaven，1978）在电影摄影史上有着不可磨灭的一笔。摄影师内斯托尔·阿尔芒都（Néstor Almendros，又译作阿尔门德罗斯）将整个摄影过程都安排在了这一时段，让温暖的旭日残阳充斥全部影像。因为这样的制作每天可利用的工作时间太短，不符合商业精神，之后并没有其他影片效仿它的制作。但是把日出日落用在影片最煽情的地方仍是摄影惯用的手法。

把太阳直接摄入画面，没有看上去那么简单，往往要等待合适的天气条件。比如北

图 5-18（上）《一个世纪儿的忏悔》失败的落日场景。太阳太亮不仅使其周边的层次完全丧失，镜头进光也损害了整个影像的画质。

图 5-19（下）《英国病人》沙漠中日出日落的场景。上：将太阳摄入画面。下：没有太阳的画面也能体现出这一时段的光线特征——低色温、低角度照明。

京地区往往只有夏天才能见到晚霞，但过分晴朗缺少水汽的天气条件下，可能因为太阳太过明亮而无法得到很好的层次。黑泽明在制作《八月狂想曲》（*Rhapsody in August*，1991）时，为了得到他心目中太阳等了 8 个月！如图 5-18 所示，《一个世纪儿的忏悔》场景中，太阳就太亮了，使影像变得模糊不清。

　　日落时依然刺眼的太阳是拍不出层次的，而肉眼可以直接观看的太阳能够拍摄出较丰富的天空层次，太阳本身也有层次或不至于失控。拍摄日出日落应该以太阳旁边的天空亮度订光，像图 5-18 那样的画面在曝光上也有问题，天空曝光明显过度。

　　拍摄日出日落另一个问题是需要长焦镜头，才能把太阳拍得很大。但这样的镜头在日常制作中因焦距太长而很少使用。

　　图 5-19 是《英国病人》中描写拉斯洛·德奥尔马希伯爵在沙漠中日夜兼程赶往能够找到救援的城市，以便挽回他重伤恋人的生命。在一个镜头中——也是影片最煽情的镜头之一，拉斯洛·德奥尔马希伯爵走在沙丘上，身后是落山的太阳，他从画右走向画左，在太阳前经过（上）。沙丘和人都是剪影，天空和晚霞有着正常丰富的层次，太阳虽然没有层次，但不过分明亮。特别

是当拉斯洛·德奥尔马希伯爵"穿过"太阳的时候，他的剪影依然清晰，没有被亮背景吞没——或者说因为太阳的亮度不过分，镜头进光得到了很好的控制。

日出日落时不仅可以直接拍摄太阳，没有太阳的场景也因为低色温和光源的低角度而使影像富于戏剧化，格外美丽，如图5-19下图所示。

日出前和日落后，天空光成为照明的主导，色温升高，是夜景摄影的最佳时机。

5.2 光线的衔接

如果天气变化莫测，一会儿雨雪，一会儿狂风，图片摄影师会非常激动，因为在很短的时间内能够捕捉到不同的特殊气氛。但是对于电影摄影来说，它就是大灾难了。电影拍摄时间长，时间总会不知不觉地溜掉，需要稳定的天气条件，即使只是早、中、晚正常的太阳位置变化，都是摄影师必须认真对待的问题。如果两人对话的镜头，一个是上午9点拍摄，另一个是中午12点拍摄，光线的区别都会写在演员的脸上。

5.2.1 保持稳定的光线

光线稳定的时段

晴朗的天气条件下，太阳的色温和照射角度不断发生变化，也使环境反差相应变化。

上午10点到下午4点之间（具体时间因季节和纬度的不同而有所不同），光线相对稳定，比较适合长时间工作。天空完全被云层覆盖的阴天，照明也比较稳定，但照度低于晴天。

第四章提到的《反抗军》（参见图4-30）大部分镜头是在树林里拍摄的，对于摄影师爱德华多·塞拉来说，保持场景的视觉一致性是一个挑战。他所做的第一件事就是"切掉"太阳，因为他首先要避免阴影的位置每2分钟就有明显改变的状况。塞拉的外景照明简单而

图5-20 《反抗军》外景拍摄现场。

大胆，照明组用一块巨大的丝质柔光屏悬挂在拍摄现场的上部，阻挡直射阳光。并有另一块大绸布反射 2 盏至 3 盏 18kW HMI 的灯光，作为场景的副光。由于再大的柔光屏所能覆盖的区域也是有限的，在拍摄运动镜头时塞拉去掉了头顶上柔光屏，取而代之的是一块竖立的柔光屏。《反抗军》的森林外景地是在立陶宛的维尔纽斯，纬度较高，太阳照射的角度较低，所以直立的柔光屏也能够有效地遮挡太阳，并在摄影过程中随摄影机的移动而移动，如图 5-20 所示。

　　摄影师埃曼努埃尔·卢贝斯基认为室外逆光摄影容易保持光线的一致性，即使两个镜头中一个在夏天拍摄，而另一个是在冬天拍摄，它们也能很好衔接，观众察觉不到区别。他在《生命之树》中拍摄了大量逆光的室外场景，如图 5-21 所示。

　　该片的摄影过程与其说是演员按照导演的意图走位，不如说是导演和摄影师捕捉演员的即兴表演更为确切。卢贝斯基欣赏复杂的自然光，本片的外景只是使用了一些反光板，或者在演员脸部出现"夹板光"的时候，用黑旗挡掉一边的光线。这样的做法也为演员表演提供了很大的自由度，通常都是摄影师用 Steadicam 稳定器手持摄影，跟随演员，摄影机的运动非常灵活多变。卢贝斯基还刻意将太阳摄入画面（图 5-21 上），让它在人的脸颊旁、树梢上闪动。这些镜头中太阳的光芒应该是用星光镜营造的。不过卢贝斯基也说，外景不能都是逆光摄影，如果那样就太单调乏味了。

散射光下光线容易衔接

　　将人物安排在散射光照明的环境中，比如树荫下、城市楼群的阴影中，对整部影片影调衔接比较有利，特别是在多云天气条件拍摄时，景物之间可以保持比较稳定的亮度关系。电影摄影往往希望为人物设置柔光照明，散射光本身具有自然柔光的属性。而且树荫下或建筑的阴影中，由于照度不及阳光下那么高，比较容易调整照明，为人物造型。比如用柔光纱遮挡顶光、从侧面为人物打光或反光等。

图 5-21 《生命之树》用逆光摄影保持光线的一致性。

如图 5-22 左列所示，故事片《风中新娘》在总体上是欧洲特有的柔光照明效果。在晴天的天气条件下，将人物安排在树荫里，一方面，相互交谈的人物脸上有着同样性质、相同光比的光线；另一方面，这一场景的柔光光质很容易和其他阴雨天拍摄的画面形成统一的影调。又如图 5-22 右列的《醉乡民谣》，摄影师希望影片的基调是阴郁清冷的，因为故事的主人翁落魄潦倒。影片的大多数外景也是在阴天拍摄的，如图 5-4 所示的华盛顿广场公园的场景。当拍摄遇到晴朗天气时，摄影师德尔博

图 5-22（上）将人物安排在树荫、楼群的阴影之下，便于影片影调的衔接。左列：《风中新娘》。右列：《醉乡民谣》。

图 5-23（下）《反抗军》中对拍摄时间要求很高的镜头，烟雾增强了清晨的效果。

内尔将歌手卢伊恩安排在建筑物的阴影中，使这些晴天拍摄的镜头也以阴冷的色调为主导，只是远景中有阳光的存在。

抓住时机拍摄重要气氛镜头

电影中总会有一些镜头需要利用更特殊的天气条件或时段，比如日出日落的魔幻时刻。对于这类场景，往往是在真正的特殊天气条件或时段中拍摄全景和大全景，留下近景和特写在其他时间拍摄。因为小景别的场景比较容易通过照明处理改变人物和背景的关系，模拟并匹配全景镜头的效果。

图 5-23 是《反抗军》中另一个场景。图维亚·别尔斯基（丹尼尔·克雷格 / Daniel Craig 饰）清晨离开营地独自外出，这样的场景对时间要求很高，如果错过了最佳拍摄时机，画面的特殊气氛便随之消失。

前面提到过的图 5-9《复仇》的例子，左图故事发生的时间是清晨，正是因为错过了拍摄时机，便依赖渐变镜模拟日出的效果，结果非常失败。

5.2.2　借光位

在《辛德勒的名单》中（参见图 4-17），我们已经见识过卡明斯基如何巧妙地借光位，外景摄影也常常通过类似的方法达到光线平衡的目的。

对话的双方如果一个逆光，另一个顺光，最容易发生光线衔接上的问题。在第四章图 4-18 的例子中，摄影师让逆光的人物处在暗背景下，并使双方人脸的曝光一致，以此保持不同摄影方向的画面影调相互协调。而另一些摄影师有不同的做法，他们会偷偷改变太阳的方向——借光位。

在《生命之树》中，父亲（布拉德·皮特 /Brad Pitt 饰）正在教二儿子拳击，父亲和儿子都处在逆光下，这两个镜头的太阳却"转动"了 180°，如图 5-24 所示。

图 5-24 《生命之树》中相对而立的父子都是逆光的。

图 5-25　《生于七月四日》中，摄影师借光位的例子。左列：逆光一方。右列：本应顺光的一方，太阳的位置却变化了几次。

　　图 5-25 是《生于七月四日》（*Born on the Fourth of July*，1989）的关键场景，由罗伯特·理查森摄影。在这个片段里，罗恩·科维奇（汤姆·克鲁斯 / Tom Cruise 饰）误杀了自己的战友，然后他爬向战友，不知发生了什么事情。首先，光线是这个场景叙事的关键：为什么罗恩在白天无法辨别敌友 —— 只有对方处于逆光才有这种可能。所以，从小丘后面冲上来的战友是一个逆光的剪影（左上），罗恩盲目调转枪口击中了他（左中）。按道理，既然战友处于逆光之下，罗恩就应该是顺光照明，但是在一系列罗恩的近景和特写镜头中，太阳有时在他的右后侧（右上），有时在左侧（右中），当罗恩爬到战友附近时，是一个比较正常的顺光照明环境，而其他战友的身影在他的脸上晃动，仍然没有顺光的典型光效（右下）。该场景在罗恩半跪的剪影中结束（左下），肃穆压抑。在这个场景中，摄影师通过借光位拍摄，让罗恩的镜头有了明暗变化，更容易与逆光镜头相衔接，而不是一直呈现明亮均匀的顺光光效。

5.2.3　烟　雾

　　烟雾是电影摄影营造气氛的好帮手，还可以改善画面的亮度平衡，加强近暗远亮的透视感。

罗杰·迪金斯谈烟雾

网友问：

　　我有时很难做出漂亮的、持续的薄雾。有时它是明显的一股一股的烟，当我想把它扇均匀时，它就消失了。我应该怎么做？场地是不是对烟雾效果有很大的影响？是不是某种特定类型的窗户才能做出光束的效果？你在《007：大破天幕杀机》开头场景中让阳光进入房间的光束是怎样做的？那个烟雾控制得漂亮得当（图5-26）。

迪金斯回答：

　　我用的是很普通的发烟器（smoke gun）。你必须很小心地控制环境，这样烟雾才能有时间发散并变得均匀。（自罗杰·迪金斯个人网站：http://www.rogerdeakins.com/）

图5-26　故事片《007：大破天幕杀机》片头场景，室内施放烟雾后产生漂亮的阳光光束。

　　用烟雾与镜头上加漫射镜和雾镜有很大区别。雾镜很容易使画面中应该黑的地方都变成灰色，黑不下去。但是烟雾由施放者掌握，可以模拟自然形成的烟雾，它的浓淡也随距离而改变，越近处越稀薄，仍可保留画面中前景的"黑"色。如图5-23所示，烟雾使低角度阳光有了方向感，产生漂亮的光束，也使画面变得简洁，远处的景物都被烟雾所吞噬。

　　烟雾有不同种类，施放也需要一定的技巧。释放后需要等待烟雾慢慢散开，变得均匀。有风的环境很容易将烟雾吹散，而树林里等不太通风的地方比较容易控制烟雾的浓淡和均匀度。

5.3　夜　景

　　外景夜景的难度在于低照度。白天摄影无论艺术质量如何，曝光是可以保证的。在没有篝火、人工光源的夜晚，高感光度胶片或数字摄影机的感光器件也许可以捕捉到一点影像，但其画质肯定无法达到电影的技术要求。

图 5-27（上）　有密度的夜空是蓝色的。图片拍摄于北京中秋节的傍晚 6 点 30 分，Canon EOS 5D Mark II 数字相机，ISO 2500，镜头焦距 109mm，F5.6，1/125 秒，曝光补偿为 -0.7EV（即：曝光不足 2/3 级光圈）。

图 5-28（下）　受城市灯光影响的天光不一定是暗蓝色。图片拍摄于上海 9 月中旬的傍晚 6 点 40 分，Fuji FinePix S9600 数字相机，ISO 200，镜头焦距 21.6mm（相当于全幅照相机 97mm），F3.8，1/2 秒。

5.3.1　夜色和暗视觉属性

光　质

如果没有火把、篝火或灯光，夜晚的照明只有月亮。那么月光是柔光还是硬光？如果有人工光源，它们应该是柔光还是硬光？

这个问题的答案很简单：点光源为硬光，面光源为柔光。也就是说，特别晴朗的夜晚只有月亮照明的情况下，是硬光；月亮被薄云遮挡，地面有大堆的篝火或成片的人工灯光，就有可能是柔光照明。

虽然如此，很多学生作业或早期电影中总是用硬光照明模拟夜景效果。

光源的颜色属性

太阳落山之后，天空的蓝色散射光成为主要的照明光源时，景物会笼罩在蓝色的夜幕中。即使是灰蒙蒙的阴天，在日落以后也会呈现出蓝色的天光，如图 5-27 所示。但是，随着天空亮度迅速降低，天空因无法使感光器件感光而变成黑色。如果是在大都市，地表附近受到城市灯光照明的影响，也会保持一定的亮度，但颜色就不见得是蓝色了，如图 5-28 所示。

在故事片中，摄影师会根据故事和环境调整夜景的色调，而不是用千篇一律的蓝色。如图 5-29 左列所示，在《去里斯本的夜车》（*Night Train to*

图 5-29　电影故事片中非蓝色调的夜景场景。左列：《里斯本夜车》。右列：《午夜巴黎》。

Lisbon，2013）里，里斯本的街道是基于街灯的复杂色光，有旅馆小店的冷色光招牌，也有橙色和品红色的路灯。而图 5-29 右列《午夜巴黎》中，现实世界近景的橙黄色以路灯为依据，远处隐约可见有蓝绿色灯光装饰的历史建筑（右上）。当故事回到 20 世纪初（右下），颜色的依据是煤气街灯，整个街景完全变成了暖红色，与该年代室内色调相呼应（参见第三章图 3-30）。

　　夜景中，不仅各种属性的照明会影响被摄景物的色彩，人的视觉特性在明亮的环境中和暗环境中也是不一样的。暗环境中，人眼对色彩不如对亮度敏感，在黑暗环境中很难看到鲜艳的颜色。所以，即使天光使夜晚呈现出清冷的色调，人眼对它也是不敏感的，更不要说鲜艳的花朵或绿色的草地了。

　　学生作业或低成本影片往往会用夸张的蓝色模拟月光效果，但这样做只是一种模式化的假定，并不符合人眼对夜景的感受。如图 5-30 所示，无论是傍晚拍摄还是白拍夜，这样的画面都太蓝了。他们的做法是在使用灯光型胶片拍摄时，不加雷登 85 滤镜校正色温。虽然摄影大师中也有不使用滤镜的做法，但在后期调光时会将过多的偏色调整回来。

　　近年来，越来越多的摄影师倾向于将夜景制作得比较"消色"，这样更符合人眼的视觉感受。比如，达吕斯·康第的《谢利》、罗德里戈·普列托的《断背山》、布鲁诺·德尔博内尔的《醉乡民谣》、罗杰·迪金斯的《囚徒》等，夜景的色彩被淡化，影像介于黑白和彩色之间。又如图 5-31 中《一代宗师》和《毁灭之路》（*Road to Perdition*，2002）夜晚打斗、火拼的场景，就像是被调上了一点暗蓝色的黑白影像。

图 5-30（上）　学生作业中用饱和度较高的蓝色模拟夜晚。

图 5-31（下）　消色的夜景画面。左列：《一代宗师》。右列：《毁灭之路》。

反　差

　　没有直射阳光的夜晚环境反射光不足，人工照明能照亮的区域有限，所以高反差、大片暗区以及少量的高光是夜间照明的特色。如图 5-32 所示，没有添加任何辅助光的小区院子里，大多数景物笼罩在暮色中，只有天光（太阳落山不久）比较明亮，而路灯附近一些停放车辆的顶部被其照亮。

　　图 5-33 是电视剧《神探夏洛克》中的夜景处理。明晃晃的车灯使影像中高光失去层次，暗景物占据了影像大部分面积，这在夜景照明中都是合理的。正是这种强烈的亮度对比展现出夜景光效的特质。在下图中，来自画右的辅助光为福尔摩斯和华生提供基本的照明，而画左画面以外的一辆警车成为福尔摩斯脸上闪动着的蓝紫色光的光源依据。

图 5-32（上）　大面积暗区和高反差是夜景影像的特点。

图 5-33（下）　电视剧《神探夏洛克》的夜景处理。

光源的方向

　　就真实环境来说，夜景中的景物也和日景一样处在顺光、侧光和逆光的照明条件下。鉴于高反差和暗环境有利于表现夜景的亮度分布及照明关系，所以侧光、侧逆光和逆光更适合夜景摄影。图 5-29、图 5-31 和图 5-33 的案例无不如此。从这个角度来说，图 5-30 的学生作业虽然构图不错，但除了颜色问题以外，缺乏明暗反差和大面积暗景物也是夜景效果不好的原因。

带密度的天空

　　如果天空在夜景画面中占有较大比例，最好是在日出以前或日落之后的半小时以内拍摄，保证天空影像有层次，这也称作"带密度的天空"。因为这个时间段很短，所以拍摄前应做好准备，一旦拍摄时机合适，就要马上开机。如果现场有辅助照明，调光器是必要的，可以根据天空亮度调整人工照明，维持两者间合适的比例。如果用曝光表测量的话，只要天空亮度不低于订光点下 3 级半光圈，影像一般是有密度的。但由于感光元器件的性能各有不同，所以应该通过试验获得更准确的数据作为摄影参考。

图 5-34　11 级本科学生高伟喆作业——天空带密度的夜景摄影练习。Arri Alexa 数字摄影机，ISO 640，天空亮度在曝光点以下 2 级光圈左右，因根据照度变化调整曝光参数，右下图是在天比较亮、照度比较高的时段拍摄，所以加了 ND 0.9 的灰镜，这样可以保持不同镜头光圈值比较一致，订光在 T2 至 T4 上下。

图 5-34 是一份优秀的学生作业，拍摄于北京郊区的潮白河上，却有江南水乡的韵味。天空的亮度大致控制在订光点下 2 级光圈。在这个作业中我们可以看到，"带密度拍摄"不仅使天空的层次得以记录，地面景物特别是反光的水面也会有适当的密度和比较丰富的层次。

"带密度"的夜景和拍摄日出日落类似，可利用的摄影时间非常短。所以在电影制作中，经常把全景或大全景放在最合适的时段拍摄，天黑以后再拍摄近景，用人工照明调整人物和环境的关系。

5.3.2　白拍夜

法国新浪潮时期的伟大导演弗朗索瓦·特吕弗（François Truffaut）拍摄过一部电影，名字叫作《日以作夜》（*La nuit américaine*，1973），影片直译过来就是"白拍夜（day for night）"。影片以这样一个专业术语为主题，生动描述了电影制作现场的百态人生。

"白拍夜"就是在白天拍摄具有夜景气氛的镜头。一般来说，选择暗背景，逆光或侧逆光摄影，配合曝光不足可以得到看起来像是夜景的暗影像。

如图 5-35 所示，故事片《香魂女》（1993）结尾的场景是一组白拍夜的画面。外景地选在河北省白洋淀的一个小村——郭里口。全景镜头是一个横摇（左列），跟随香二嫂（斯琴高娃饰）从家中的后门走出，下坡，走上小栈桥，直到正在洗涮的儿媳环环（伍宇娟

图 5-35　故事片《香魂女》白拍夜的镜头。使用过期 Kodak 5247 日光型低感光度胶片，ISO 100。左列：香二嫂走出后门，来到小桥上，坐在环环身边。镜头上加有偏振镜除去水面多余的反光，以及灰渐变镜压暗画面上半部分过亮的水面，两者综合减少曝光约 1 级半光圈。拍摄时，水面亮度为 F8.0~11 左右，镜头方向的照度 F2.8$_6$，订光为 F8.0$_5$。右列：香二嫂和环环的近景镜头，订光原则相同。

饰）身边。栈桥是由美工部门搭建的。拍摄时逆光的水面有着大量的耀斑，而且越远处越亮，因此摄影机的镜头上加了两块滤镜：偏振镜（或称偏光镜）用于去除面积过大的耀斑，只保留很少一部分作为活跃画面的高光；灰渐变镜用于压暗画面上半部分的水面。当香二嫂走下缓坡时，她的脸处在有灰渐变效果的画面上半部分，所以脸也被压暗了。但是在这个移动镜头中，重点落在栈桥上香二嫂和环环的对话上，前面跟摇镜头时间短，渐变镜虽然对人物有不好的作用，但不影响大局。

　　香二嫂和环环的近景（图 5-35 右列）另择时间、地点拍摄，因为栈桥附近找不到合适的暗背景。这里也采用了"借光位"的技巧，仍旧让人脸处在侧逆光的照明之下，而不是符合全景照明的顺光光位，因为顺光很难有夜景效果。无论全景还是近景，都使用脸盆加水，在人的脸上和衣服上反射一些变化着的水波光影。

　　晴朗天气容易拉大影像的反差，使画面中存在少量高光和大面积暗区，有助于加强夜景效果。"白拍夜"也可以模拟阴天的夜景效果，但难度更大。

　　阴天白拍夜要在景物的亮度构成上下功夫，让画面中有反光率很低和很高的景物同时存在。故事片《没有青春的青春》（*Youth without Youth*，2007）有一个白拍夜的场景，如图 5-36 所示。摄制组在马耳他的海滩选择了一处外景地（右列），礁石和海湾对面的高地是画面中的暗区，海水拍打礁石所溅起的浪花是画面中较明亮的物体，最终的画面效果还说得过去（左

列）。而图5-37的学生作业中，阴天环境很难拉开景物的反差，虽然减少了曝光，但夜景的气氛还是不足，另外，草地的绿色也不符合暗视觉消色的感受。

　　总体上来说，"白拍夜"是一种不得已而为之的做法，它的制作进度快，现场没有照明设备时也可以工作。但是从效果上看，它有一定的假定性，效果不如"夜拍夜"。而且"白拍夜"无法拍摄出城市灯光、篝火、车灯等夜间才有的照明光源。在图5-37这个学生在上午拍摄的夜景效果画面中，手电的亮度微乎其微，完全不可能做出手电的光束。

5.3.3　夜拍夜

学生作业遇到的问题

　　学生在拍摄"夜拍夜"或"城市夜景"的练习时，要带上少量照明设备，选择一处场景。照明设计成为镜头成败的关键。在大都市，不难找到灯火通明的背景，所以学生们常常用

图5-36（上） 故事片《没有青春的青春》"白拍夜"。左列：完成片镜头。右列：拍摄现场。

图5-37（下） 学生作业"白拍夜"，模拟阴天效果。这是一个光效比较难达到要求的作业。

有限的灯具专注于为近处的人物打光，当人物离开照明区域时，就变成了单纯的"纪录片"。图5-38的"夜拍夜"作业中，学生为打电话的女孩设计了一个侧逆的蓝紫色光，勾勒演员的轮廓，并在电话亭上产生生动的"绿一品"互补色对比（上）。美中不足的是，当女孩离开电话亭，向远景走去，背景上就只剩下了街灯照明，变成司空见惯的、随便把摄影机架在那里都能捕捉到的街景。

夜景处理的一般做法

　　一个好的夜景画面不仅要考虑人物造型，更要考虑环境和背景怎样处理。图5-39是电视剧《唐顿庄园》（*Downton Abbey*，2010—）中的一个夜景，主仆倾巢出动，寻找主人丢失的宠物。

　　这个例子有着夜景布光的典型特点：

　　（1）远景要有层次，近暗远亮；

　　（2）侧逆光照明，用以保证画面中有较大的暗区；

　　（3）明暗对比强烈，画面中既有暗景物，也有高光；

　　（4）淡淡的烟雾加强画面的纵深透视感，并强化手电所产生的光束；

　　（5）淡化色彩，模拟人眼的暗视觉特点。

　　从图5-40《女同志吸血鬼杀手》（*Lesbian Vampire Killers*，2009）的夜景处理可以很清晰地看出摄影师对照明的设计。这部既不恐怖也不搞笑的惊悚喜剧在摄影上倒是有着典型的商业片特点——气氛营造略微过头，中近景中总是可以看

图5-38(上)　08级本科学生张幸的"夜拍夜"作业。

图5-39 （下）电视剧《唐顿庄园》的"夜拍夜"。

图 5-40　故事片《女同志吸血鬼杀手》的夜景处理有着典型的商业片摄影效果。

清演员的表情，场景偏亮观看不易疲劳。摄影师将一个主光照明高高地悬挂在场景的上方，浓重的烟雾产生强烈的侧逆光束勾勒出前景人物的形态，在中近景中，人物被打上明显的轮廓光。这种布光一方面可以让观众立刻认定故事发生的场景是夜景，另一方面带有舞台照明戏剧化特点。这部影片是英国第一部用 Red One 数字机拍摄的故事片，并在后期全部 DI 处理。影片中夜景都是在摄影棚中拍摄的，用灯比外景要方便，布景也更适合拍摄，但布光的思路和外景是一样的。摄影师说，对于较低成本的制作来说，这些场景的布光有相当大的难度。

《囚徒》的做法

普通商业片在布光上允许一定的假定性，而大师级摄影师在夜景摄影的真实感上考虑会更多。《囚徒》中有大量的夜景场景，罗杰·迪金斯为此动了很多脑筋。首先，迪金斯不喜欢商业片夜景中明亮的轮廓光，不想营造虚假的月光，他希望照明以场景中的道具灯为依据。

《囚徒》在美国佐治亚州的亚特兰大郊区实景拍摄。迪金斯说，照明方法由实景以及场面调度所涉及的街区环境决定。事先你会有一种计划，但是到了现场可能无法实施，要随机应变。图 5-41 是该片中三个夜景场景"随机应变"的结果。

（1）以高速公路加油站为光源依据（图 5-41 ①）

《囚徒》中嫌疑犯在一个雨夜被警察抓获是故事的重要情节。迪金斯将这个场景安排在一处高速公路加油站旁边。加油站的灯光和广告牌成为黑雨的海洋中一个明亮的背景，既为场景提供光源依据，又增加了纵深风景，带有粗糙凛冽的质感。当洛基探长（杰克·于伦霍尔饰）走出警车，他在加油站的背景下呈现出剪影的光效。嫌疑犯躲藏的救护车安排在有着树丛的暗处。当警察围捕嫌疑犯时，车灯和手电筒构成局部闪烁或移动的光源，在

① 以高速公路加油站为光源依据

② 以烛光、街灯和住宅照明为光源依据

③ 以室内照明和警察的工作灯为光源依据

图 5-41　故事片《囚徒》中三场夜景的画面效果。

图 5-42 《囚徒》和《最佳出价》手电照明的场景相比，前者亮度适中，后者比较过分。左列：《囚徒》。右列：《最佳出价》。

一些近景和特写镜头中成为人物的主光。

　　在拍摄现场，迪金斯和照明组尽可能保持简单照明。照明师在急救车上安装了一排Tweenie 顶灯——钨丝灯种类的专业摄影灯，为洛基和其他警察配备了 500 Lumen（流明）LED 强光手电，手电经洛杉矶一家影视制作室改造过，迪金斯又为它们加上 CTO 降色温灯光纸使其色调不那么冷。利用加油站大型广告牌，照明师将一个 400W 左右的 PAR 灯隐藏在广告牌后，用它打亮地面。在全景镜头中，它加强了远景的明亮程度，而在中近景中，它为人物提供可信的逆光光效。

　　在这个场景中，手电的亮度控制得恰到好处，如图 5-42 左列所示。它在雨雾中有着淡淡的光束，在近景中，它的高光虽然已经失去了层次，但高光的面积在控制之下，手电背后的人脸清晰可见。如果用它与图 5-42 右列《最佳出价》（ The Best Offer，2013 ）中的手电照明场景相比，更能感受到迪金斯影像控制的精准程度。《最佳出价》也是一部摄影挺精致的影片，但是手电的光效做得有些过分了。摄影师都愿意为手电照明的场景寻求强光、聚光的手电，手电的光束可以增加场景气氛。《最佳出价》的手电光确实很强，但看上去已经不像手电而是探照灯了。

　　（2）烛光、街灯和民宅照明构成的光源依据（图 5-41 ②）

　　另一个重要的夜景是居民的烛光守夜仪式。探长洛基在人群中发现了一个可疑的对象，并追踪抓捕，平安祈祷变成了居民住宅区的猫鼠游戏。

　　在烛光守夜仪式的场景中，如图 5-41 ②左列，迪金斯不想在拍摄现场上空吊一个气球

图 5-43（上）《囚徒》在烛光夜景的场景中用小电灯泡以增强烛光的亮度。

灯或 Condor 之类的大型照明器具，他想让烛光成为影像的主光源，从下方辉映在人们脸上。所以他在现场使用了大量的灯芯加粗一倍的蜡烛，然后又复制了一些看起来一样却加了电灯泡的蜡烛混在其中或放在背景上。为了防止风吹灭蜡烛，人们常用塑料杯保护烛火，迪金斯和照明组就在这样的"烛台"里加上灯泡。现场也有成串的小灯泡用来增加烛光的强度，如图 5-43 所示。

　　当洛基探长离开守夜仪式现场，开始追踪嫌疑人时，他们在邻居的院落中出出进进，如图 5-41 ②右列所示。这些场景的照明主要是街灯和住宅的照明，这种照明的改造工作在实拍几周之前就开始了。照明组在房屋和宅院中藏上一些小蘑菇灯——一种体积较小的泛光灯，让环境若隐若现，更有透视感。他们还在每个街灯背后放一盏"红头"灯——1k 的 open-face 照明灯具，增强街灯的效果。实际上，街灯也是摄制组安装的，那些街区原本没有街灯。在房屋和车库的内部，照明组会丢下一串用长木条连接在一起、150W 的蘑菇灯灯泡，模拟室内灯光透出窗外的效果。拍摄当天，因为环境中的照明已经布置完毕，并可以从任何角度拍摄，因此现场只需要加一点泛光灯作为辅助光即可。照明师说，他们一般会在一个场地放置 30 个左右的蘑菇灯，罗杰·迪金斯的眼睛很敏锐，只要有一盏灯没被点亮，他就会转向照明师，说那个地方不够亮。夜间追逐的场景中，虽然在这里或那里放置了不少 1k 或 2k 的照明灯，但总体上属于低技术含量布光方法，没有大型的调光器、接线箱。在完成片中，我们可以看到这些黑暗的场景中有非常丰富的细节。

　　（3）室内灯光和工作灯组成的现场照明（图 5-41 ③）

　　影片结束时，失踪女孩被找到，工作人员挑灯夜战，在罪犯的院子挖掘其他证据。随着人员离开，施工用的工作灯被逐一关闭，探长洛基却似乎听到了一些微弱而异常的声音——女孩的父亲凯勒·多弗（休·杰克曼 / Hugh Jackman 饰）正被关在地窖里。

　　对于这个场景，迪金斯主要的考虑是：既要照亮房子，又要营造紧张感，因为影片在凯勒·多弗能否被营救的悬念中结束。影片最后的紧张感来自工作灯一盏一盏地被关闭，每关掉一盏灯，观众会觉得多弗生存的希望进一步破灭。

　　拍摄现场作为警察工作灯的道具灯也是院落的主要照明光源，关灯的效果由它们完成（图 5-41 ③中高高的灯杆上 4 个一组的灯）。房间里射出的光线为院落提供基本照明，是日光灯型的光源，当工作灯关闭后，只有它还亮着，打在洛基探长表情凝重的脸上（图5-41 ③左下）。

罗杰·迪金斯使用的摄影机是 Arri Alexa 数字摄影机，它的推荐感光度是 ISO 800。在《囚徒》的夜景摄影中，迪金斯一般将感光度设置在 ISO 1250，但对于照度非常低的场景，感光度设置在 ISO 1600。

烟雾为夜景加分

烟雾是外景夜景的亲密伙伴。烟雾的颗粒反射光线，可以扩散照明的范围，还可以使那些光线照顾不到的地方有起码的密度，而且夜间的雾大多也具有合理性。前面所列举的夜景例子中，图5-39 至图5-42 都施放了烟雾。

烟雾对夜景远景的处理也特别有好处，它可以配合照明"无中生有"，让漆黑的天空有层次，让远景变得更明亮，否则无论照明的功率有多大，也不可能将天空照亮。图5-44 是两个烟雾改善夜景背景的例子。左列《一代宗师》上图火车进站的场景中，烟雾模拟火车头施放的蒸汽，不仅可以遮挡无关的背景，也使画面更为生动。而下图的街景如果没有烟雾的话，恐怕后景就穿帮了。图5-44 右列是《醉乡民谣》的公路夜景，歌手卢伊恩搭车的司机在途中被巡警扣留，他只得寻找新的搭车机会。博尔德内尔是喜欢营造气氛的摄影师，他的烟雾也施放得特别足，在太空灯的作用下，夜空变得明亮、雾气腾腾。

烟雾很容易暴露画面以外照明光源的痕迹，如果这种"暴露"影响了照明的真实感，在施放烟雾时就要特别小心。比如图5-44 中《一代宗师》的烟雾没有流露出照明布光的痕迹，而《醉乡民谣》顺着光束的方向很容易联想到照明的位置。

图5-44　夜景中烟雾在照明的配合下可以提高天空和远景的亮度。左列：《一代宗师》。右列：《醉乡民谣》。

5.4 范例分析

5.4.1 《神圣车行》：以技术挑战为灵魂

《神圣车行》的摄影师卡罗琳·尚普捷在法国电影摄影师中可以算是元老级人物了，她曾经为新浪潮时期著名导演让－吕克·戈达尔（Jean-Luc Godard）拍摄过《神游天地》（*Soigne ta droite*，1987），是与电影一起成长的摄影艺术家。看《神圣车行》，你会从她的影像中强烈地感受到现代气息：实景拍摄，即使现场打了300kW 的灯，影像里却看不到用光的痕迹；大量手持摄影，与导演莱奥斯·卡拉克斯（Leos Carax）一起营造出丰富多样的场面调度。她的影像既秉承了新浪潮的自然风格，又用现代设备雕刻出不同于新浪潮纪实特点的精细质地以及稳定的基调。

《神圣车行》讲述了一个名叫奥斯卡（德尼·拉旺／ Denis Lavant 饰）的演员在一天的工作中，演绎出 10 段不同人生的故事。在未来的电影制作方式下，和奥斯卡打交道的是一辆豪华车和一个开车的女人。他在车上读剧本、化装，然后去饰演一个个角色：街头乞丐、动作捕捉演员、怪物、谋杀者或被谋杀者、银行家、父亲等，他只要去完成规定的表演，看不到摄影机在哪里，而摄影机正像遍布大街小巷的监视探头，无所不在。

24小时时间过渡

该片所描述的时间是从一天的清晨持续到第二天清晨，如图 5-45 所示。实际上，影片拍摄大部分是在晚上进行的，因为 10 个段落中只有 3 段发生在白天，其他都是夜景或内景，而白天的 3 段故事中，第一段"乞丐"

图 5-45 《神圣车行》的故事按一天 24 小时进行，从一天的清晨到第二天黎明。①清晨，奥斯卡离开"家"，开始一天的工作；②上午，到达第一个拍摄地点；③上午，去往第二个拍摄地点；④中午，去往第三个拍摄地点；⑤第三个段落拍摄完成后，已经天黑；⑥第五段拍摄结束，第五段"幕间休息"是整部影片长度的一半；⑦第六段拍摄结束；⑧奥斯卡在天将亮起前回到"家"中。

很短，只有塞纳河边几个镜头；第二段是在"动作捕捉"摄影棚；第三段墓园中的怪物，有一多半镜头发生在地下的洞穴中，也是和日光无关的内景。在本片的故事中，观众可以强烈地感受到确切的时间概念，然而这种感觉几乎只是依靠豪华车在街头行驶而产生的。比如奥斯卡离开家，登上豪华车时，天色还很昏暗，空中有些彩云，但太阳还未升起（图①）；当豪华轿车停在塞纳河边，奥斯卡一身乞丐着装走出轿车时，天已大亮，标志着一天的拍摄活动正式开始（图②）；当轿车赶往"动作捕捉"摄影棚时，多云天气下路面上斜长的阴影提醒观众，现在还是上午（图③）；从摄影棚出来，奥斯卡在车上开始为饰演怪物化装，并打开日本快餐吃午饭，这时天气转阴，与正午的时间感受条件不冲突（图④）；奥斯卡饰演的怪兽从墓园的下水道井口钻出，折腾出一些事件后，将一个正在拍摄杂志封面的女演员劫持到地下洞穴，他把女子打扮成蒙面圣女，最后躺在她的腿上睡着——当这个段落拍完时，地面上天已全黑，甚至不用向观众交代太阳是什么时候落山的（图⑤）；轿车夜晚行驶的镜头中，天空密度也多少有点不同，第五个段落完成时，天空有一点密度（图⑥）；而第六个段落完成时，夜更深，天空隐约能看到一丝云朵，略微有些层次的变化（图⑦）；当奥斯卡终于结束 24 小时的拍摄，回到家时，天空已经微微发亮，预示着新的一天的开始，而在时间段上太阳离初升还有些许时间（图⑧）。

这是一个非常聪明的做法，虽然影片有着强烈的时间暗示，但整部影片中对拍摄时间要求很高的镜头实际上很少。

场面调度

无论如何，摄影机的运动不会像演员那么灵活。但是在本片中，长镜头总是一个接着一个，手持摄影或使用 dolly 跟随演员走遍场景的每一个角落，从楼下走到楼上。仔细剖析影片的场面调度会发现，演员运动或摄影机运动经常是交错进行的，导演和摄影师总是让演员走大圈，摄影机走小圈，这样可以在摄影机移动幅度较小的情况下拍摄出运动感更强、更复杂的运动画面。

以图 5-46 为例。"怪物"的段落在巴黎拉雪茨神父墓地实景拍摄。怪物在墓园中奔走，吃祭祀用的花朵，仅 3 个镜头，却让观众觉得已经跟随怪物游览了整个墓园。在图①的镜头里，摄影机处在墓碑之间，好像没有多少活动的余地。怪物从画右远处进入画面，走向摄影机，然后一边抓起大把的花束，一边走向画左，从画左再走向画右，摄影机跟随怪物摇镜头大约 180°，看着怪物在坟墓中穿行，消失在远处。其间，观众感受到的运动摄影节奏很快很复杂，但摄影机基本上只是在原地跟摇怪物，同时稍微调整机位，并没有大的位移。画面中移动的主要是走"Z"字的演员。

在第二章图 2-28 介绍过本片"幕间休息"段落，这是用一个长镜头完成的场景，只是在快结束前插入了一个乐手的反应镜头。此处截取整个镜头的一小段，如图 5-46 ②所示，奥斯卡进入教堂后，边拉琴边向摄影机靠拢，摄影机则慢慢后退，奥斯卡先走向画右，然

① 怪物　　　　　　　　② 幕间休息　　　　　　　③ 前妻

图 5-46　《神圣车行》的场面调度。①摄影机运动幅度很小，演员在镜头前走"Z"字；②摄影机走小圈，演员绕大圈；③摄影机跟摇演员，运动幅度比较大的镜头。

后走向画左，绕过一个柱子，再一次走向画右。这个过程中，演员差不多是围着摄影机绕大圈的，这样横向走了一个半来回之后，摄影机才移动到演员的前面，看着越来越多的乐手加入表演的行列。

奥斯卡遇到同样是演员的前妻埃娃·格拉斯（凯利·米诺格／Kylie Minogue 饰），是他一天工作中的最后一场戏，发生在一个废弃的购物中心。拍摄地点选在了莎玛丽丹百货公司（La Samaritaine），这是一处理想的实景，该公司已经停业多年，人去楼空，拍摄时间不受限制；它地处巴黎的中心，被历史建筑所环绕，透过窗户或站在露台上，教堂、塞纳河和新桥就在咫尺之遥。在这里，摄影机的运动更复杂一些。当奥斯卡和埃娃走上百货大楼的三层，摄影机等在楼梯口，看着这对曾经的夫妻拾级而上；然后摄影机缓缓地移动到他们的侧面，再到他们的前方。埃娃唱起"我们是谁？"，离开奥斯卡，摄影机随她向画右运动，然后轻微地向画左移动，摇摄她环绕柱子边唱边走。埃娃回身快速跑回奥斯卡身边的栏杆，摄影机再次跟摇埃娃的身影，但摄影方向已经转动了180°，背景是商场的另外一面，如图③所示。

这些镜头看起来只是摄影机在抓拍演员的即兴表演，但实际上镜头都是经过精心策划、反复讨论的，并且摄影师和演员多次排练以保证配合上的默契。"幕间休息"曾用了 5 个周末排练。

多变的场景，多变的照明

一般电影在确定下两三个基调之后，就会相对按部就班地以一个固定的样式制作下去。但《神圣车行》不是这样的，它的故事有 10 个段落，类型互不相同，而每个段落又由几个小片段组成，比如"怪物"段落包括日景外景的墓地和内景的地下洞穴，当怪物在地下穿行，实际上需要多处不同的场景。影片又是实景拍摄，所以选景的工作量就非常大，因为场景多且零散，实拍的工作量也是翻番的。

应对众多场景和大多夜晚拍摄的现实情况，摄影师卡罗琳·尚普捷要根据现场情况调整自己的照明装备，她说每一个场景都会和前一场不同，甚至完全相反，但总体思路是自然、有依据的照明，尽量利用现有光作为照明依据，室内环境尽量从室外向室内打光。

（1）轿车内部

尚普捷较早时与演员德尼·拉旺做了一个豪华轿车内部的实拍试验，导演卡拉克斯对试验的效果很满意，无论夜景还是日景。但是用真的轿车来拍会有很大问题，因为轿车内部就像一个大仓库，不仅存放拉旺要用的道具，这里还是他的化妆间和吃饭、小憩的地方。所以美工部门做了轿车内部的模型，如图 5-47 所示，它的内部比真车略微宽敞，车头是真的，与模型相连。这样的轿车也给摄影师提供了更方便的机位，因为轿车的箱体可以拆开，摄影机可以进退自如。

轿车内部的拍摄在摄影棚中进行，使用了传统特效的"背景放映合成"方法。这种方

图 5-47（上）　为豪华轿车所搭建的模型。左：模型的内部和外部。右：拍摄方案的草图，用"背景放映合成"方法合成窗外的景物。

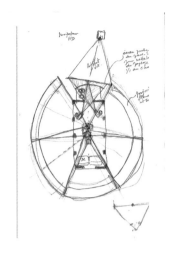

图 5-48（下）《神圣车行》豪华轿车内部拍摄的镜头。

法是在拍摄演员表演的同时完成车窗外背景的合成。对于窗外景物的处理，本片的构思也很偷巧。豪华车的玻璃被假定为镀膜的有色厚玻璃，这样可以把车外影像压得很暗，好像是透过暗玻璃看到的景物。如此一来，这些影像不用按照行车时间区分具体时段，只要看出是白天或夜晚即可（图 5-48）。而实际上轿车模型只是安装了普通透明玻璃，室内外影像亮度比例是由摄影师控制营造出来的。以之前实拍试验画面为主要参考。

轿车模型内部安装了一些修饰灯，为照明提供依据，比如顶部的长条管灯、化妆台的灯泡等。轿车内部场景的照明主要是 LED 灯，车厢内共安装了 6 个，5 个在顶棚上，另有 1 个在挡风玻璃处。如图 5-48 所示，右上图中奥斯卡打开一个小灯准备看剧本，后车窗玻璃前亮起的就是这个 LED 灯。虽然这是一个空间狭小的场景，但从完成影像来看，无论是构图还是照明光效都是丰富多变的，每一次车内镜头都会和前一次有显著不同。有时车内

不亮灯或只点亮一盏灯（右上），有时是化妆台的灯泡光效（左上），有时是车外丰富多彩的街灯照射进轿车的效果（左下）。这些灯往往有比较严重的偏色，而且近距离拍摄也难免透视变形，这些问题都在后期进行了处理，校正"洋葱肤色"和画面的透视。

（2）动作捕捉

"动作捕捉"是电影特效制作中将演员的动作赋予动画角色的手段。真正的动作捕捉摄影棚里光线平平，工作灯全开——因为它们不会影响动作捕捉的效果；而用于动作捕捉的远红外光人眼是看不到的。看过《神圣车行》你才会知道，原来动作捕捉可以被表现得如此之美：体型服上闪亮的标记点形成流动的光斑，演员的表演也令人惊叹，是摄影师用光线将一种纯技术手段变成了视觉艺术。

如图5-49所示，摄影师压暗了动作捕捉摄影棚的环境光，以便突出体型服上的捕捉标记。标记是一些单向性反光很强的材质，只要在摄影机方向有光线打到这些标记上，它们就能将光线反射回摄影机，形成漂亮的光斑。但摄影师没有让标记以外的景物黑死，观众可以看到演员的表情和表演，看到闪闪发亮的紧身衣——那是用专门选定的材质、为照明量身定做的服装。

《神圣车行》在照明上的另一个特点是变化的光线，就像奥斯卡进入摄影棚时，身份认证锁发出红、绿色光映在演员的脸上（图5-49左上），影片从始至终总有一些光线忽明忽暗或进出画面。摄影师对于控制变化光线下影像的层次游刃有余、分寸适中，在影像的暗

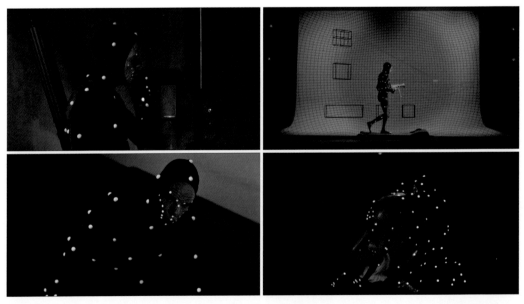

图5-49 《神圣车行》"动作捕捉"段落。左上：奥斯卡进入摄影棚前身份认证。左下：奥斯卡跌倒后的表情，他脸上的标记所粘贴的位置并不是真正捕捉动作的贴法，而是出于造型上的需要。右上：奥斯卡在跑步机上模拟枪战片段，背景的变化越来越快，视觉效果达到了不可思议的速度。右下：奥斯卡和另外一个女演员配合表演，他们的动作被赋予动画角色。

部你总能看到隐藏着的细节。

卡罗琳·尚普捷说，导演卡拉克斯喜欢挑战技术的极限，他在这方面有点像法国诗人兼剧作家让·谷克多（Jean Cocteau），该作家也是电影《诗人之血》（*Blood of a Poet*，1930）的导演。而这些技术挑战是这部影片的灵魂，就像本片的化装师贝纳尔·弗洛克（Bernard Floch）让化装成为电影的灵魂一样（自 http://www.afcinema.com/Cinematographer-Caroline-Champetier-AFC-discusses-her-work-on-Holy-Motors-by-Leos-Carax.html）。看了"动作捕捉"段落就知道，技术确实成了本片的灵魂。

（3）大型照明的夜景场地

《神圣车行》有三场大型的夜景戏，莎玛丽丹百货大楼是一处。它包括了商场下面的街景、楼房内部以及屋顶的露台（图 5-50）。露台的镜头可以俯瞰巴黎，对于这一部分景物，摄影师除了事先要求部分公共建筑亮灯外，其他完全是巴黎夜晚本身的灯光。露台部分，摄影师将 100kW 的 SoftSun 吊在了 80 米高的起重臂上，半个巴黎都可以看到它！

SoftSun 是色温为 5400K 的日光平衡型大功率照明灯，正如它的名字，它可以在白天打出阳光效果。大型 SoftSun 外观如图 5-51 所示，它的光线是横向发散、纵向会聚的。所以也可以远距离照亮非常大的区域。莎玛丽丹的夜景正是利用了该照明可以大面积照明的优势。如果初学者对 100kW 的光强有多高缺乏概念的话，我们可以回顾一下图 5-41 ①、图 5-42 左列，罗杰·迪金斯在《囚徒》高速路加油站夜景的做法，迪金斯打出的照亮地面的逆光只有 400W。不过这个大灯并不像图 5-40《女同志吸血鬼杀手》或图 5-44 右列《醉乡民谣》那样显露出灯的位置，因为那些场景中的浓烟暴露了光线的走向，而本场景中没有放烟，也就看不到画面外的灯在哪里，只能从人脸上看到主光的方向。

露台的镜头以埃娃翻出栏杆之外、准备自杀而告结束（图 5-50 左下）。虽然影片没有交代埃娃是怎样跳下去的，但她站在支撑霓虹灯的钢架上，就足以让观众神经紧绷。对此，

图 5-50 《神圣车行》莎玛丽丹百货大楼露台上拍摄的夜景。左列：完成片镜头。右列：拍摄现场。

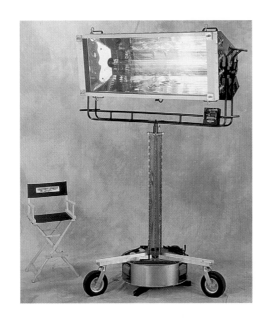

图 5-51　SoftSun 照明灯具的外观样式。

图 5-52　莎玛丽丹百货大楼内部。左列：商场的玻璃圆顶。右列：窗外是干树街和圣日耳曼奥塞尔教堂。

尚普捷解释说，这个镜头的晕眩感只是因为摄影机角度而产生的错觉，感觉下方什么东西也没有。实际上在灯架下方就是另一个平台，放一个床垫就能纵身跃下。

莎玛丽丹凌乱空荡的大楼内部，如图 5-52以及图 5-46 ③，主要是现场光照明，日光灯管零零散散地分布在商场内部。与此同时，摄影师也从室外向室内打光并打亮窗外的街区和教堂，它们包括干树街（Rue de l'Arbre-Sec）、圣日耳曼奥塞尔教堂（Saint-Germain-l'Auxerrois）的外墙，特别是商场的圆形玻璃屋顶。总照明超过 300kW。比如埃娃慢慢走过一个窗口（图 5-52 右下），她脸上的主光来自窗外，是街灯和室外建筑照明的效果。透过商场的窗户所看到的圣日耳曼奥塞尔教堂也需要用灯照亮。这是 390 万欧元低成本电影制作中的大手笔，用灯的数量可与商业大片相匹敌。

相对平实的影像

《神圣车行》的影像风格应该用细节丰富、朴实无华来形容。它的不张扬来自两个方

面。一是可以做出戏剧化效果时，摄影师的技术控制非常节制。如图 5-53 的左下图，当奥斯卡从卧室出来进入一个影院，影片放映机发出的投影光束在淡淡的烟雾下只是若有若无，而没有其他影片做得那么强烈。又如图 5-53 的右上图，"怪物"进出地下管道，在井口下方的管壁被户外顶光照得通亮，奥斯卡呈半剪影状态，但是亮暗的对比并不强烈——如果是别的摄影师，有可能把这样的镜头光比拉大，放上浓烟，产生强烈的光束，它和第 3 章图 3-8《黑色大丽花》的做法恰好是两个极端。二是摄影师不刻意营造戏剧化的气氛，有时影像甚至平淡得不能再平淡了。比如，影片一开场便是一个看不出摄影造型的画面，奥斯卡在床上醒来，房间里只有一个顺光光位的底子光，随着奥斯卡打开床头的壁灯（图 5-53 左上），房间里有了一丝生机。然后他走向窗户，外面有城市夜间的灯火，然后他走向一面有画的墙，推开墙面，在一闪一闪的安全灯下进入了影院。类似的处理还有多处，在"怪物"段落中，怪物和模特在地下洞穴里有很长的对手戏，摄影师没有去强调近暗远亮的透视感，而是从洞口向里拍摄，似乎完全依靠着自然的、从亮到暗的顺光照明，如图 5-53 的右下图。

　　第二章图 2-8 和第四章图 4-8 曾经举例学生作业中因忽视照明使影像缺乏生机的例子。对比本片摄影卡罗琳·尚普捷对影像的处理，可能初学者会有这样的困惑，他们的影像不是差不多吗？实际上，有的时候好作品和不及格之间只有一线之隔。尚普捷虽然让画面看起来自然、未经修饰，但和真正未经照明处理就拍摄的画面并不一样。第一，《神圣车行》的层次细腻，特别是影像的暗部总是隐约可见。第二，《神圣车行》中即便"平庸"的画面也是暂时的，随着场面调度和开灯关灯，画面的光效始终在发生变化。第三，即使看起来

图 5-53　《神圣车行》的影像特色。左列：影片开场的镜头。右列："怪物"段落中的地下洞穴。

好像是"平光"的画面，实际上光线并不那么平顺，以图 5-53 的右下图为例：在这个看似顺光的镜头里，光线实际上来自画面的左上方，对人物有着良好的造型效果，在黑色背景的衬托下镜头呈现出古典绘画的美感。第四，《神圣车行》的背景干净，所以不会因为没有特别区分光线区域而混淆人物和环境。

《神圣车行》使用的是 Red Epic 数字摄影机，加上旧款 Zeiss 镜头。这款机器用于手持摄影比较轻便，在轿车中拍摄体积也比较小。因为场景多、光线复杂，拍摄时光圈范围从 T2.8 用到了 T16。拍摄夜景和内景时，尚普捷一般将摄影机的感光度设置在 ISO 640，而日景的外景设置在 ISO 800。对数字机来说略低的 ISO 640 可以让夜景和内景影像的暗部有较大的宽容度和动态范围；在日景中最重要的景物都处在影像的亮部和次亮部，比如天空和人脸，亮部层次是再现的重点，不用降低感光度拍摄。在白天的照度水平下设置 ISO 800，尚普捷同时要在镜头前加上 ND 24 的灰镜（曝光补偿 4.3 级光圈），用来吸收过多的光线。

在传统胶片摄影中也有类似的做法，摄影师在无法从后期合作单位获得增感或减感的特殊洗印服务的情况下，往往在拍摄夜景或是有大面积暗景物的画面时降低胶片的感光度使用，比如将 ISO 400 的胶片设置为实用感光度 ISO 320，甚至 ISO 250。这样拍摄出来的影像因为增加了曝光而暗部层次丰富，黑色扎实，颗粒更细腻。印片时，这样的底片光号比较大，印片过程需要增加曝光。中国电影摄影师特别习惯于这样制作。

当卡洛琳·尚普捷被问及有没有使用滤镜时，她回答说，每一部影片对滤镜的需求都是不一样的，要经测试后再决定。因为我没有足够的时间测试，所以我几乎不用，只是"老人"段落在豪华酒店中的场景里用了 Tiffen Glimmer 滤镜。那是这部影片中最怀旧的段落，Glimmer 的柔光作用有助于得到类似胶片品质的影像。

卡洛琳·尚普捷又被问到拍摄中有没有令人失望的场景。她认为是日景中只要拍摄天空，云就像假的，仿佛被贴到天上一样，完全没有办法改善。影像的清晰度也让尚普捷觉得比较过分，所以他们会通过"模糊"功能改善画面的 HD 感。

尚普捷所遇到的是数字摄影机普遍存在的问题，就是高光的再现能力远远不如胶片。一般来说，摄影师对 Arri Alexa 数字摄影机的动态范围普遍比较满意，而且艺术片摄影师往往选择 Alexa 而不是 Red，比如罗杰·迪金斯几部数字摄影机拍摄的影片都是在用 Alexa，达吕斯·康第的《爱》也是。一些商业片，特别是立体电影和特效大片往往喜欢选用 Red，因为它的 5K 像素在合成和匹配镜头时有剪裁的余地。

5.4.2   《断背山》：自然怀抱中的禁忌爱情

李安邀请罗德里戈·普列托做《断背山》的摄影师，是因为被他和亚历杭德罗·冈萨雷斯·伊尼亚里图合作的影片《爱情是狗娘》（*Amores perros*，2000）、《21 克》（*21 Grams*，2003）深深地吸引了。在《断背山》之前，罗德里戈·普列托摄影的电影或多或少带有一定的粗糙感。而李安要求普列托用另一种风格对待《断背山》，这和别的导演请他做摄影师

罗德里戈·普列托

Rodrigo Prieto，AMC，ASC
墨西哥 / 美国电影摄影师

　　罗德里戈·普列托是比较年轻的、有国际影响力的电影摄影师之一，与他合作过的导演人数众多，从亚历杭德罗·冈萨雷斯·伊尼亚里图、奥利弗·斯通（Oliver Stone）、李安，到佩德罗·阿尔莫多瓦、马丁·斯科塞斯（Martin Scorsese）等。他因《断背山》《沉默》《爱尔兰人》3 次获奥斯卡最佳摄影奖提名，获其他国际大奖16 次、提名 62 次。

　　血管中流淌着拉丁民族奔放的血液，因此普列托的摄影风格粗犷胆大、色彩四溢。他和伊尼亚里图合作的《爱情是狗娘》充分彰显了这两位墨西哥裔电影人对纪实风格的追求，他们粗糙的影像经过了精心的设计，生动展现出片中角色的生存环境。当普列托与奥利弗·斯通工作，拍摄《亚历山大大帝》（Alexander，2004）时，他为斯通营造出色调夸张的影像。普列托与李安合作的影片又是另一种风格——唯美细腻。随着他与知名导演的合作越来越多，他拍摄的影像也逐渐趋于沉稳和细致。总之，普列托可以适应导演需求，改变自己的摄影风格。他不认为能拍摄出美丽的画面就是好摄影师。好的影像应该让人坐不住，而且可以支撑起整个故事。

　　普列托擅长手持摄影，从在墨西哥学习电影开始，他就养成了自己掌机并兼顾照明布光的工作习惯。他也特别热衷于区分不同胶片在质感上的细微差别，并利用这种差别营造影片中不同的地域特点和环境气氛。

的理由完全相反。《断背山》是一部低成本电影，资金和时间有限，而故事从 1963 年开始，时间持续 20 年并涉及多处场景，李安相信普列托可以完成任务。而且李安需要摄影师能娴熟地掌控自然光摄影，把更多的时间留给演员，并像他一样用新的眼光看待美国西部。从普列托的角度来看，这部影片和他之前做过的电影都不一样，他愿意尝试新的挑战。

每个导演工作方式都不一样，李安习惯于先看演员的表演，这时普列托开始构思摄影方面的想法。李安是那种事事追求完美并能看出问题的导演。实际拍摄中，他会提出非常具体的拍摄要求，从机位到镜头焦距，甚至让道具员在地上做标记。这是普列托之前拍片从来没做过的事，他学着像李安那样工作。普列托说，作为一个摄影师，正是与不同导演的合作，使他成长为成熟的电影创作者。

基本技术决策

普列托在正式拍摄之前，需要和李安一起将一些基本摄影装备和设置确定下来。

（1）画幅比

《断背山》的画幅比是 1.85∶1，比起变形宽银幕的 2.35∶1 或 2.40∶1，它纵向的空间更大一些。普列托一开始觉得这部影片应该是用宽银幕展现自然风光，但仔细分析之后认为，无论从展示山的高度还是强调演员的表演，实际上都不适宜用太宽的银幕。

（2）镜头

李安和普列托对镜头的选择有不同习惯。李安一直喜欢 Cooke Panchros，因为他想要柔和的影像；而普列托一般喜欢 Zeiss Ultra 定焦距镜头，因为它有高反差、影像锐利的特点。

于是，他们将三个系列的镜头做了对比试验，除上述两款镜头之外，还增加了 Cooke S4 定焦镜头系列，并最终决定使用 Cooke S4。S4 比 Panchros 的色彩再现丰富，而且镜头之间的匹配度很好。S4 比起 Ultra Primes 锐度稍稍差一点，并偏暖一点，但两者的差别非常小，他们用两台摄影机同时对比，一遍又一遍反复放映，才能看出不同。如果需要更加柔的画面时，普列托就会在镜头前加 Schneider Classic Soft 柔光镜。比如图 5-54 的右下图，杰克（杰克·于伦霍尔饰）的妻子卢伊恩（安妮·海瑟薇 / Anne Hathaway 饰）是个浓妆艳抹的女人，如果不加柔光镜的话，影像会过于锐利。

《断背山》的画面总是用焦距略微短的镜头拍摄的，27mm 或 32mm，即便不是用来拍大全景。这样的画面有着比较大的纵深透视关系，前景和后景都比较清晰。普列托用于特写的镜头焦距也相对较短，他喜欢 40mm 和 50mm，他说这样的镜头看起来比较私密，就像摄影机在接近角色。如图 5-54 所示，这样的特写镜头与使用长焦的效果不同，人的面部可能会有轻微变形，但在物理意义上，较短焦距的镜头拍摄时距演员更近，所产生的近距离感比长焦镜头更真实，观众能够感受到这种微妙的变化。在帐篷中的镜头使用了更广的 32mm 焦距，拍摄从特写到两个人的中近景，这是为了保证摄影机确实是在帐篷里，使场景更可信。

图 5-54 《断背山》的特写镜头焦距在 40—50mm。而一般电影特写画面会使用更长焦距的镜头。

（3）胶片

选择胶片比镜头更加复杂微妙，因为普列托希望通过胶片区别断背山和其他场景，但又希望这种区别不易被察觉。断背山是恩尼斯和杰克浪漫爱情开始的地方，但随着时间的推移，重返浪漫对他们来说越来越难。

普列托使用 Kodak 公司的胶片拍摄。如图 5-55 所示：

① 断背山的日外景用 Eastman EXR 50D 5245 拍摄。这是一种日光型低感光度胶片，它的颗粒比较幼细，色彩纯正。普列托用它拍摄影片中最美好的段落，让影像更鲜活，大山里的空气看起来更干净、通透。

② 小镇的日景用 Kodak Vision 250D 5246 拍摄，胶片的感光度提高了，颗粒会粗一点，反差大一点。美工师弱化了小镇的色彩，摄影方面希望能拍出"灰"的感觉，景致也比山上的更粗糙一些。

③ 山上的场景中凡是黎明和黄昏的镜头也会使用 5246，这是因为低照度摄影需要胶片的感光度高一些。当影片进入后半部分，恩尼斯和杰克之间发生争吵，情绪低落时，普列托也使用 5246 拍摄断背山的场景，让它们和美好的过去有所区别。或者说，断背山上所有美好的时刻是用 5245，沮丧的时刻是用 5246。

④ 除了得克萨斯，影片其他场景的夜景都使用 Kodak Vision2 500T 5218 灯光型高感光度胶片拍摄。

⑤ 恩尼斯生活在怀俄明，杰克生活在得克萨斯。杰克的生活态度比起恩尼斯更活跃、更积极。所以，普列托还想将怀俄明和得克萨斯相区别。在得克萨斯的夜景里，使用了

① 断背山，美好的日子，EastmanEXR 50D 5245

② 怀俄明小镇，Kodak Vision 250D 5246

③ 断背山，黄昏、黎明或吵架的场景，Kodak Vision 250D 5246

④ 断背山和怀俄明的夜景，Kodak Vision 2 500T 5218

⑤ 得克萨斯的夜景，Kodak Vision 500T 5279

图 5-55 《断背山》对胶片的选择（注：当代胶片，特别是同一品牌的电影底片一致性是很好的，虽然新一代胶片会比旧款有一些性能上的改善，低感光度胶片颗粒会幼细一些，但是在此处尺寸很小的截图上是无法看出差别的，要在大屏幕上才会观察得到）。

图 5-56　得克萨斯的场景比怀俄明影调明快，色彩的红成分更多一些。左列：得克萨斯杰克家。右列：怀俄明恩尼斯家。

Kodak Vision 500T 5279，这种胶片比 5218 的色彩更饱和，反差更大。

得克萨斯有别于怀俄明，也要归功于美工部门的设计，这里不像怀俄明那么消色，颜色比较明快并带有更多的红色，如图 5-56 所示。

（4）摄影机

罗德里戈·普列托擅长手持摄影，在这部影片中却没派上用场。《断背山》的摄影机运动非常简朴，就像片中两个牛仔——沉默、直截了当。大量的镜头是固定机位拍摄加上简单的跟摇。移动轨在影片中很少使用，而摇臂、升降机更是完全没有用到，手持摄影仅用在杰克和恩尼斯在山里分手前打架的场景中。

《断背山》选用了 Arricam 系列的摄影机，一台是重量较轻的 LT（Lite）型，另一台是 ST（Studio）型，而且影片大多数场景只使用一台摄影机拍摄。

关于摄影机运动

一些导演可能会说，"让摄影机动起来，这样显得有活力"。坦白地说，我不喜欢这种做法。我的摄影机运动是因为场景中存在契机让它运动。但如果是人为地"让它像手持摄影……"，那我宁愿摄影机尽可能地静止不动。

——罗德里格·普列托，*Filmcraft: Cinematography*

外景拍摄

这是一部特别依赖外景的影片，影片的大部分镜头在加拿大的艾伯塔省（Alberta）拍摄，花费了 10 周时间。

在山里，普列托每天都会拍摄图片，打印出来拿给导演看，李安会挑出他想要的画面。然后普列托就要考虑，什么时间拍摄光线正好在山峰上，能得到最理想的效果。普列托也把剧本拆成一个个场景，列出清单，注明想用的胶片、特殊设备、天气条件、一日间的时段、光线气氛，特别是颜色等。但是艾伯塔的气候是高原气候，太阳在厚厚的云层中一会儿出一会儿进，需要什么样的天气状况偏偏就不出现什么样的天气，使拍摄无法按事先预计的进行——对电影摄影师来说简直就是噩梦。导演和摄影师都不想用 DI 调整，因为这部影片的画面应该是淳朴的、没有修饰痕迹的影像，所以他们只好等待合适的时机。

（1）日景和空镜头

《断背山》的外景不避讳天空，无论在山上还是小镇里，天空是该片渲染气氛的组成部分。该片也是故事对拍摄时间有严格要求的影片，比如杰克和恩尼斯总是在早餐和晚餐时相聚，逐渐增加相互的了解；当两个人的关系进一步密切之后，晚上是他们浪漫爱情开始的时间，如图 5-55 ①左图、④左图。又如，当一夜暴风雨将他们的羊群和别人的羊群混到了一起，他们花了一整天的时间将两群羊分开，当他们在晚霞中赶着羊群返回，观众从中就能得到这样的信息：他们为了分开两个羊群花了一整天时间，如图 5-55 ③的左图。外景摄影很大程度上要靠天吃饭，所以合适的拍摄时机很重要。

牛仔的帽子无论走到哪里都戴在头上，这样直接拍摄人脸会偏暗，与环境不容易平衡。普列托用反光板从下向上为演员补光，既保持光线自然，又提高了人脸的亮度，如图 5-57 所示。

影片中不少带有天空的镜头"疑似"加了灰渐变滤镜，不过摄影师在访谈中并未提及是否使用渐

图 5-57 杰克和恩尼斯赶着羊群进山的场景，照明师用反光板为杰克补光。

图 5-58　这些镜头中丰富的天空层次可能是灰渐变镜的功劳。

变镜，无从求证。灰渐变镜是电影外景摄影常备滤镜，而且它比其他渐变镜的效果更自然，不容易暴露痕迹。灰渐变不改变天空的颜色，蓝天会因为被压暗而显得更蓝，乌云则变得更浓重，如山雨欲来，如图 5-58 所示。灰渐变镜也适于日出日落，加强晚霞的效果。

《断背山》用了大量的空镜头、过渡镜头展示断背山的壮美、羊群的生机，但是到了恩尼斯和杰克之间有大段对话时，景别往往比较小，不带天空，背景是近处的山丘或树丛，如图 5-55①左图。较小、略封闭的环境有利于照明处理，可较长时间保持光效的稳定。

（2）白拍夜

不仅日景要受到自然光的控制，黄昏、夜景的拍摄更要争分夺秒。一般的做法是在白天向夜晚过渡的大约 30 分钟的时间里拍全景，然后慢慢处理中小景别。

《断背山》有一个场景，故事发生的时间是傍晚，杰克在向恩尼斯诉说他对未来的打算，这是一个长对话场景。普列托在中午拍了这一组镜头，效果很自然。如图 5-59 所示，段落一开始是一个远景，湖边点着一堆篝火，杰克和恩尼斯坐在篝火边，一旁是过夜的帐篷。这个镜头是带密度的夜景，天空和山峦都有层次，篝火清晰可见。接下来，便是杰克和恩尼斯的正打反打镜头，拍摄时间改在了中午。

白拍夜的镜头中，普列托在演员的上方架起一块 12 寸 × 12 英寸的黑旗，遮挡太阳的顶光。恩尼斯和杰克脸上闪烁的火光是用照明做出的光效。"火光"映照在人脸上的照度与背景照度等量。摄影时，镜头上加了 81D 和较重的 ND 滤镜，并曝光不足。

81D 是淡蓝色的升色温滤镜，深浅相当于 1/3 CTB 灯光纸，它使背景和人脸未受"篝

火效果"照明的部分偏蓝,有了 ND 则可
以开大光圈,使画面的景深关系接近夜拍
夜的大光孔效果。

普列托在构图时有意避开了篝火,实
际上这一组镜头根本没有篝火存在。在白
天,篝火一旦出现在画面中是亮不起来
的,必然要影响真实感。

(3)山上的夜拍夜

普列托说,《断背山》的夜景是更大
的挑战。在山里,只有月光和篝火是自然
光源照明的依据。虽然可以用一盏大功率
照明灯打亮夜空,但是普列托对它能否真
实模拟月光持怀疑态度。而且真正的月光
可以让远处的山峦隐约可见,而人工照明
灯的射程有限,能打亮的区域很小。

摄制组租不起气球灯,照明师找来气
象气球替代。气球灯和气象气球的区别在
于,气球灯里面有灯泡,是自发光的,而
气象气球只能当作圆形的反光板使用。他
们将气球升到 12~15 米高度,用 12k 和
16k HMI PAR 灯打向气球,如果使用的镜

头比较广,拍摄到的区域大,他们要用 3~4 个气球。从图 5-60 拍摄现场的工作照来看,照
明灯支在地上,朝向拍摄场景的一边用黑旗遮挡,以免照明灯的光线直接照射到场景中。
普列托在 HMI PAR 灯前面加上了 1/2 CTO 和 1/4 Plus Green 灯光纸,拍摄时让胶片曝光不足。

图 5-59(上) 白拍夜的场景。上:日落
后抢密度拍摄的远景。中、下:中午拍摄
的镜头。

图 5-60(下)《断背山》夜景工作现场,
用气象气球充当月光。

图 5-61 夜拍夜，月光和篝火成为光源的依据。左列：月光为主或全月光效果。右列：篝火成为人物的主光，月光为环境和底子光。

HMI PAR 灯是高色温日光平衡型光源，5218 是灯光型胶片；1/2 CTO 灯光纸降低了光源的色温，但灯光的色温仍旧高于胶片，所以会呈现出比较淡的蓝色，而 1/4 Plus Green 灯光纸是淡绿色的，绿色中的黄可以抵消一些蓝色，让光线偏一点青色。如图 5-61 左列，展示环境的镜头仍然需要抢密度，在日落后天空亮度仍然能在胶片上感光时拍摄（左上）。此时天空可以为场景铺上一层均匀的底子光，因此也不需要单做月光。当天空完全黑下来之后，普列托的画面就不再带有天空——这在选景时就要考虑周到，选择有山脊和树木可以遮挡天空的地方。左下图所展示的时间更晚，两个牛仔已经睡了一阵子，篝火熄灭，恩尼斯被冻得有些扛不住了。在这个完全靠月光照明的镜头中，月光不仅成为恩尼斯的主光，也要照亮他身后的背景，所以环境越封闭，照明布光就越方便。

将该例的色温控制与图 5-30、图 5-37 的学生作业相比，可以看出专业摄影师对色温把握上的分寸。普列托的蓝色控制在 3200K 和 5500K 之间一半的幅度上，而学生的往往是全幅。由于感光材料和器件对色温变化比人眼敏感得多，所以所记录下来的影像在色温差方面比现场肉眼看起来的要大很多。学生在使用灯光纸时也常常选择全幅（full）规格，甚至嫌不够，要再加上一层，有时所使用的灯光纸本身光谱特性不符合技术规范，也造成影像色再现失真严重。控制照明色温不能凭眼睛去感觉，缺乏经验或对所使用的器材不熟悉的情况下应该先做试验，并用色温计监控照明的色温调整。另外，从学生到中国成熟的摄影师都很少会在模拟月光时添加绿色纸，所得到的夜景往往是纯蓝色的。而西方摄影师不少人会让夜景偏绿一点，比如雅努什·卡明斯基的《林肯》开场夜景的战役，青绿色调很

图 5-62 《林肯》煤气灯照明的场景（注：截图左右剪裁），所有场景中所有道具灯的亮度都得到了恰到好处的控制。在大银幕上可以充分感受到影像丰富的细节。

重，而不是纯蓝（参见第四章图 4-50 上）。从影像的效果来看，普列托夜景中的冷色调颜色很舒服，也比较"消色"，可以作为参照的榜样。

除了气象气球反射出的柔和光线作为场景的底子光模拟月光外，人物的主要照明还有篝火。在篝火、烛光的场景中，摄影师一般都会用人工照明延展火光，使人脸可以得到适当的照度。这样做往往出于两种考虑：第一，自然火焰达不到感光材料或器件的灵敏度要求，所以要增加它们的强度；第二，即使火焰能够使周围的物体达到曝光要求，但此时火焰本身可能会因为太强而严重曝光过度，以致失去层次细节，这些细节是摄影师希望保留的。雅努什·卡明斯基在《林肯》中用人工光增强煤气灯的效果，因此他可以保留煤气灯灯罩漂亮的细节，如图 5-62 所示。而罗杰·迪金斯说，在《囚徒》的烛光祈祷仪式上完全可以用烛芯更粗的蜡烛使烛光达到曝光要求，但如此一来烛光就太亮太毛了。所以他宁可添加灯泡增加场景的照度（图 5-41 ②）。普列托的做法也是一样的，他用家用灯泡加强篝火。

普列托在 2.4 米长的木条上每隔 15 厘米固定一个 100W 的家用灯泡，灯泡连接在 Socapex 适配器上，但是故意让灯泡不匹配而产生闪烁的效果。实际上这个自制的光源因为有着很多灯泡而发光强度很高，在用调光器调低灯泡的亮度时，它们就变成了橙色的暖光。如图 5-61 右列所示，当篝火成为人物的主光，并使人脸照度在曝光点上时，周围的月光曝光不足 2 级光圈。

（4）小镇街道的夜景

城镇不同于山里，在这里要找到光源依据很容易，但要做出生动的光效还需要动一番脑筋。

怀俄明和得克萨斯的夜景秉承了影片的总体设计：恩尼斯一方比较压抑，杰克一方比较积极。所以虽然都是街灯，但普列托的考虑还是有所不同。在怀俄明的街景中，他用更

图 5-63　小镇夜景。①—②：怀俄明，水银蒸汽灯或金属卤素灯偏冷的光效；③得克萨斯，钠光灯橙黄色效果；④—⑥：墨西哥街景，各种从房间里透射出来的混合色光。

多蓝光表现恩尼斯内心的挣扎。具体做法是将 Steel Green 灯光纸加在路灯上，让它们更有水银蒸汽灯或金属卤素灯的感觉，如图 5-63 ①、②所示。在得克萨斯，所有场景的色调都会偏暖一些，同样的街灯，普列托直接使用钨丝灯——对于灯光型胶片来说，低色温钨丝灯呈白光，或者偏一点暖色，使它们看起来像钠光灯，如图 5-63 ③所示。

杰克驱车到墨西哥，在一条小巷里寻找男妓的夜景也很有特色。这个场景是片中极少使用 Steadicam 进行手持摄影的场景之一，360° 的环境都被带到了镜头中，布光便无处藏灯，于是普列托得将照明藏到房间里，从门窗向街道打光，或者将灯吊在场景的上方。场景开始时，普列托用钨丝灯加 1/4 CTO 灯光纸作为街灯为杰克打光，光线略微偏暖，如图 5-63 ④所示。接下来，他希望这个娼妓出入的巷子显得比较脏乱，光线从一开始的暖色调变成水银灯的蓝绿色调，其中混杂着其他门窗里透出的黄色和红色，如图 5-63 ⑤、⑥所示。

墨西哥小巷是一个布光复杂的场景，也是普列托在现场手忙脚乱的场景，因为他同时还要饰演那个墨西哥男妓。

图 5-64 帐篷中的场景，部分在外景地，部分在摄影棚拍摄，但浑然一体，不分彼此。此处是一个跟摇的镜头。

帐篷里的夜景

帐篷里的场景应该算是"内景"，拍摄时分成了两个部分：外景地中的帐篷以及摄影棚帐篷。在篝火熄灭、杰克邀请恩尼斯和他分享帐篷的场景中，两人关系从朋友变成了情人。这是一个纯月光照明的场景，而帐篷里更是无光源光效。

在外景地，普列托有一个 24 灯头的 Dino 排灯，加了 1/2 CTB 和 1/4 Plus Green 灯光纸远远地吊在 30 米高的 Condor 灯架上，它可以提供光圈 T1.4

的曝光，普列托的订光点是 T2，也就是人物曝光不足 1 级光圈。普列托也用气球反光为前景施加底子光，为了保证光效自然，看起来像单一光源照明，他将 Dino 和气球的光线调整到了同一个方向上，让气球的光线看起来是 Dino 光线的延续。

摄影棚的场景在加拿大卡尔加里（Calgary）的一个小摄影棚中拍摄。为了使照明看起来自然，照明控制反差很低，看不出光源在哪里，这样的摄影画面算不上好看，但合乎情理。普列托用了两个灯：Kino Flo 直接正面给演员打光，另一个 2k 菲涅尔聚光灯从帐篷外面向里打光。因为帐篷的材质本身是暖色，会吸收很多蓝光，普列托在 2k 灯上加了全幅的 Full CTB 蓝纸，比常用的蓝色要重。拍摄时曝光不足 1 级半光圈，能够大致看出人脸。这样的曝光有些冒险，会让摄影师提心吊胆，但它的好处是演员在昏暗的照度下表演比较放松。

外景地和摄影棚两处拍摄的画面衔接很好，难以区分。当你觉得那个镜头应该是摄影棚拍摄时，却又会发现帐篷外面微微射入的"月光"和隐约可见的地面，如图 5-64 所示。

《断背山》的内景几乎全部是实景，光效也很出色，典型场景如恩尼斯拜访杰克的父母，已经在第四章有过介绍，参见图 4-25 及相关的文字。

《断背山》不是典型的罗德里戈·普列托风格的影片，却是他作品中技术控制最细腻、画面最精美的一部。

5.4.3 参考影片与延伸阅读

电影摄影的好坏不仅是摄影师的功过，主动权很大程度也掌握在导演的手上。视觉

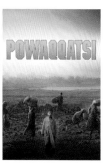

感受力与控制能力强的导演总会找到恰当的人选作为他们的摄影师。《不朽的园丁》（*The Constant gardener*，2005）的摄影师塞萨尔·查尔洛内（César Charlone）说，"摄影指导和导演之间的关系比夫妻更紧密，在出状况时更是这样。夫妻在为一个镜头争吵，孩子们在一旁观看。我们算是妻子，女性的一方"［自《视与听》（*Sight & Sound*），2009年第4期］，所以摄影师也需要谨慎地挑选导演。

（1）导演泰伦斯·马利克的名字注定和自然光效摄影联系在一起，《天堂之日》开创了电影摄影的新纪元，对于中国第4代和第5代电影制作者有着深刻的影响。所以它是一部一定要看的影片。凡是有关电影摄影的书籍，都不会错过对《天堂之日》和对摄影师阿尔芒都的介绍。该片的具体制作可参见内斯托尔·阿尔芒都著、谭智华译的《摄影师手记》，由远流出版公司1990年出版。

（2）马利克导演、埃曼努埃尔·卢贝斯基摄影的《新世界》（*The New World*，2005）制作于他们合作的《生命之树》之前，是一部以欧洲人定居新大陆为题材的历史影片。这部电影作为学习电影摄影有很多看点。马利克和卢贝斯基称它为"Dogma"电影。北欧的电影人曾经发起过一个"Dogme 95"（注：北欧人称"Dogme"，译作英文为"Dogma"）的运动，倡导简朴，为电影拍摄限定了一些苛刻条件，意在对抗美国大片制作上的豪华阵容。马利克和卢贝斯基的"Dogma"有他们自己的规则，不同于北欧的Dogme 95，但相同的地方是他们的制作也很简朴。不同的地方主要在影像上，北欧的Dogme 95电影大多影像粗糙，而马利克和卢贝斯基的影像是精致的、经得起大屏幕放映的。

马利克和卢贝斯基规定他们在制作这部影片中不使用电影照明设备、移动轨、三脚架、摇臂、高速摄影、长焦镜头、滤镜和计算机生成图像——CGI，也不要任何"明信片"般美丽的日出日落，他们避免镜头的眩光，并要用65mm规格的大底片拍摄。这些规则大多数坚持了下来，被打破的有：镜头的眩光——在影片中出现了多次；拍船只靠岸的镜头使用了摇臂；胶片既有65mm也有35mm变形宽银幕规格——全部使用65mm的摄影障碍太多了。

这部影片值得学习的地方在于，它的制作方式使电影制作者得到了锻炼。我们可以看到在上述诸多限制之下，一个摄影师能够把影像的质量、一致性控制到什么程度。而对于摄影师本人来说，这是这一次制作能力和眼力的升华。卢贝斯基说，不能使用照明，在一开始非常别扭，自己和自己较劲，当阳光直射在演员的脸上形成难看的光影，不用柔光布、反光板，该怎么办？之后他逐渐找到了解决之道，观察力变得异常敏锐，他对 Steadicam 等摄影手段也有了新的见解。据说卢贝斯基在自然火光作为唯一照明来源的夜景里，所使用的蜡烛都有 4 根烛芯。相关制作参见《美国电影摄影师》2006 年第 1 期。

（3）《狐狸与孩子》曾经在第三章（参见图 3-8）和本章"5.1.2 逆光摄影的亮度平衡"参见图 5-13）中有过介绍。它是那种适合给孩子看的温馨电影，故事结构很简单：一个女孩上学的路上要经过森林，她发现了一只狐狸，和它做朋友，然后把它带回家当作宠物对待，但狐狸开始极力摆脱小女孩，要回到大自然当中去。影片的大部分场景都是在森林里，只有女孩和狐狸，却不让观众觉得乏味，美丽的外景贯穿影片始终。对于初学者来说，通过这部电影可以了解什么是浪漫煽情的影像，什么样的光线可以造就这样的影像，并可以效仿借鉴。

（4）《山楂树之恋》（2010）也有大量的外景，影像柔和，一致性很好，与故事的主题贴合。从该片的画质可以看出摄影师赵小丁对影像的控制能力。又因为该片的场景是我国现代中小型城市和乡村常见的环境，所以也适合学习借鉴。

（5）纪录片《变形生活》（*Powaqqatsi*，1988）是一部完全由影像和音乐构成的交响诗，从中可以充分感受到影像本身所能表达的震撼，特别是长焦镜头和高速摄影的魅力。

第六章

典型场景之二：实景内景

> 我喜欢实景拍摄，因为它们的限制常常逼迫你因地制宜，即兴创作。
>
> ——雅努什·卡明斯基（ASC）

实景内景摄影练习是重要的摄影实习内容之一。实习中，同学们可以自行选景，带少量灯具，并完成"日景""夜景""开/关门窗"以及"低照度摄影"等命题作业。

实景内景不仅训练学生因地制宜布光的能力，对培养观察力也很有好处。只有充分理解并敏感察觉自然光线如何经过门窗进入室内，并通过天花板、墙面、地板、家具等表面反射而形成一种稳定的光线分布，才能在布光时不破坏原有的自然气氛。有了实景的观察力和执行力，也为摄影棚摄影奠定下良好的基础。

实景摄影的重要性还在于它是低成本电影的基本制作方式。从电影学院毕业、刚刚走向社会的年轻摄影师可能很长时间都没有机会进摄影棚，只能实景拍摄。如何因地制宜，利用并拍好实景内景是电影摄影师的基本功，也是考验电影摄影师能力的试金石。

6.1　实景内景的学生作业

6.1.1　第一次拍摄

学生大多会选择便于自己掌控的小环境，比如学校的教学楼、酒店套房、餐饮场所、居民住宅等，而且改造环境的可能性不大。虽然经验不足，但总会有些作业完成得比较精彩，能有效控制环境并得到生动的影像。当然，也常有最终画面不尽如人意的情况发生，比如拍摄现场考虑不周、时间不够、临时乱了阵脚等。

下面三个例子都是比较优秀的实景内景作业。

图 6-1 的实景选在一栋居民楼中，镜头中一个男生从房间里走出，路过另一个房间，打开房门向里看了一眼，然后继续迎着摄影机向前走，当他走到过厅的一个小书架前，镜头顺着他的手摇出第二个正在照镜子的男生。这个镜头的小截图也许看起来很不起眼，但它的银幕放映效果很好。主要的优点有两方面。第一是室内光线很自然，没有人工补光的痕迹。从图 6-2 的光位图可以看出，辅助照明很简单，只有两块反光板和一盏 Kino Flo。

然而由于拍摄时机合适，阳光对内景起到了很好的照明作用。这个镜头的第二个优点是变化的光线很生动。当男生打开后景的房门，之后又推开另一扇房门时，镜头中的光线都发生了明显的变化，近暗远亮的透视感得到加强，也拉开了景物之间的反差。这样，人物和环境的亮度关系在场面调度的几个关键点上得到了有效的区分。

　　图 6-3 的实景是一个拆楼的工地，制作者租用了发电车，在校外找了演员，最后把实景练习拍出了美国大片感。该同学的作业参考了美、英合拍电影《黑鹰坠落》

图 6-1（左）　08 级本科学生曹英奇实景 - 日景作业。

图 6-2（右）　图 6-1 的曝光数据和灯位图。

Kodak Vision3 5219 500T　　　T=F2.1（+Wratten 85）　　E ① =F4.0
实景 室内日景　　　① BN ② -0.7 ③ -3 ④ -2 ⑤ -3.3 ⑥ +3.5 ⑦ +0.6

灯位（光位）、人物调度和机位平面图

时间地点：
二炮总医院附近居民
楼内正午 12 点左右

摄影型号：
ARRIFLEX 35mm II-c

镜头焦距：50mm

胶片型号及实用感光度：
Kodak Vision3 5219
500T
EB 400

光号: 31-31-23

——窗户

（*Black Hawk Down*，2011），用全景、近景、特写，以及正打反打镜头剪辑而成的。这一组镜头无论用光营造气氛、柔光刻画人物肖像，还是反差、亮度的控制，都很到位，更难能可贵的是营造出了一种暖并略微消色的色彩基调。说明该学生已经具备较高的鉴赏和执行能力。另外，由于这一届学生实习已经由胶片拍摄改为数字方式，在拍摄现场可以看到影像的效果，无论从技术控制到照明光效都能随时调整，降低了拍摄的难度，而且同学们或多或少都会在后期对影像做进一步的修改，因此最终的画面效果比较好。

图 6-3 这一组画面唯一的小遗憾是反打镜头（从上至下第 5 幅画面）的光效不够合理：第一，如果将开始士兵拯救自己战友的镜头设置为主角度，黄昏的暖光来自这个方向，那么反打镜头就不应该再有"太阳"直接射入门洞，而应该是散射光效果；第二，门洞人物身后的墙面太暗了，虽然现场有可能确实是这样的光线分布，但它使得"阳光"的来源看起来很可疑，不像自然光的光效；第三，用灯打出来的硬光在墙上形成了略微喇叭口的光影，说明提供照明的光源位置不够远，不是真正的阳光。

图 6-5 是一个实景夜景光效作业的例子。虽然摄影机运动的幅度不大，但画面中变化着的光效很生动。前后景人物的调度，以及随着人物的移动而带出的前后景照明关系，开 / 关笔记本电脑对近处人脸的影响都比较明显，画面整体上简洁、清晰。如果不考虑背景照明是否像月光，蓝色的色纸是否太过夸张的话，至少在都市里，这样的夜景没有什么不合理的地方。

图 6-3　11 级学生邹博涵实景日景作业。

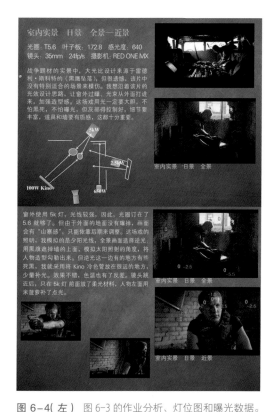

图 6-4（左） 图 6-3 的作业分析、灯位图和曝光数据。

图 6-5（右） 08 级本科学生张幸实景日景作业及摄影灯位图、曝光参数。

6.1.2　常见问题和解决方案

　　第一次做光效练习，学生在观察力和控制能力都有限的前提下，作业中出现各种问题也是理所当然的事。对于实景拍摄来说常见的问题有：（1）画面平实、不生动；（2）场景杂乱，道具太复杂、颜色不统一、明暗区域不明确；（3）对于人物的造型意识薄弱，或在场面调度中因照顾不周而出现失控；（4）人物之间的亮度平衡不到位。其中影像不生动只能通过对摄影的理解和实践慢慢加以提高，而其他问题都比较容易快速解决。

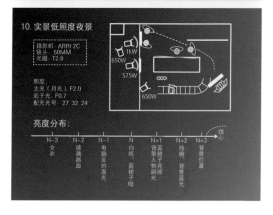

明暗关系不佳

光线不均匀是室内自然光照明的特点之一。在门窗比较小、墙面比较暗的室内，景物的反差也比较大。如果不能强调这种光线特点，要么影像不生动，要么主体不突出。

如图 6-6 的学生作业中，该同学认真选择了一处干净整洁、有月亮门的餐厅。他用了三盏灯为来回行走的女生和坐着的两个男生补光，使得场景的亮度关系很"平"，影像中看不到亮区和暗区，人物和环境也混叠在一起。特别是画左藏着的 Kino Flo 把背对观众的男生完全打亮了，削弱了本来或多或少存在着的透视感。

同学们在第一次做作业时，往往会陷入一个曝光控制的误区：生怕曝光不足或曝光过度，不敢让画面中有明亮的和黑暗的区域。其结果是没有用足胶片或感光器件的宽容度，画面中既缺少高光，又黑不下去，所以影像是"灰"的，生动不起来。如果这三盏灯用来加强人物的主光，也许影像就能改观。比如用一盏灯打亮女生经过月亮门时的后墙面（中），并在画右月亮门后加一块反光板为女生的脸部补光；加强两个男生之间桌面以及正对观众的男生脸部的亮度，在他们之间形成一个小小的高光区域，都可以提高画面的反差，改善影调关系。

专业电影摄影师在曝光控制上要大胆得多。图 6-8 是法国电影《伊夫圣罗兰传》（*Yves Saint Laurent*，2014）中的一个场景。对比学生作业，它的影像中高光要明确得多、亮得多，而人物深色的着装和暗

图 6-6（左）　08 级本科学生实景作业。过多正面补光使光线变得平淡，也使得女生打开窗帘的动作对环境光效没有明显的影响。

图 6-7（右）　图 6-6 的摄影灯位图、曝光参数。

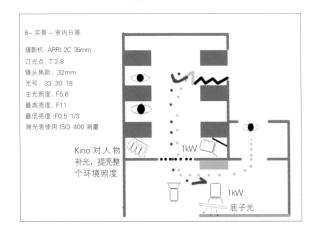

8– 实景 – 室内日景

摄影机：ARRI 2C 35mm
订光点：T 2.8
镜头焦距：32mm
光号：33 30 18
主光照度：F5,6
最高亮度：F11
最低亮度：F0.5 1/3
测光表使用 ISO 400 测量

Kino 对人物
补光，提亮整
个环境照度

1kW

1kW

底子光

图6-8 故事片《伊夫圣罗兰传》中家居环境的场景，画面中最亮的和最暗的景物拉开了距离，但无论高光还是人脸的暗部都不失层次。

部肌肤又压得很暗，且层次分明。实际上，如果事先有认真的试验，知道订光点上下有各有几级宽容度，只要在现场用曝光表仔细测量，就不用担心影像层次失控。

可能有读者会觉得本文对画质的评价设置了双重标准。在第五章《断背山》帐篷戏的段落里（参见图5-64），普列托的影像也是灰灰的，没有高光、没有反差。为什么专业摄影师可以这么做，学生就不可以？

对于《断背山》来说，普列托用"无光源"夜景效果拍摄两个牛仔的激情戏是出于对故事的考虑。帐篷戏从摄影的角度来说并不漂亮，但类似的镜头在整部影片中只出现过一两次，更何况它是以演员表演为重的镜头。如果《断背山》充斥着这种"无光源"光效，也不会获得奥斯卡最佳摄影的提名。学生作业练习的是照明和技术控制，当然要以漂亮的光效为追求。

实景摄影不仅要找到结构关系适合场面调度的房间，拍摄时机和采光条件也很重要。在一些大制作中，摄影师可以使用大型灯具改造现场的照明条件，而小制作特别是学生作业这种对拍摄进度要求不高的练习，就应该更好地把握拍摄时机。

内斯托尔·阿尔芒都为埃里克·侯麦（Éric Rohmer）导演的故事片《侯爵夫人》（La Marquise d'O..., 1976）摄影时，他们选择的主要场景是18世纪意大利风格的奥伯村城堡，位于德国弗兰科尼亚（Franconia）。为了得到最美、最戏剧性的自然光，阿尔芒都让他的助理用照相机把从早到晚的光线变化拍摄下来，以便他和导演可以决定实拍的时间。达吕斯·康第在《谢利》中也有类似的做法。莱亚的"失踪"让谢利寝食难安，当他再次看到度假归来的她时，心头的忧郁得到释放，回家第一次冲动地抱起妻子，走向卧室。如图6-9所示，这是一个富有激情的过场镜头，阳光在绿色的墙面上投下反差分明的窗影，加强了故事的戏剧化成分。康第在选景时就注意到了早晨的阳光照耀在走廊上的光效，并把它用在了这个镜头里。现场完全是太阳的自然光照明，照明师所做的唯一手脚是在背景上添加

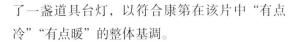

图 6-9（左）　故事片《谢利》利用自然光形成的条纹所完成的过场戏。

图 6-10（右）　08 级本科学生实景－日景作业。复杂的家具纹理加上窗子的光影，使环境看起来凌乱。

了一盏道具台灯，以符合康第在该片中"有点冷""有点暖"的整体基调。

光影散乱

画面中若看不到光，影像就不生动；反之，光线凌乱也不是好事。在图 6-10 的学生作业中有一个开窗帘的动作，女生从前景走向后景，并拉起窗帘。这位同学为了找一个有特色的窗影，应该是下了一番功夫，但最终的影像效果不够好。（1）没有想清楚画面中人是主体，还是窗影是主体。如果人为主体，除了起幅时女生是一个清晰的近景外，之后她一直背对或侧对镜头，而躺在沙发上的另一个女生的脸几乎无法分辨。但若窗影是主体的话，女生在画面中占有很大的比例，又是活动着的影像，显然比窗影更能吸引观众的注意力，而且观众几乎看不到窗户本身，只能通过女生的动作猜想她是在拉窗帘。（2）环境和背景有着复杂的结构图案，使得窗影被淹没在背景之中。（3）同图 6-6 类似，这位同学也把他所有的照明用在了补光而不是造型上。他在摄影机两边各放了一盏灯为场景铺底子光，又在后景画右，也就是窗户的对面放了一盏灯，这样就把场景变成了"大平光"，以至于窗帘拉上以后，整个场景依然很亮，没有明显的光效变化。（4）所选择的环境不够通透，特别是没有能向纵深延展的后景，所以画面看起来很"堵"。

挡光效果的对比演示

在徽派建筑的阁楼上，回廊中光线来自各方向：门窗、两进式格局的天井等。有意识压暗前景人物，可以增强画面透视感和反差关系。在这种环境中，黑旗往往比灯具更有效。

① 拍摄现场

② 完全自然光条件下的摄影效果

图 6-11 不加改造，在自然光下直接拍摄时，前景的人物太亮，画面不好看。压暗前景人物可以改善画面的影调关系。如果制作上更细致的话，在图④的环境中，还应该用黑旗挡掉来自另一个天井在墙面上产生的强光。

③ 完成镜头，压暗前景人物

④ 完成镜头，压暗前景人物，为正面人物勾勒轮廓光

＊E 表示照度的光圈值，B 表示亮度的光圈值

双人镜头营造暗前景（自然光） ISO 1600 色温 5500K

双人镜头营造暗前景（挡光） ISO 1600 色温 5500K

双人镜头营造暗前景（反打） ISO 1600 色温 5500K

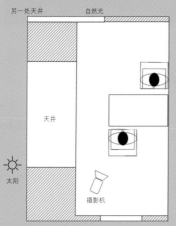

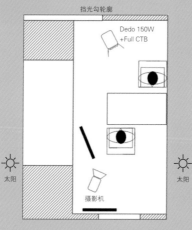

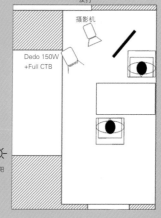

地点：安徽黟县碧山庄　摄影机型号：Canon 5D Mark II　镜头：Carl Zeiss Planar 1.4/50　有效感光度：ISO 1600　订光：T2.8₉

图 6-12 图 6-11 的灯位图和曝光数据。拍摄现场使用两块黑旗分别遮挡窗户或人物，一盏 Dedo 小灯为正面人物勾轮廓或补光，因为 Dedo 是低色温照明，加了 Full CTO 灯光纸使其与太阳的色温一致。

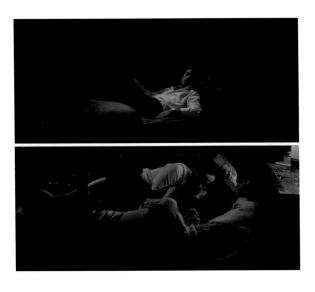

图6-13　故事片《伊夫圣罗兰传》的夜景内景，影像的亮区和暗区非常分明，将观众的注意力集中在人物身上。

图6-13是《伊夫圣罗兰传》中另一个场景，描写圣罗兰时尚而放荡的私生活。在这两个镜头中，没有明显的光源，但下图暗示着夜晚的天光来自画右画面以外的窗户。人物上身被柔和的弱光所照亮，墙壁、家具甚至人物的下半身都隐藏在阴影里却又隐约可见。与学生作业比较之后就能看出专业摄影师的高明之处。即使是昏暗的室内夜景，人物仍旧得到了突出，而且画面的影调柔美漂亮。可见所谓的布光不是平铺一个底子光，缩小景物反差，让它们都落在胶片或感光器件的宽容度范围内就算了事的。布光也包括挡光，用黑旗等手段遮挡掉多余的、不利于造型的光线。

忽略人物造型

第四章中已经提及，学生作业里常会忘记对人物的刻画，让人脸黑作一团（参见第四章图4-7、图4-8）。另外，人物和人物的关系、人物和环境的关系也都是控制难点。初学者往往被实景现有的格局限制布光的思路，不知道应该如何改造它。

图6-14是学生实景内景的作业或作品。左列为大二学生的作业，这是同学的第一次电影摄影练习，所以经验不足。上、下两个画面都将窗户安排在后景，这种主光源的选择有利于近暗远亮的透视关系，但共同的缺点是画面中没有能黑下去的物体，人物的交流也不在镜头的方向上，让观众大多数时间是在看角色的背影。左列上图所选环境不错，如果照明和影调关系能控制得更好的话，画面应该能够出彩。左列下图乍看像是随意拍摄的，但实际上该同学也下了一番功夫，打轮廓光、在镜头方向做出电视荧幕发光的效果，但是由于构图不当，过于紧凑无法展示环境，综合的照明效果缺少反差对比，所以所做的光效在完成片中完全看不出来。右列是大三学生的作品，这位同学已经能够沉着应对、处理自然光气氛。在这个场景中，一张餐桌摆放在窗户前面，无论从哪个角度拍摄，都能让前景背身的人物处于暗区，突出正面人物。虽然这只是一个再普通不过的家居环境，但经过同学对构图的选择和光线处理，纵深关系丰富而不乱。

如果回过头来看图6-8《伊夫圣罗兰传》的场景，不过是在门与门之间的过道上加了一张小桌子，就让镜头可以带上其他房间，丰富了环境和背景。在学生选景时，类似的实景很容易找到，关键是有经验的摄影师会利用多个房间的纵深关系，初学者往往只使用房间一角。

图 6-15 是布鲁诺·德尔博内尔摄影的《声名狼藉》（*Infamous*，2006）中监狱的场景。作家杜鲁门·卡波特（Truman Capote，托比·琼斯 / Toby Jones 饰）多次在监狱会见杀人犯佩里·史密斯（丹尼尔·克雷格饰）。这是一个非常狭小的空间，一面是铁窗，另一面是牢房的铁门，即使这样，摄影师也为它做出了丰富的光效，每一次访问都有所不同。有时，摄影师将窗外所投入的日光作为主光源，故意挡掉栅栏门一侧的光线，如图 6-15 ①所示；有时是挡掉窗户一侧的光线，让栅栏门外的光线成为主光，如图 6-15 ②所示。这样一来，大多数涉及监狱的场景都只有一个明确的主光，并构成近暗远亮的照明光效，画面中总是既有高光也有暗区。不过德尔博内尔并未将这种单一的光源效果绝对化，他在少数场景中，同时利用了来自窗外和监狱过道的光源，但光线明显地也被遮挡了，只在人物和墙上留下一些柔的光斑，影像有明有暗，如图 5-16 ③所示。这个例子说明了"挡光"在照明布光中的重要性，光线的戏剧化效果不一定是"打"出来的，也可能是"挡"出来的。

在图 5-6、图 5-10、图 5-12 的学生作业中，学生根据"电影照明技巧"课程的要求设计了开 / 关窗帘的光效，但结果不尽如人意。窗帘拉开或关闭没有给环境照明带来明显

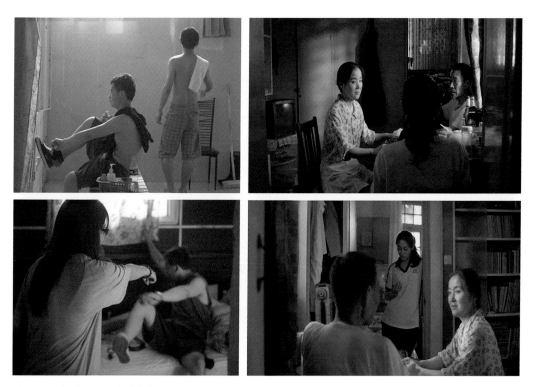

图 6-14　左列：08 级本科学生实景日景作业，虽然窗户在后景，符合近暗远亮的透视关系，但影像的明暗差别却没有拉开。右列：第七届学生创作先力奖金奖作品《父亲》，导演和摄影分别是摄影系 09 级本科生梁文哲和海力，制作短片的时间是大学三年级。高年级学生作品已经能够很好地处理实景内景的照明关系。

① 以窗外日光为主光

② 以监狱通道的光源为主光

③ 两边的光源都加以利用

图6-15　故事片《声名狼藉》中监狱的场景，摄影师根据光线的来源，设计了不同的照明方案，但总是近暗远亮。

的变化，更不要说生动的光效了。究其原因有三点：（1）如前所述，人工照明都用来补光，底子光太足了，淹没了来自门窗的主光；（2）担心曝光不足，选择了一些材质非常薄而透明的窗帘；（3）不敢将窗户带入画面，怕窗户"毛掉"，结果影像中没有高光。

　　图6-16可供存在上述问题的学生作业借鉴。首先，开/关门窗要有明显的光线变化才符合人眼的视觉感受。在《声名狼藉》（图6-16左列）中，卡波特查看发生过凶案的地下室。这个镜头有两次明显的光线变化，第一次是全黑的场景随着卡波特开门而有自然光落在后景、门和人物身上，前景还是黑的；第二次是卡波特打开电灯的开关，前景的墙壁和楼梯被暖光照亮，这个光来自卡波特上方，前景仍有部分暗墙影像得以保持明暗反差。在《塞拉菲娜》（图6-16右列）中，女佣塞拉菲娜打扫主人的房间，当她进入房间时，场景很暗，但画右有从其他房间透过来的光线，使影像具备一定的反差；她打

图 6-16　开 / 关门窗时光线的变化。左列：《声名狼藉》。右列：《塞拉菲娜》。

开窗户，不仅窗户部分亮了起来，墙面和家居也都随之亮起来。这个镜头不但开窗的光线变化明显，而且保持了清晨的光效。

6.2　大师的做法

　　照明课程上，实景内景练习还是比较简单的，只要求完成两三个镜头，对故事和光效的连贯性都没有要求。但在故事片中，内景摄影要完成的任务很多：故事上的、气氛上的、地理方位上的、时间上的……甚至当一个场景被反复利用时，摄影师会想方设法让同样的场景看起来有所区别——或者改变光效，或者改变构图。所以整体考虑会更多、更复杂。

6.2.1　选　景

　　内景选在实景拍摄并不仅仅是出于对摄制费用的考虑，对于导演和摄影师来说，一处好的实景可以带上内外关系，从房间里可以看到室外的景致，并且人物能在室内外穿行。

　　选景有很多技术问题需要考察，比如是否允许拍摄、什么时间可以拍摄、如何接电等。《社交网络》(The Social Network，2010) 就是因为未被许可在哈佛大学内拍摄，只好把内景搭建在摄影棚里。

　　对摄影师来说，还有一个要考虑的重要因素是房间的朝向，即太阳在哪里，它关系到光线气氛，也关系到拍摄的时间。一个制作上比较极端的例子是《生命之树》。它的实景内

图 6-17 《生命之树》的实景外景和内景摄影。最下面的图为餐厅的拍摄现场，掌机人正在操作钓鱼竿式的手持摄影稳定器。

景实际上用了三套不同朝向、结构一模一样的房子，早上在朝东的房间拍，中午朝南，下午向西，如图 6-17 所示。美工师还负责把作为餐厅的房子进行了改造，在原来的两扇窗户之间又加了一扇窗（图 6-17 的下面 3 幅图），把向阳的一面变成了透光很好的玻璃"墙"。

电影的先驱们曾经在摄影棚里安装巨大的转动平台，以便搭建在平台上的布景可以依据太阳的角度而随时调整方向，得到足够的光线。或者，把摄影棚建成玻璃房，以便采光充足。同样的招数在当代电影的摄制中同样奏效。一般电影制作，都有很多时间是在等待，等待特定的自然光照明时机，或者等待照明师布光，但《生命之树》以及其他马利克与卢贝斯基合作的电影总是在拍摄，从早到晚。一方面，和所有的小制作一样，他们尽量利用自然光和道具灯光，很少使用电影照明设备；另一方面，他们的片耗非常大，往往是跟着演员抓拍他们的即兴表演，而不是告诉他们要怎样表演，这一点又与常规小制作不同。

6.2.2　捕捉自然光

实景的内景摄影和自然光、室外照明条件密不可分。比如，北方的散射光清冷柔和，可以在较长的时间内保持稳定，适合表现忧郁和平的气氛。南方

① 餐厅，儿子的脸比父亲亮 2 级光圈

② 厨房外面加了塑料顶棚的玻璃房，使日光仍旧能够进入厨房

③ 胶片使人的宽容度，在室内 T2 光圈拍摄时，室外照度可以达到 T64 之高

图 6-18 《生命之树》几个典型的内景。摄影师埃曼努埃尔·卢贝斯基完全利用自然光拍摄，不仅不添加人工照明，甚至几乎不用反光板补光。

的阳光则相反，随时都在改变着方向，适合展示热情、奔放的主题。

《生命之树》的自然光摄影

有了《新世界》Dogma 风格的自然光摄影尝试，卢贝斯基着迷于自然光所产生的各种微妙的反光。在《生命之树》中，外景使用了非常自然的拍摄方法（参见第五章图 5-21、图 5-24），卢贝斯基认为在同一部影片中要想混合人工和自然的光效很难，他无法接受人工光的痕迹。所以，对于内景的拍摄，卢贝斯基不用人工照明打光或补光，也很少使用反光板。整部影片的内景只有教堂的场景使用了电影照明设备，从教堂的窗户向内打光。

图 6-18 ①是全家就餐的镜头，空间狭小，无法使用反光板，因为它会进入画面。窗前的大儿子比父亲的脸亮 2 级光圈，卢贝斯基以父亲的脸曝光，让儿子曝光过度。

在室内拍摄，卢贝斯基经常把演员安排在靠近窗户的地方，合适的明暗对比可以保证底片影像的画质。卢贝斯基说："说起来容易，做起来难。太阳在房间外面，光线反射到室内。有时为了跟拍一个男孩，起幅是 T8 光圈，然后突然一片云使天暗了下来，就不得不在拍摄过程中将光圈调到 T1.3。此时你就得迅速判断一下：这样行得通吗？"（自《美国电影摄影师》，2011 年第 8 期）但卢贝斯基还是以他丰富的经验成功地拍摄了阳光变化的同时曝光保持不变的画面。

美工部门在厨房的外面搭出了一个后门廊，这是一个玻璃房，为了不影响厨房的采光，它的房顶用的是塑料的半透明材料，有一些带室内外关系的镜头在这个门廊内外拍摄，光线条件很容易满足。如图 6-18 ②所示，左图是厨房，隔着窗户可以隐约看到外面的门廊结构；右图是门廊下拍摄的画面。美工组不仅让阳光和天光尽可能多地进入室内，也帮助摄影师避免夹板光。不同方向的门窗带来光线的散乱，美工部门将墙壁刷成深色，一些门窗的搁板也做成深色的，这样可以减少不必要的环境反光，主光来源以外的门窗还可以拉上窗帘，让它们暗下去。暗环境在直接作为人物的背景时，也有利于人物的影调再现，使人脸可以亮起来。从图 6-18 中可以看到，窗帘总是半开半合的，其目的也是平衡人物和室内环境的亮度关系，并使光线的来源主次分明。

卢贝斯基对于胶片的宽容度之大感到惊奇，他在室内拍摄时，室外的照度有时高于室内达 10 级左右，但是天空、草地的层次仍然依稀可辨，如图 6-18 ③所示。这要得益于当代电影的后期工艺。在底片印制拷贝片、底片扫描为数字文件，以及数字捕捉这三种摄影加工方法并存的情况下，选择底片胶片拍摄并胶转数的方法所得到的影像影调最为丰富，凡底片上记录下来的影像，几乎可以 100% 地保留下来。相对于《生命之树》使用的底片胶转数工艺，卢贝斯基之前用过的胶片印制拷贝的方法，宽容度要小得多。

如果开句玩笑的话，那就是：要让影像在技术上出问题不是件容易的事！初学者所出现的问题大多不是曝光订光、宽容度不够，而是景物的明暗搭配不当。

灰片平衡室内外照度

平衡室内外照度是实景摄影的一大关键，在窗户上加灰片是通行的做法。

电视剧《新朱门恩怨》的部分场景选在一个豪华公寓的第 19 层，这些场景的拍摄用了 20 个白天和夜晚，在自然光和道具灯光下拍摄，如图 6-19 所示。公寓的所有窗户上都加上了 ND 9 灯光纸，它可以使进入房间的光线降低 3 级光圈，这对于日景拍摄非常有利，因为室外的强光被灰片所压暗，室内只要稍加补光或点亮一些道具灯便能与室外的照度平衡，让观众看清故事发生地周围的都市环境（上）。但同时，ND 9 也为夜景或黄昏黎明的拍摄造成困难。夜间室外的城市灯光本来就比较暗，被灰片遮挡后就更暗了，为了得到室内外的亮度平衡，只能将室内的光线也压得很暗。该片摄影师罗德尼·查特斯使用的是低照度摄影性能出色的 Alexa 数字摄影机，等效感光度设置在 ISO 2400，在极端的情况下，室内照度水平只有 1~4 英尺烛光（"英尺烛光"是照度测量单位，它直接反映被测照度的实际明

图 6-19 电视剧《新朱门恩怨》豪华公寓。窗户上加了 ND 9 灰片。

暗水平，曝光表可以测量该项数值。习惯上，电影摄影师在测光时喜欢指定了感光度和摄影频率之后读取光圈的数值）。从图 6-19 中、下图来看，虽然摄影的照度很低，感光度设置也很高，但影像的画质很好，通过大玻璃窗不仅可以看到都市环境，道具灯的反光也在其中。因此，这样的场景即使使用一块反光板都要非常谨慎，因为有太多的镜面可以把摄影机背后的景物全部带入画面。

可能读者要问，既然灰片对夜景不利，为什么不在拍摄夜景时去掉它们？实际上，把所有大玻璃窗都加上灰片是一个大工程，不便反复装卸。另外，灰片可能是豪华公寓的门窗所自带的，无法拆卸。

6.2.3 环境造就的光质

室内结构不同、房间的朝向不同、天气条件不同，使得光质也有很大的不同。保持这种光质特色，会使观众产生真切感。

阳光或散射光

图 6-20 是《断背山》中同一个场景在不同天气条件下的影像效果。左列是杰克和恩尼斯第一次见面，在房车办公室里听老板交代任务；右列是杰克再次回到这个办公室，希望能听到恩尼斯的消息，却遭到老板的恶语奚落。根据导演和摄影师的设计，影片的前半段在断背山的故事是美好的，而他们离开断背山之后再也回不到从前。这两个场景一个阳光灿烂另一个阴郁，正是影片总体设计思路的具体体现。

图 6-20　故事片《断背山》同一个车房的室内环境，不同的光线效果。左列：晴天，有直射阳光进入房间。右列：多云天气。

比较这两个段落，场面调度几乎没有区别，镜头在老板和牛仔之间简单地切换。从曝光控制来看，两次控制也差不多，人脸和环境都保持了差不多的密度水平。不同的地方一个是色彩，晴天的场景色彩是中性的，或者说是白光照明的效果，而阴天的室内为冷色调。另一个区别是阴天的场景完全是散射光照明，晴天则有直射阳光打在老板的手臂上或恩尼斯的身上。

让直射阳光或用人工照明模拟阳光打在墙壁上、桌子上、地板上，可得到晴天室内的光线效果，有时摄影师还会施放烟雾，用光束加强阳光的感觉，但是大多数摄影师也有一个默认的做法，就是不将直射光打在人脸上，因为这样做对造型不利。

回顾第四章图 4-29、图 4-34《通天塔》的做法，那些场景已经让观众感受到摩纳哥地域人们生存环境的恶劣、影像品质也显得粗糙。即使这样，摄影师普列托仍旧会尽量保持人脸的照明为柔光。

老式建筑或当代建筑

低矮的房屋、狭小的门窗以及斑驳的墙面适合处理成低调的画面，这类场景备受电影摄影师青睐。

图 6-21 是《磨坊与十字架》的内景，摄影用光十分讲究。村庄和磨坊的内景选在了波兰和捷克历史性的场地，比如风车和 600 年前的盐矿的场景。在左上图中，该片将盐矿巨大的内部结构改成磨坊，盐矿中的木制楼梯成为磨坊通向悬崖上的风车过道（悬崖上的

风车外观参见第三章图 3-5）。影片的片头，清晨，一个磨坊伙计爬上木梯，脚踏楼梯在岩穴中产生巨大的回音，然后他启动风车，磨坊里巨大的齿轮咿咿呀呀地开始转动，场面十分壮观。在左下图和右上图中，低矮的民宅使摄影师得以让画面中存在着大量的暗区，与门窗投射进来的阳光形成强烈的对比。右下图是一个小教堂，描述犹大在出卖了耶稣之后、自杀之前的矛盾心理。摄影师让犹大的剪影叠在明亮的祭台前，观众可以看到并听到硬币滚落地上，其含义不言而喻。该片导演莱赫·马耶夫斯基除了身兼摄影师自己掌机之外，另请了一位摄影师为他布光。

在《醉乡民谣》中，布鲁诺·德尔博内尔控制内景的特点是保持光比一致。除了两个场景中有硬光以外，他总是使用柔光照明。他喜欢用单一大型照明从户外打向室内，并加上两

图 6-21（上）《磨坊与十字架》内景。左上：画家磨坊里通向崖顶的木梯。左下：画家的家。右上：乡间民舍。右下：小教堂。

图 6-22（下）《醉乡民谣》拍摄现场。上：窗户上挂着用来阻光、降低光线强度的格子布。下：芝加哥的场景中，用黑旗挡掉演员脸上的直射硬光。

① 琼·伯基的家

② 路边咖啡馆

③ 芝加哥一个音乐经纪人的工作场所

图 6-23　故事片《醉乡民谣》的实景内景。

层，有时甚至三层柔光屏。高功率照明径得起柔光屏对光线的衰减，而且加上格子布挡掉一两级光强也很容易，见图 6-22 的上图。这样比用小功率照明添来补去要方便得多，干净利索得多。德尔博内尔常用一盏 18k 的灯和大型升降架，因为灯很重，而且可能会突然需要升高 6 米。这样的照明配置调整起来很快、很高效。他会让照明师在外打理大型照明，自己守在室内摄影机旁，用漫射材料对光线做一些小修补。他的照明总是近距离打在主要演员的身上，与远距离打光相比，近处光照亮的区域小，并衰减很快，周围可以保持暗环境，只有人物得到突出。

如图 6-23 所示，这里列举了《醉乡民谣》中的三个场景。

场景①，落魄歌手卢伊恩·戴维斯来到女伴琼·伯基的家里，并在那遇到另一个是现役军人的民谣歌手。这是个阴天，镜头有两个主要的角度，一边是琼和军人歌手，带着窗户；另一边是卢伊恩，暗背景。德尔博内尔将 Joker 800 HMI 灯头装入 Leko 聚光灯壳，将光

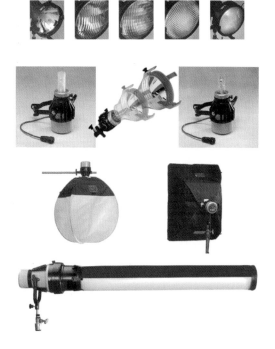

图 6-24 Joker 800 照明灯具有各种样式：聚光灯、PAR 灯、灯笼、柔光箱、灯管等。色温为高色温日光平衡型。

线打到一块 1.8 米长、垂直悬挂的无漂白平纹布上，再由白布将光线反射到室内。Joker 800 灯头有各种形式，如图 6-24 所示，Leko 是椭圆反射器型聚光灯具，德尔博内尔喜欢它的遮扉，在挡光时不会改变光质。他只要稍稍转动白布，就可以改变柔光的光强，以便匹配日光的变化。另有一盏灯也指向白布，这个灯作为备用，只有当日光变化不定时才会使用。也就是说，如果自然光忽明忽暗，更强的人工光可以在现场照明中起更加主导的作用。在琼的左侧（画右）有黑旗吸收环境反光，便于光线造型。

当镜头转向卢伊恩时，光线非常暗，摄影师在公寓窗户上悬挂了一个带柔光箱的 LED 小灯，用来加强来自窗户的主光，并在演员附近加了格子布柔光屏，进一步柔化已经被柔光箱柔化了的 LED 的光线。

场景②是一个街边的咖啡馆。卢伊恩约好了和琼在这里见面，他们坐在一个靠窗的位置上。主光来自两盏 18k HMI，通过窗外右上方垂挂的格子布柔光屏反射到室内。德尔博内尔和照明组必须根据窗外背景上建筑的光线变化调整光线的强度，室外曝光略微过度，符合人眼的视觉习惯。为了保持反差一致，一旦室外自然光减弱，他们也要迅速减暗照明的光强。琼和卢伊恩有着同样的主光照度，但是琼的副光会稍微多一些，而且她的上方有个白色的柔光屏进一步散射光线。女演员总是要受到特别照顾！

场景③，卢伊恩去了芝加哥的一家俱乐部，希望那里的音乐经纪人能给他一份歌手的工作，但结果遭遇一次失败的会面。这也是故事的一个重要的转折点。事先，科恩兄弟也不清楚这个场景该怎么拍，但要和其他场景都有所不同。博尔德内尔并不喜欢这个场景，因为它太黑；而科恩兄弟却恰恰因为它的黑而希望在这里拍摄。

这是《醉乡民谣》中两个使用了硬光照明的场景之一，两盏 20k 灯从经理室（图③左图的后景）两个房间打出明亮的光束到空荡荡的表演厅，卢伊恩就在这种强光下为经纪人即兴表演。但是正如图 6-20《断背山》的例子，硬光没有照射在卢伊恩的脸上。摄影师用黑旗挡掉了脸上的强光，如图 6-22 的下图所示。同时，一个 10k 的灯打向铺在地上的无漂白平纹布，用柔光的反光为演员的脸造型。

由此可见，即使是现代建筑，经过摄影师神奇的光线处理，也能形成漂亮的影调和反差。和学生作业相反，有经验的摄影师将照明放置在窗外，学生往往放在室内；有经验的摄影师为人物打主光，学生却把有限的照明都用在补光上了，效果当然不同。

公共场所

公共场所的光效往往是布光的难点。无论超市还是写字楼、办公室，均匀的日光灯都让场景平淡无奇，而且这种照明特色为观众所熟悉，一旦替换掉它们，场景的真实感也跟着打折扣。

《七宗罪》在这方面是成功的典范。这部惊悚片在整体上是黑色电影的影调风格，室外永远下着雨，室内也是昏昏暗暗的。如图 6-25 所示，在办公室、图书馆等场所，照明的难点是要打破均匀的现有光布局，让画面有反差变化，有阴影，有黑色的区域。达吕斯·康

① 警察署办公大厅

② 小办公室　　　　　③ 过道

④ 办公楼大堂

⑤ 图书馆

图 6-25　《七宗罪》将明亮宽敞的公共环境变成符合影片惊悚风格的幽暗场所。

第自己说，他们这部影片拍摄得比较"野蛮"，也不复杂。虽然各个场景有不同的设计，但康第在这些实景内景最常用的方法是窗外用 HMI 打向室内，室内用 Kino Flo 和中国灯笼作为环境光和造型光，与自然日光和现场灯光相混合。角色在受光和阴影的区域出入，使照明与叙事的节奏相呼应。公共场所不再是亮堂堂的平光照明，但又不失现有光特色。

场景①，警察署办公大厅。室外阴雨绵绵，为室内白天亮灯提供了合理的依据。达吕斯·康第认为办公室是影片中给人以安全感、可以放松身心的辖区，应以非常高调的照明处理。他希望办公室里的管灯比实际上更多，并用日光型灯管作为该场景的环境光，让灯光向画面纵深延展，使其成为背景中明亮的高光，同时与窗外的日光取得色温上的平衡。他也将办公室分隔出有照明和无照明的区域，增加可利用的暗环境。比如当威廉·萨默塞特探长离开办公桌走出去的时候（右），摄影机跟随他横移，让处在阴影中的保险柜在前景上划过，横移最终停止在没有日光灯的门前（左），影像始终保持在近暗远亮的透视关系之中。场景②是一个小办公室，场景③是办公楼的过道。这些环境都是公共建筑中自然光采光条件不好的环境，也比较有利于人工布光，营造出阴影和暗区。场景④，办公楼的大堂。摄影师通过构图，让画面中亮区和暗区同时存在，增加了影像的反差和纵深透视感。场景⑤，图书馆的夜景内景。阅览大厅中桌子上的台灯成为照明的基本光源，为昏暗的环境提供合理的依据（左）。更有意思的是探长萨默塞特漫步书架之间（右），近暗远亮的透视关系完全是用照明刻意做出来的，后排书架上被添上了 Kino Flo 作为道具管灯，前排的书架却没有。观众看到此处时，并不觉得有什么不妥。

在达吕斯·康第的精心设计下，最终的影像既不违反观众对这些环境的印象，又达到

图 6-26 《天才雷普利》用 Joker 灯在公交车上布光。左列：完成片的画面。右列：摄影师约翰·西尔在拍摄现场布光。

图 6-27 《醉乡民谣》里地铁中的镜头。左列：完成片画面。右列：拍摄现场，火车进站和地铁车厢外的景物是后期合成的。

了剧情上的叙事要求。

　　也有一些我们以为难以改造的环境，但摄影师实际上还是可以做手脚的。比如车拍就有很多专用灯架，有很小的 LED 灯可以藏在车里为人物布光，也有摄制组为各种车辆另外搭出一个工作台安放照明设备。图 6-26 是《天才雷普利》中拍摄公交车的做法，摄影师约翰·西尔用 Joker 管灯在公交车厢内布光。

　　在《醉乡民谣》里，地铁中的实景也做了改造，不是有什么就拍什么，如图 6-27 所示。在这些场景里，来来往往的乘车人都是摄影组的群众演员，拍摄时间也选在地铁停运的时段。如图 6-27 的右列上、中图所示，照明师正将管灯安装在天花板上。Kino Flo 一类冷光源管灯自从问世以来，在实景拍摄中就发挥着巨大的作用。绿幕的后面也打了灯，以便于后期抠像，这个光源还可以模拟火车进站时前灯对环境的影响。地铁车厢是另外拍摄的，车窗的外部是绿幕，以便后期合成窗外的景物。这组合成镜头在拍摄上很取巧，避开了上下车的过程，前一个镜头还是卢伊恩抱着猫等待列车停稳，下一个镜头他已经坐在车

图 6-28（上） 11 级本科学生王齐的实景内景作业，用烟雾营造气氛。

图 6-29（下） 故事片《最佳出价》根据故事所设定的环境决定是否施放烟雾。左列：有烟雾的场景。右列：无烟雾的场景。

厢的座位上（图 6-27 左列中、下）。这种对车站和车厢的照明改造，不仅保持了现有光的特质，也美化了光效，使照明不再均匀平淡。

烟　雾

室内施放烟雾可以使光线形成光束，烘托气氛。不过烟雾也会使空气变得浑浊，使影像的暗部丢失，因此需要权衡利弊，小心行事。以图 6-28 的学生作业为例，在小全景的画面里，烟雾让门窗投入室内的光线形成了光束，虽然门前的人物暗部受到烟雾的影响，不能完全黑下去，但整体效果不错；当镜头推到近景，画面中的暗区消失了，只有灰、白两个层次，烟雾也使得人脸模糊不清。

正如罗杰·迪金斯说的那样，施放烟雾的时候应该小心翼翼地控制环境，以便烟雾有时间散发并变得均匀（参见第五章"罗杰·迪金斯谈烟雾"）。施放烟雾有三个要点需特别留意。

（1）由环境而决定是否施放烟雾

是否适合施放烟雾与房间里是否应该有灰尘有关，尘封多年的地窖、边吸烟饮茶边观看表演的戏楼，甚至以煤油灯或蜡烛为照明光源的环境都有放烟的理由。而高档的酒楼豪

宅如果搭配浑浊的空气，似乎就不太合理。在故事片《最佳出价》中，这一原则贯穿得非常彻底。如图 6-29 所示，每当拍卖师弗吉尔·奥尔德曼（杰弗里·拉什 / Geoffrey Rush 饰）去那些存放古董的地窖、老宅时，摄影师就会在现场施放烟雾（左列）。奥尔德曼出于多年的职业习惯，生活极端精致、一尘不染，即使在餐馆就餐也要戴着手套。所以在奥尔德曼的家里或他经常出入的场所中，都会保持空气清透，没有烟雾效果（右列）。这部影片并不特别追求光束的戏剧化效果，放烟或不放烟是用来区分环境的。

（2）尽量将烟雾施放在后景

烟雾不一定要在镜头前一路放过去，近十来年的电影摄影通常会比较有意识地将烟雾施放在后景，这样做可以保持前景的主要人物不受浑浊烟雾的影响，保持明暗反差。特别是当场景的布光符合近暗远亮的透视关系时，这种好处更加明显。图 6-29《最佳出价》、图 4-52 及图 4-55《林肯》、图 4-22《波吉亚家族》、图 3-35 及图 4-4《冰与火之歌：权力的游戏》、图 2-23《歌剧浪子》等都是这样做的。

（3）画面中保留暗景物

如果能做到不让浓烟吞没前景的物体，并保持前景黑暗，就能使场景近暗远亮，用近景的暗区衬托明亮的烟雾或光束。

在《醉乡民谣》中，"煤气灯"咖啡厅是民谣歌手演出的重要场所，也是该片除了前面提及的芝加哥俱乐部以外另一个使用了硬光的场所（图 6-30、图 6-31）。硬光加烟雾所制造出的光束成为舞台设计的组成部分，人工痕迹再重也不过分。美术师原打算在纽约找一处地下酒吧的实景，但那些场景不是太小就是太现代，都不理想。场景最后选在了格林尼

图 6-30 《醉乡民谣》中的"煤气灯"咖啡厅。左列：完成片的镜头，演出区和观众席。右列：拍摄现场，上图是表演区打出光束的硬光照明，下图为观众区域柔光布形成的柔光照明。

图 6-31 《醉乡民谣》中，卢伊恩在"煤气灯"咖啡厅演唱的镜头。

治村，这里也是历史上艺术家和民谣歌手云集的地方。

虽然是实景拍摄，但场景经过了大幅度的改造，实际上四面围墙、拱形建筑结构都是摄制组搭建的，天花板的高度也被大幅度降低。

摄影师德尔博内尔对这个场景的布光从副光入手，他首先在天花板上安置了 2000 个 15W 的灯泡，使场景有足够的底子光。这个光的照度在曝光点下 2 级光圈。然后，他再根据舞台灯光造型的需要安排硬光的位置，如图 6-30 的右上图所示。

卢伊恩演唱的镜头用了两个硬光打舞台的光束：1k 的 PAR 64 灯从上向下打，另有一个 800W 的聚光灯从画左打向卢伊恩表演的舞台，如图 6-31 所示。这两路光束一路衰减，硬光没有直接打到卢伊恩身上。烟雾不仅造就了光束，烟雾所及的暗区也被提亮，细部层次可以更多地再现。

"煤气灯"咖啡厅的最终影像是非常低调的，在画面中保留黑色的区域是德尔博内尔摄影的原则。光束所形成的亮区始终在歌手和观众之间，因此无论从哪个方向拍摄，都保留了大块的暗前景，不受烟雾的干扰。

6.2.4 时间过渡

过渡的时间

很多故事本身带有时间过渡的信息，从黎明到白天，或者从傍晚到黑夜。外景摄影比较容易捕捉到一日之间阳光的变化，室内摄影则要考虑室内室外、自然光和灯光的照度关系。而且描述时间过渡增加了摄影的难度，因为特定的自然光线可能持续的时间很短，即使事先做好充足的准备，实拍时也许只能拍摄一条，不等重复第二遍，光线就完全不同了。

所以，有低成本的电视剧制片人说，我们的剧本里只有白天和夜晚，没有时间过渡，这样才能在制作时节省时间。

在第 3 章的电影赏析《白丝带》中，我们已经见识过导演米夏埃尔·哈内克对于影像控制的要求多么苛刻。对他来说，能否准确表达故事的发生时间和环境对叙事至关重要。

《趣味游戏美国版》是哈内克与达吕斯·康第合作的第一部影片，讲述的是一家人周末度假时遭遇两个年轻的变态杀手的故事。故事从发生到结束经过一天的时间，类似于前面介绍过的《神圣车行》，在影像上要能体现出剧情的时间过渡。

如图 6-32 所示，变态杀手纠缠上乔治一家发生在白天（图①）；在经历了一系列的事件之后，天色转暗（图②、图③）；又经过短暂的时间，天黑了下来，杀手打开茶几上的台灯（图④、图⑤是同一个镜头）；接下来是整个夜晚；在第二天黎明，杀手开始下一次"狩猎"行动，敲开乔治朋友家的大门（图⑥）。

对比这一组画面，最明显的变化是曝光、色调和光线的分布关系。白天室内明亮，阳光从比较高的角度将光影投射到室内，色彩上是"白光"照明的效果（图①）。当天色转暗，画面变得冷清，房间更暗了，室外投入室内的光线角度变低，也比白天的日光更弱、更柔和，并略微带有一点暖色调（图③）。当天色继续变暗，一个变化是室内更暗一点，另一个就是窗外明显变暗（图④）。开灯后，光效变成以台灯为中心的点光源效果，台灯处最亮，色调最

图 6-32　故事片《趣味游戏美国版》的时间过渡。①白天；②、③黄昏；④、⑤傍晚；⑥黎明。

暖，随距离的增加而逐渐衰减（图⑤）。在黎明的镜头中，室内呈现出冷色调，昏暗的环境只是依稀可辨（图⑥）。

想要准确地做出不同时段的室内光效，需要平时细心观察生活。比如在深夜，即使是一支蜡烛也会显得很明亮，但是当你在傍晚天黑之前打开一盏 40W 的吊灯时，却会觉得它昏昏暗暗的。虽然傍晚窗外的天光加上室内灯光的照度远远高于夜间的一支蜡烛，但人眼的主观感受不同。

黎明、黄昏时段

白天的内景无论直接利用阳光，还是辅助以灯光照明，都可以在相对长的时间里，保持稳定的色温、光比和曝光，无论是"白光"还是有些冷暖变化的光，都能表达日景的主题。到了黄昏或黎明，对色温和曝光控制需要加倍关注，因为环境中的光源变复杂了，不再是单一的阳光，也不是单一的灯光。如果不加改造，直接按照现场光拍摄，其效果也不见得自然。

图 6-33 是《生命之树》中的黄昏镜头。摄影师卢贝斯基对它们的基本控制原则是不要曝光不足。因为曝光不足的影像无法得到纯正的黑。由于这部影片摄影机的运动如此灵活，摄影师特别在意每一个可能拍到的角度，不允许有一个镜头曝光不足。为了配合日光在这个时段的快速衰减，室内的道具灯都加上了调光器。卢贝斯基的影像效果符合人眼这个时段的视觉感受，即使开了灯昏暗的感觉仍然存在（左列）。

图 6-33 右列是大儿子杰克在邻居的房子周围游荡的场景，该场景用了好几个晚上来拍摄。因为每次从天空转暗到没有密度，大概只能拍摄 15~20 分钟。

图 6-33　故事片《生命之树》黄昏场景的室内外关系。左列：从室内看室外。右列：从室外看室内。

傍晚的亮度、色温对比试验

图 6-34 日落时自然光和灯光的亮度、色温对比试验、曝光数据、现场工作照，以及灯位图。

本试验以简单的手法拍摄，以了解傍晚光线变化，直观对比影像色彩和场景中室内外景物的明暗变化。考虑到 Canon 5D Mark Ⅱ 照相机在拍摄视频时动态范围和低照度捕捉影像的能力均不够优秀，在现场加设了一盏 150W Dedo 灯并通过一块柔光板为人物打光，其色温为 3200K。照相机的色温设置在"日光"状态，随光线变化调整摄影曝光参数，保持人脸正常曝光。

试验可以得出以下几点结论：

（1）光线急剧变化的时段在 18 点 18 分至 46 分之间，大约 20 多分钟，其后天空过暗，无法被照相机所记录。18 点 46 分之后，室外天空和墙面已经超出光圈值范围，无法得到测量数据。如果确实想知道测量数据的话，应将显示调整为测量照度或亮度的绝对值（如图 6-19 的做法，设置为"英尺烛光"等），或者提高曝光表的感光度设置，使光圈值有所显示，再换算回实际的感光度值。

（2）虽然影像真实记录了天光和烛光（加 Dedo 灯）的色温对比，但颜色的冷暖对比比较夸张，色再现有些过火。这是因为人眼的自动调节功能可以淡化色温的变化，而数字捕捉不具备这种特性。所以专业摄影师会通过使用灯光纸减少日光和灯光之间的色温差，使影像更符合人眼的正常感受。

（3）在照射到景物上的光源色温不变的前提下，景物本身会因为曝光的变化而呈现出幅度不同的色彩感。比如外墙在日落前是青灰色的，但随着天空散射光渐弱，外墙在影像中的曝光越来越不足时，蓝色的效果随之加重，直到更暗时又变成黑灰色。

时间	外墙B	天B	人脸E	人脸B	烛B	订光
18:05	16_{0-5}	32	5.6	$8_2 : 5.6_8$	16_4	4.0_7
18:18	11_{0-3}	16_8	4.0_5	—	16_4	4.0_7
18:25	$5.6_6-8.0_3$	11_8	4.0	—	16_4	2.8_5
18:31	$4.0_5-5.6$	8.0_8	2.8_5	—	16_4	2.8
18:35	$2.8_8-4.0_5$	8.0	2.8_2	—	16_4	2.0_8
18:41	$2.0_3-2.8$	4.0_1	2.84	—	16_4	28
18:46	—	—	2.0_7	—	16_4	2.0_3
18:50	—	—	2.0_9	—	16_4	2.0_3
19:00	—	—	2.0_9	—	16_4	2.0_3

图 6-35（上）　初学者拍摄夜内实景时，会有种种考虑不周的地方。上：照亮背景墙面的灯光过于均匀。下：利用了很多现场光，但道具灯的高光零散，而且没有照亮演员的脸。

图 6-36（下）　故事片《声名狼藉》中的一些夜内场景，亮暗区域交错有序。

夜　内

　　夜内环境各异，光源种类繁多，创作方法也各有千秋。在初学者经验不足的前提下，往往首先需要掌握如何用摄影专用照明来加强道具灯的效果。

　　（1）让环境明暗交替

　　图 6-35 是两则学生作业，都是用心选景和制作的。上图在布光方面不成熟之处在于画左的墙面打得太亮、太均匀，暴露出人为补光的痕迹；下图使用了很多现场的道具灯，但这些照明在画面中形成的光区比较零散、微弱，人物脸上无光，没有被照明所照顾到。

　　有明有暗、光线分布不均匀是夜景光效的主要特点。有经验的摄影师会合理安排道具灯的位置，并用人工照明加强道具灯的效果。比如图 6-36《声名狼藉》中的几个夜景，它们的

图 6-37 学生作品中的赌桌场景。主光为顶光照明。

共同特点是：画面中既有高光，又有很黑的暗区，甚至观众可以看到以高光为中心形成的亮区在画面中逐渐衰减，完成从亮到暗的过渡。

夜间照明大多是点光源，其光线从一个点向四周发散，并具有照度快速衰减的特点。它和太阳的平行、光强不变的属性有很大差异，这种差异造就了日景和夜景的差异。在图 6-35 学生作业的上图中，墙面不仅要被打亮，也要被"遮挡"，特别是压暗墙面的上部，效果就会大为改观；而下图更应该好好设计人工照明的位置，同时考虑到人物造型，并使画面的一部分区域亮起来。

（2）桌子上方的吊灯

围绕餐桌展开的情节在电影中频频出现，如家庭晚餐、酒吧中聚会、谈生意、打麻将，或者在赌桌上钩心斗角。

图 6-37 是一则学生的短片作品中赌场的场景。在大全景中，环境气氛都还不错，但到了中近景，赌桌上方的灯光让人物都处于顶光照明之下。

顶光不仅对人物造型不利，也会使人物在做动作的时候一会儿额头和鼻尖过亮，一会儿整个脸部又处在阴影之中。在桌子的上方悬挂顶灯是日常生活中最常见的场景，初学者容易受到现场环境的制约，不知道该怎样使它的光效更好一些。实际上只要稍微借个光位，让灯光偏离一些，情况就会大大改善，如图 6-40 的对比演示。此外，吊灯只是这种环境中主光的依据，摄影师还可以通过人工光让光效更加出彩，而且在近景和特写镜头中更可以重新布光，使人物拥有合理并漂亮的造型光。

这种照明环境最大的好处是容易得到暗前景，并把高光局限在一定的范围内，使画面有明暗区域。当然，餐桌也不一定要搭配吊灯，从造型的角度来说，台灯（参见图 6-36）或烛台（参见第三章图 3-39）可能更生动。

图 6-41 是《唐顿庄园》中用桌上的吊灯营造气氛的例子。女佣安娜多次去探望蒙冤入狱的丈夫。探视的环境是采光不足的日景内景，室内靠桌子上方的吊灯来提供照明。灯光在烟雾下形成漂亮的光束（左上），或者成为暗区中生动的高光（右上）。吊灯的位置虽然在桌子中轴线上，却不在演员正上方。镜头推到近景时，人物的造型是侧光而不是顶光

餐桌上吊灯光效的演示

　　本试验演示了餐桌上方一盏纸灯笼吊灯作为场景的主光源对人物造型的影响。只要稍微移动餐桌，让吊灯偏离中央，人物造型光便大为改善。

图6-38（上）　左列：拍摄现场。右列：曝光数据（注：在正式拍摄时，纸灯笼上方的吊灯是关闭的）。在改善了拍摄方法的画面中，纸灯笼里朝向摄影机的一侧衬入两张复印纸，这样既不影响正面和侧面人物所得到的光线的照度，又能使灯笼本身的影像多少有些层次，不至于太亮。

图6-39（中）　灯位图。

图6-40（下）　完成片对比。左列：吊灯在人物上方的顶光效果。摄影机一侧一盏加了柔光屏的小灯为场景补光，画右另一盏小灯打亮背景上的房门。右列：让吊灯偏离餐桌人物，改善了人物造型。在前一个场景基本条件不变的前提下，压暗了来自摄影机方向上的副光，并在画左一侧添加了一盏小灯勾勒侧面和背面人物的轮廓。

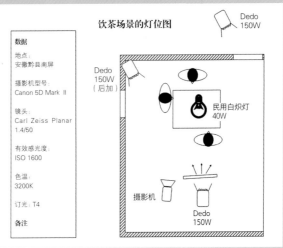

数据

地点：
安徽黔县南屏

摄影机型号：
Canon 5D Mark Ⅱ

镜头：
Carl Zeiss Planar
1.4/50

有效感光度：
ISO 1600

色温：
3200K

订光：T4

备注

饮茶场景的灯位图

Dedo
150W

Dedo
150W
（后加）

民用白炽灯
40W

摄影机

Dedo
150W

图 6-41 电视剧《唐顿庄园》中监狱探视的镜头。桌上的吊灯成为画面主光的光源依据，然而摄影师借了光位，用侧光为人物造型，而不是顶光。

（左下、右下），并不使人感到不合理。《唐顿庄园》从第二季开始减少了使用烟雾的场景，比如庄园里楼上主人们的活动区不再施放烟雾。这是为了节省制作时间。此外，正打反打的镜头中，烟雾的浓度也需要匹配，为剪辑带来更多麻烦。另外，第二季故事发生时，电灯取代了蜡烛，烟雾也就失去了存在的必要。

影片中，桌上吊灯的场景很多，优秀的例子也很多。除了第二章图 2-11《我是爱》以外，还可以参考《色，戒》（2007）中打麻将的场景、《007：大战皇家赌场》（*Casino Royale*，2006）中赌场的场景等。

（3）开关灯

开 / 关灯是叙事中经常会遇到的剧情，也是实景和摄影棚照明练习的一个方面。开 / 关灯需要前后两组光效，因此，如何平衡两组光源的强弱、如何控制曝光成为此类镜头的技术难点。在学生作业中最常出现的问题，一是在关灯的状态下不知道该怎么模拟无光源光效（参见如第三章图 3-9）；二是关灯状态下不会设计合理的环境光，比如从门缝漏进来的光线；三是开灯的效果不明显，照度上没有大改变，不开灯昏昏暗暗，开了灯也亮不起来。有时同学的做法只是多打开了一盏道具灯，只能在局部产生很少的高光，没有用人工光加强道具灯的效果。

专业摄影师对待开关灯的处理也有很大差异。图 6-42 是德国导演维尔纳·赫尔佐格（Werner Herzog）的影片《纳粹制造》（*Invincible*，2001）中的一个场景。齐什·布赖特巴特（约科·阿霍拉 / Jouko Ahola 饰）力大无穷，是犹太民族传说中的英雄，最终却因为一

图 6-42　故事片《纳粹制造》中开 / 关灯的镜头。

个伤口感染，失去了年轻的生命。该场景中弟弟本杰明听到动静，开灯查看，发现哥哥齐什在发高烧说胡话。这个场景在开灯前是室外月光光效，开灯后是一盏家用白炽灯的光效，月光被它冲淡。即使是月光的光效，本杰明的身影和面部都清清楚楚，但照度比亮灯后要低一些。赫尔佐格电影的制作费用大多不高，适合学生作业效仿。在这样的场景中，有适当的底子光、一个作为月光的照明，再加上一个高瓦数白炽灯（比如 300W），基本上就能搞定。

色温表

由于电影照明灯具和灯光纸有着规范的色温数值，一些摄影师会通过试验记住什么样的灯具搭配何种灯光纸得到何种色温或颜色效果。而更规范的方法是使用色温表控制照明设备的色温。色温表除了测量光源的色温和微倒度值以外，还可以查找出转换色温应使用的灯光纸的微倒度值。当代色温表还具有测量绿 / 品色光的能力，显示出彩色补偿（CC）的数据。当摄影师需要模拟日光灯的光效时，这一功能非常有用。

达吕斯·康第是非常喜欢使用色温表的摄影师之一。在《七宗罪》的拍摄中，他除了布光的时候使用色温表外，至少每周要再核对一次照明灯具的色温。

图6-43 故事片《老无所依》中开/关灯的镜头。

图 6-43 是科恩兄弟《老无所依》(*No Country for Old Man*, 2007)的场景。卢埃林·莫斯夜里警醒, 打开台灯, 觉得有什么不对, 确认自己已被跟踪, 他拿起枪, 对准客房的门, 再次把灯关掉, 从过道透过门缝的灯光里, 他看到了晃动的人影。

旅馆场景是在摄影棚中搭建的, 因为有很多特殊的镜头要在其中完成。关灯状态的照明以旅馆外的街灯为依据, 摄影师罗杰·迪金斯让发红的钠光从窗外射入客房, 窗帘的影子映在墙上, 并让莫斯的剪影叠在窗影照亮的墙上。在门外用白光模拟楼道里的灯光, 可以展示杀手的影子在门缝下移动。从光效来看, 莫斯开灯以后, 他还是半剪影状态, 但房间的环境亮了起来, 而且亮度超过窗影。当莫斯做好迎战的准备, 再次关掉台灯时, 他不再是剪影, 脸部清晰可见, 因为导演要让观众看到他紧张的表情。在这个段落里, 照明设计和故事环环相扣, 直接参与了叙事。

利用关灯, 将房间周边可能的光源作为无灯光房间的照明, 也是摄影师惯用的手法。当父母和睡下的孩子互道晚安, 或是丈夫深夜回家, 总能看到过道或某个房间透出的灯光。

达吕斯·康第摄影的电影中, 关灯的光效会更暗一些, 如图 6-44《谢利》和图 6-45《趣味游戏美国版》, 关灯的场景几乎暗到了难以辨认的程度。这是近年来摄影师追求更逼真的视觉感受的一种处理趋势。摄影师敢这么做, 也是因为现在的放映条件改善了 (这样的暗部层次即使是在家用电视机上展示, 也已经比印刷品丰富很多, 所以本处截图不能代表电影影像再现的水平)。

在图 6-44 中, 康第模拟了无光源光效, 均匀的柔光实际上是侧逆的光位, 而不是学生作业中常采用的顺光, 这就使得人和环境有生动的立体感。即使光比较小、曝光不足, 但仍能突出人物, 因为后墙的密度更低。

图 6-45 又是另一种考虑。乔治的儿子在黑暗中从一个房间躲到另一个房间，关上房门，以为可以逃脱杀手的追踪，但灯突然亮了，杀手就站在他面前。为了得到惊悚的效果，康第故意加大了开 / 关灯前后的亮度对比。在没有开灯前，画面中只有一点点勾勒人物的光，但因为小孩在活动着，所以观众隐约可以看到他。亮灯后，康第让房间雪亮，没有通常夜景室内照明的明暗变化，杀手的白衣服和白漆的室内环境都让人觉得这是个无处藏身的环境。

图 6-44（上）　故事片《谢利》中开关灯的镜头。

图 6-45（下）　故事片《趣味游戏美国版》中开关灯的镜头。

6.2.5　低照度摄影

正如第二章 "2.3.5 低照度环境" 中的解释，"低照度" 有低照度环境摄影以及模拟低照度光效两种含义。电影摄影师一向着迷于自然弱光所产生的复杂光效。比如划亮一根火柴时，火光在人脸上闪烁。由于胶片或感光元器件的低照度捕捉能力有限，几代电影人一直在努力探索怎样再现低照度光效，并且探索还在继续。

低照度摄影主要的技术瓶颈是由于曝光不足产生的。比如：颗粒或噪波严重，因镜头开到最大光孔而造成的影像锐度下降、焦点不实或景深太浅，影像暗部的层次丢失等。另外，也会因为照顾弱光而造成更强光源的高光损失，或画面中明暗反差太大的问题。

图 6-46（上） 故事片《埃及艳后》营造火光气氛的场景。

图 6-47（下） 故事片《阿拉伯的劳伦斯》中烛光照明的场景。

早年的做法

图 6-46 是《埃及艳后》（Cleopatra, 1963）中柴火和火炬照明效果的大场面。我们可以看到摄影机方向有大功率聚光灯打向人群，同时也将柴火和火炬所产生的烟雾的影子投射在建筑的墙壁和阶梯上，形成晃动的光影。该片在多个场景中都有意识地模拟了火光投射在墙面上甚至人脸上的效果。如果细看的话，这种用灯将火光投影在景物上的光效和自然的火光本身映照在景物上的效果还是有很大区别的。

影片《阿拉伯的劳伦斯》（图 6-47）在照明处理上更高一筹，已经没有《埃及艳后》以及同时代好莱坞电影那种散乱的光影，但是烛光微小的火焰仍然不足以成为一种光效。从图 6-47 中可以看出，虽然夜晚帐篷里仅有烛光照明，但蜡烛本身在画面只是小小的摆设，照明完全是由人工光另外打出的。

虽然现在也有影片还在延续上述影片的做法，但今天的低照度光效已经可以做得更好了。

数字机开创低照度摄影新纪元

新型的数字摄影机在捕捉弱光方面比胶片有着明显的优势。在电视剧《新朱门恩怨》中，摄影师罗德尼·查特斯将 Alexa 数字摄影机在低照度摄影上用到了极限。拍摄中，他将摄影机的等效感光度设置在 ISO 2400，叶子板开角度设为 270°。如图 6-48 左列，摄影师只是在轿车内部加了一串绿色的 LED 小灯，就让观众看清了父女俩的表情。查特斯对于可以在如此低照度水平下拍摄感到兴奋："用 Alexa 拍

图 6-48　电视剧《新朱门恩怨》的低照度摄影。左列：车拍的场景。右列：酒吧的场景。

摄，你用的光变也成了一个重要的表演者。让什么人在你面前把一盏刹车灯藏进轿车里，你就能看清整个场景。我喜欢它！"图 6-48 右列的酒吧，照度只有 2 英尺烛光，摄影师又仅在吧台玻璃下面藏了一串 LED 灯。查特斯说："Alexa 摄影机改变了游戏规则，自从使用了 Alexa，1.8k 的照明就够了，不再需要把 18k 的大型 HMI 搬来搬去。"而对于低照度摄影是否会增加影像的噪波，查特斯认为："当 ISO 高于 2000 时，会有随机的噪波产生，但噪波的结构比较接近胶片颗粒的感觉，不是早期数字机那种整齐排列的干扰图案。"（自《美国电影摄影师》，2012 年 7 月）如果有必要的话，后期还可以进行降噪处理。对于又想拍得快、又想保持影像的技术质量的电视剧摄影来说，低照度性能好的摄影机是摄影师的好帮手。

人工光增强低照度效果

　　大多数情况下，电影摄制需要人工光去加强弱光的效果，特别是常用闪烁的灯光模拟火光光效。正如前面所介绍过的《林肯》（参见第四章图 4-51、图 4-57、图 4-58）、《囚徒》（参见第五章图 5-43）、《断背山》（参见第五章图 5-61）等，用摄影灯、家用小灯泡等加强篝火、煤气灯和蜡烛的光强，而模拟闪烁效果的频闪器也必不可少。他们总是把灯藏在演员一侧，或者在火焰本身不出现的画面里直接给演员打光，而不是把像《埃及艳后》那样，用灯把火焰投射的墙上或人脸上。

　　对于罗伯特·理查森来说，他最心仪的增强火光效果的工具是丙烷棒，图 6-49 便是他在《雨果》和《禁闭岛》（Shutter Island，2010）中使用丙烷棒的场景。丙烷棒或丙烷环，也就是液化石油气，很像家用煤气灶，可以用打火机点燃，火的大小可以控制，并可

罗伯特·理查森

Robert Richardson，ASC
美国电影摄影师

　　罗伯特·理查森曾经是奥利弗·斯通（Oliver Stone）的御用摄影师，为他拍摄过 11 部影片，包括影响甚广的《生于七月四号》《野战排》（Platoon，1986）、《刺杀肯尼迪》（JFK，1991）等。在两个人的关系一度紧张后，他们各自寻找新的合作伙伴。其后，理查森与昆汀·塔伦蒂诺（Quentin Tarantino）合作过《杀死比尔》（Kill Bill: Vol. 1，2003）、《被解救的姜戈》等影片；与马丁·斯科塞斯合作过《飞行家》（The Aviator，2004）、《禁闭岛》《雨果》，他的摄影风格随着故事的风格化也逐渐张扬起来。

　　理查森 3 次获奥斯卡最佳摄影奖，7 次被提名；获其他国际大奖 19 项，提名 123 项。虽然奥斯卡奖又名美国电影艺术与科学学院奖，但在美国本土摄影师中，这样频频获奖者也仅有理查森一人。

　　理查森是那种懂得好莱坞游戏规则、摄影技巧娴熟、"怎么都行"的摄影师。和罗杰·迪金斯、达吕斯·康第等人相比，他的摄影对真实感的追求没有那么执着，加上他近年接拍的电影都带有一定的假定性，需要更戏剧化的影像与之配合。比如《飞行家》模拟早期特艺色彩色工艺所产生的色彩失真；《雨果》用童话般的视觉效果向电影先驱们致敬；《杀死比尔》更是需要调侃的卡通风格，用不真实来冲淡过于血腥的观感。有人形容他的摄影可以和莫扎特的音乐相比，好像很简单，但你只要试一下就知道其中包含了多大的难度。

图 6-49　电影摄影师罗伯特·理查森喜欢用丙烷加强火焰的光效。上排：《雨果》的完成影像和现场工作照。下排：《禁闭岛》的完成影像和现场工作照。

以随时关闭。在理查森的影片中，他用它们辅助火光效果，闪烁感比频闪灯更自然。在《被解救的姜戈》（*Django Unchained*，2012）中，理查森也让美工改造煤气灯，将燃料由煤油改为丙烷。也有些电影在制作中直接用丙烷替代篝火，因为它随时可以点燃或熄灭。

图 6-50　故事片《七宗罪》低照度摄影。

在《七宗罪》里第一个"暴饮暴食"的命案现场，虽然是日景，但窗户紧闭，黑暗污秽的房间里和夜晚没什么区别，场景中威廉·萨穆塞特和戴维·米尔斯（布拉德·皮特饰）两位探长的手电成为场景中主要的光源，关掉它，场景就会陷于黑暗之中，如图 6-50 所示。手电是普通的手电，达吕斯·康第觉得大多数摄影师喜欢用的 Xenon 手电的光亮太夸张，他希望手电的效果自然而不过分。场景中施放了一点烟雾，这也是《七宗罪》里唯一放了烟雾的场景。房间本身曝光不足，手电比房间曝光高出 2—3 级光圈。为了让手电的光在房间中能散布更广，康第放了很多卡纸在墙角、地板和桌边。探长在搜索中用手电照到卡纸上，光线就会反射回来，照亮探长的脸和一部分环境。在拍摄中，布拉德·皮特的手电接触不良，一会儿亮一会儿不亮，倒也挺出气氛。摄影师们喜欢拍摄现场发生这种"意外的惊喜"。

6.3　范例分析

6.3.1　《黑天鹅》：用真实的风格化演绎内心黑与白

在《黑天鹅》(*Black Swan*，2010)的故事中，乖巧、恬静的芭蕾舞演员妮娜·塞耶斯(娜塔丽·波特曼 / Natalie Portman 饰)被选中出演《天鹅湖》中的白天鹅和黑天鹅。而艺术指导托马斯·勒罗伊(Vincent Cassel/ 文森特·卡塞尔饰)认为她虽然能演好白天鹅，却释放不出黑天鹅的野性。在高强度的训练中，混合着野心、猜疑和来自母亲的严厉约束，妮娜呈现出分裂的人格，最终用生命诠释出完美的角色。

影片风格和技术装备

（1）视觉参考

摄影师马修·利巴提克(Matthew Libatique)和导演达伦·阿罗诺夫斯基(Darren Aronofsky)是电影学校的同学，《黑天鹅》是他们第四次合作。

筹备期间，《红菱艳》，克日什托夫·基耶斯洛夫斯基(Krzysztof Kieslowski)的《红》(*Trois couleurs: Rouge*，1994)、《白》(*Trois couleurs: Blanc*，1994)、《蓝》(*Trois couleurs: Bleu*，1993)三部曲和他的其他影片，罗曼·波兰斯基(Roman Polanski)的《冷血惊魂》(*Repulsion*，1965)，还有瑞典纪录片《舞者》(*Dansaren*，1994)，都成为导演和摄影师的

图 6-51　故事片《黑天鹅》的开场镜头。

主要视觉参考。摄影师利巴提克认为，《黑天鹅》应该像基耶斯洛夫斯基的影片那样，虽然所有的场景都打了光，但看起来依旧自然，用一种真实的风格化诠释这样一个黑色的故事。而《舞者》则被直接借鉴到了影片开场的场景里，如图 6-51 所示。导演和摄影师也在纽约看芭蕾舞表演，看舞台灯光是怎样设计的。

（2）摄影机和镜头

选择超 16 规格而不是通常的 35mm 胶片，是因为导演喜欢，16mm 摄影机轻巧，他愿意自己扛着满场跑，也不用等待摄影组架好机器。不过，导演也不可能什么都自己拍摄。摄影师有两个掌机人，一个是以前就合作过的搭档，另外他们又找了一个身高和娜塔丽·波特曼接近的掌机人。因为肩扛摄影时，如果掌机人比演员高很多，摄影机就成了俯视的角度，无法得到正常的平视视角。

用 16mm 胶片拍摄，银幕影像的放大倍率提高，颗粒感往往明显超过 35mm。但是利巴提克觉得，在曝光控制得当的情况下，16mm 会产生有趣的纹理，它的颗粒是可接受的。摄影师还认为，后期 DI 调光时，摄影师一定要参与，因为调光师行活儿干惯了，他们习惯于将影像调整得反差偏大，这样影像看起来比较锐，但在摄影师眼中往往过于夸张。

除了 16mm 摄影机，Canon 5D Mark Ⅱ、7D 和 1D Mark Ⅳ 数字照相机也派上了用场。首先，利巴提克用 5D 将所有排练拍摄下来，从而反复研究，作为正式拍摄的参考。之后，除了 16mm 摄影机 Arri 416 作为主摄影机以外，7D 和 1D 也用作辅助摄影机，并用来拍摄了地铁里的全部镜头。有了 7D，摄影师可以只带很少几个助理，在地铁里转悠一整天，不用清场或等待地铁停运。选择 7D 是因为摄影师经过种种测试之后，发现 7D 比 5D 景深更大，对于跟焦点不太方便的照相机来说，景深大容易保持较实的焦点。拍摄过程中，利巴提克要靠自己手动调焦，他使用 Canon 24mm 定焦头，照相机的等效感光度设置在 ASA 1600，光圈设置在 $T8_5$。如图 6-52 所示，在拍摄现场，摄影师手持照相机，一个助

图 6-52　《黑天鹅》用 Canon 7D 照相机拍摄地铁的场景。上、中：完成片镜头。下：拍摄现场。

图 6-53 《黑天鹅》和美工的配合，用颜色暗示角色不同的心理状态。左上：粉红色。左下：黑色。右上：绿色。右下：调整化妆以便场景匹配。

理用一盏小灯为演员娜塔丽·波特曼打出造型的主光。镜头的拍摄简简单单。

　　对于影片所使用的镜头，导演阿罗诺夫斯基希望用 12mm 定焦头一镜到底，就像他之前在电影《摔角王》（*The Wrestler*，2008）中所做的那样。但利巴提克觉得这样做行不通。经过测试后，他们选定 12mm、16mm 和 25mm 三种焦距，其中用得最多的是 16mm，12mm 用在一些手持跟拍的镜头上，这样可以减轻颠簸的感觉，并将环境展示得更加充分。16mm 摄影机的标准镜头比 35mm 的焦距短，如果 35mm 摄影机以 50mm 为标准镜头的话（参见第 91 页"镜头的焦距"），搭配 16mm 摄影机的 25mm 镜头与其有同样的视场角，是标准镜头。因此，12mm 和 16mm 镜头虽然算是广角镜头，但用在 16mm 摄影机上并不是大广角镜头。

　　（3）与美工的配合

　　《黑天鹅》的影像是朴素的，带有纪录片的味道。但是这种朴素又包含着微妙的设计。在筹备期间，导、摄、美共同确定了影片的颜色基调，用不同的色彩来表现妮娜的外部和内心世界。比如，绿色传达嫉妒和野心；黑色是妮娜内心的黑暗面；粉红色是象征童年的颜色，妮娜的房间是粉红色的，她穿的外衣也是粉红色，她的母亲希望她永远是乖乖女，不要长大。在具体的操作上，利巴提克与服、化、道紧密配合，每一件道具或服装的颜色都要比对配色图标逐一确认。同时，他也从化装到调光仔细调整影像的色彩关系。比如，在最终的演出里，白天鹅身后是巨大的月亮（图 6-53 右下），为了使角色的肤色在色光下有最佳的自然效果，化装师反复调整娜塔丽·波特曼的化装，直到 DI 调光的效果满意为止。

典型场景

　　《黑天鹅》的摄制周期是 42 天，而拍摄本身对摄影师也是很大的考验。导演手持摄影机，经常做出 360° 的摇。不要说藏灯，连摄影师自己都得找地方藏起来，才不会被拍到。这是一部大场面的小制作，场景都是在真实的环境中拍摄的。又因为故事题材是舞台表演，利巴提克决定在照明方面做得更加大胆，不必让每一盏灯都有它存在的依据。大多数情况下，他使用道具灯、中国灯笼和桶形的太空灯罩，里面是 75W EDT 或透明灯泡。因为经常要在狭小的空间拍摄，几乎都无法使用菲涅耳聚光灯。

（1）开场的追光灯光效

影片第一个场景如图 6-51 所示，是舞台上追光灯的戏剧化光效，黑暗的环境中有一道强烈的光束。妮娜在舞蹈，而摄影机也有着自己的运动，画面时而逆光，时而顺光，变化莫测。除了前述的《舞者》，这个段落还参考了《爵士春秋》（All that Jazz，1979）中男主角之死的场景，以及 1957 年苏联电影版《天鹅湖》。

场景选在一个四壁涂黑的方形房间，虽然最终的银幕效果是一个聚光灯照明，但在拍摄现场，每个墙角各吊了一个聚光灯，一共四盏灯，由四个操作员控制，来回切换。彩排时，照明操作员和演员练习相互的配合，摄影师躲到阳台上，操作员们根据摄影师的提示控制照明。这个场景看起来是舞台上的追光灯效果，但实际上只是在固定不动的聚光灯之间切换照明。利巴提克曾经以为这样的调度很简单，但是当他在这部影片的拍摄接近尾声时才体会到，所有的舞蹈场景都让他筋疲力尽。

（2）镜子

从排练场、化妆间，到家里的浴室，镜子无所不在，它是故事的一个组成部分，是妮娜窥视内心的窗口。镜子是摄影中需要小心处理的道具，它对光线的反射使摄影机和摄影机旁边的照明设备很容易穿帮。

首先，利巴提克尽量在拍摄过程中不穿帮。只要能躲得开，就不让摄影机等器材和人员出现在镜子中，而且多数情况，只要摄影机和镜面保持一定的角度就可以做到不让摄影机穿帮。但有时导演希望特别近距离地拍摄，这种情况下就要在后期擦除镜子里的无关影像。比如图 6-54 的左下图，妮娜的镜中影像独立地转过身来。这个镜头不仅镜中人需要合成，而且因为摄影机几乎正对镜面且距离过近，也不可避免地出现在了镜子里，是后期擦除的。

图 6-54 《黑天鹅》有镜子的场景。左上：完成镜头，多组镜子反射的影。左下：完成镜头，镜子内外的人物面朝不同的方向，有不同的表情，这是合成镜头。右：多组镜子的拍摄现场。

图6-55（上）《黑天鹅》的排练场地。上：排练场的拍摄现场，基本照明是大面积漫射顶光。中：排练大厅中的完成镜头。下：更衣室外走廊上的完成镜头。

图6-56（下）《黑天鹅》的特写镜头一般不做特别调整，仍以全景中的道具灯为照明依据，有时摄影师会稍微加上一点柔光。

拍摄中，有时会使用半反射、半透射镜，因为这种双路镜的反光会有大概一半的衰减，镜中的影像比真人要暗。利巴提克在一个场景中做出无穷尽的镜子反射效果。他的做法是使用面对面的两块双路镜，娜塔丽·波特曼站在两块镜子之间，摄影机在镜子的侧面拍摄，拍摄现场如图6-54的右图所示。双路镜不断衰减镜中反射，妮娜的影像看上去越来越暗，很诡异，增加了影片的恐怖气氛。

（3）质朴的排练场

芭蕾舞排练和演出的实景选在纽约州立大学帕切斯分校（SUNY Purchase），这里除了理想的排练和舞台演出场所外，还提供了更衣室、走廊等剧情所需的环境。如图6-55所示，在利巴提克的设计中，排练过程的光效是比较朴实的。这种灰灰的调子不仅将妮娜内心的压力展现出来，也反衬出最终演出的辉煌。

（4）特写

影片中有大量的特写镜头。导演阿罗诺夫斯基说："对我来说，特写是20世纪的伟大发明；它使观众坐在全黑的影院里，全神贯注地凝视着那个人的眼睛，而被盯住的人自己却全然不觉。我总是喜欢接近演员并感受他们的情感和表现。"（自《美国电影摄影师》，2010年第12期）

摄影师在处理片中特写时，并没有特别去美化它，只是有时会为演员加上一点柔光纱。比如图6-56，在妮娜的卧室里，作为道具的床头灯是这个环境的照明依据，当拍摄特写时，仍然是同样的光效，非常简单。这就是利巴提克所

图 6-57（上）《黑天鹅》中餐馆的场景。人物的照明是"白光"，周围环境为色光。

图 6-58（下）《黑天鹅》中夜总会的场景和拍摄现场。色光在绿色环境光与品红色的闪光之间切换。

说的"尽可能自然"。妮娜和母亲所住的公寓选在了纽约的布鲁克林地区实景拍摄。

（5）色光

利巴提克喜欢在不影响影片总体基调的前提下加大影像的色反差，这一点在餐馆和夜总会的场景中尤为明显，如图 6-57、图 6-58 所示。

当利巴提克希望人脸是正常肤色时，他用"白光"照亮人物，将色光分布在前景和背景上，如图 6-57 妮娜的队友莉莉拉她共进晚餐这场戏。该场景中妮娜和莉莉的主要照明来自桌子上的台灯，利巴提克小心地用中国灯笼增强台灯的效果。色光分布于前景和背景，照明师将绿色或品红色的灯光纸加在日光灯管上，藏在各处，形成色光对比。妮娜和莉莉被"白光"照明，色光分散在其他区域。

当妮娜在迷幻药的作用中下舞池狂欢，内心的狂野得以释放时，摄影师让色光在镜头中切换，不再介意肤色的再现是否真实，如图 6-58 所示。

夜总会的场景选在纽约唐人街上的圣像俱乐部（Santos Party House），是个大场地。摄制组放置了三面聚酯薄膜材质的镜子，然后用跳舞的人群和音响设备将空间填满。舞场四周是摄影师布置的绿色 Kino Flo 照明，在它们上方是加了品红色灯光纸的闪光头，根据音乐的节奏，色光在周围的绿色照明和品红色的闪光之间变换，烘托出舞厅中众人狂舞、如醉如痴的热烈气氛。

（6）舞台的光效

舞蹈是影片的高潮，也是照明一定要出彩的场景。利巴提克说，《黑天鹅》没有足够的时间和足够的照明来按照真正的舞台演出那样布光，在帕切斯分校也没有移动照明的条件。于是他另辟蹊径，用聚光灯、cyc 条灯（cyc strip），以及 PAR 灯构成舞台照明。

舞台演出的镜头如图 6-59 所示。主要的照明是演员上方的 cyc 条灯，这种灯是有着不对称的反光器的灯组，可以从上方或下方均匀地打亮一个垂直的平面，比如一面墙，如图 6-60 所示。利巴提克用了 8 排装有 1k 电影灯泡的条灯分布在大约 18 米宽的舞台上，将不同颜色的灯光纸分别加在条灯上，由此使灯光能够在绿、品红、白或混合光之间转换（图 6-59 左列），这种方法比使用追光一类的照明要简单。

舞蹈的高潮是黑天鹅出场，摄影师用了一个太阳灯在黑天鹅亮相时打出强烈的逆光，另外有几盏 2k 的散光灯作为脚光，如图 6-59 的右下图所示。脚光也用在了彩排等不同场合，并产生令摄影师"意外惊喜"的效果。图 6-59 的右上图展示的是妮娜在排练白天鹅之死的最后段落，她身后的墙上

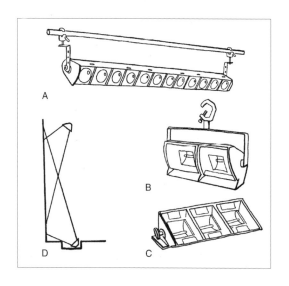

图 6-59（上）《黑天鹅》中舞台演出的场景，色光和管灯营造了变化多端的戏剧光效。

图 6-60（下）cyc 条灯。A：悬挂式 cyc 条灯的外观。B：2 盏一组的 cyc 条灯，也可以 4 盏一组。C：放在地面上的 cyc 条灯，可以是单个的灯，或几个一组，还可以 12 盏灯一组，甚至更多。D：cyc 条灯可以从上方或从下方均匀地照明一个垂直表面。

是群众演员晃动的身影。摄影师说，这个效果比他的预先设计有意思得多。

　　摄影师这样总结自己的照明："在《黑天鹅》里，最美妙的事情是我可以把我在独立制片和摄影棚摄影中学到的东西结合起来。从剧本开始，它就是我拍过的最令人满意的电影，因为它有一些电影的大场面，比如芭蕾，但又是在实景拍摄。"（自《美国电影摄影师》，2010 年第 12 期）

　　《黑天鹅》和本书前面介绍过的片例都有所不同，它的影像和人物造型不那么讲究，甚至因为是 16mm 胶片而显得有些粗糙。但它又保持了一种稳定的影像基调，并具备了真实与想象的世界间、平实的排练和辉煌登场之间自由切换的能力。《黑天鹅》的影像在很大程度上带有现代感特征：不使用长焦距镜头，近距离手持摄影把观众带入妮娜的世界。

6.3.2 《龙文身的女孩》：北欧版PK美国版

　　本节所介绍的《龙文身的女孩》（The Girl with the Dragon Tattoo）（以下简称《龙文身》）有两个版本：一个是 2009 年北欧版（瑞典、丹麦、德国、挪威合拍），由尼尔斯·阿登·奥普勒夫（Niels Arden Oplev）导演、埃里克·克雷斯摄影；另一个是 2011 年美国影版（美国、瑞典、挪威合拍），由大卫·芬奇导演、杰夫·克罗嫩韦斯（Jeff Cronenweth）摄影。

　　两个版本的《龙文身》均根据瑞典小说家斯蒂格·拉森（Stieg Larsson）的畅销书《千禧年三部曲》（Millennium Trilogy）中同名小说改编：退休的家族企业巨头亨利·范耶尔将 40 年前自家侄女海莉·范耶尔的失踪悬案交由有良知但刚刚输掉一场官司的记者麦可·布隆维斯特展开调查，他认为海莉是被家族成员所杀害了。记者又雇用一个专业黑客——身上刺有龙文身的另类女孩莉丝·莎兰德（以下简称"龙女"）作为他的调查员，两人最终发现了一系列女性被害的无头案都是海莉的哥哥——范耶尔集团现任掌门人马丁·范耶尔所为，而海莉依然活着。在这个故事主线中间还穿插着龙女被监护人强暴、记者败诉的官司转败为胜等其他情节和故事线，整个剧作结构比较复杂。

　　比较这两个版本摄影上的同异，可以看出制作成本、创作观念对影像的直接影响。

北欧版《龙文身》

　　北欧版《龙文身》的制作费用是 1300 万美元，共有 9 处场景。除了影片结尾处记者到澳大利亚找寻海莉的 2 处场景是在西班牙制作的，以及记者小屋和少量摩托追逐的特写镜头在摄影棚里制作外，其他的镜头都在瑞

典的实景拍摄。

（1）亨利·范耶尔的宅邸和记者小屋

北欧的光线有着明显的地域特点。瑞典导演英格玛·伯格曼和摄影师斯文·尼奎斯特是一对大师级的搭档，他们把研究光线作为爱好，用于展现故事的氛围，从而也形成了相应的影像特点。1961 年，在制作《穿过黑暗的玻璃》（ *Through a Glass Darkly* ）时，他们一起研究如何在摄影棚里模拟出北欧特有的散射光效果。从此以后，尼奎斯特用尽量少的光源营造自然的光效，有时只用油灯或蜡烛，并拒绝使用柔光镜，而通过柔光照明达到美化演员的目的。他的用光观念是电影摄影史上重要的进步，并仍在深刻影响着当代摄影师。

《龙文身》从小说搬上银幕，北欧版的导演和摄影师从一开始就清醒地意识到：营造一个被小说迷所期待的观感非常重要。如果影像的视觉效果过于强烈，反而会把情节拆散。所以他们选择了非常自然的视觉风格，并根据瑞典冬天的光线特点削弱影片的色彩。

亨利·范耶尔的居家办公室和他提供给记者调查用的小屋充分体现出该片的照明特点：来自窗外的冷白色主光，如图 6-61 所示。

图 6-61　北欧版《龙文身》，左列：家族企业家亨利·范耶尔的宅邸；右列：范耶尔提供给记者调查期间居住的小屋。

范耶尔宅邸是 19 世纪的老建筑，对呈现故事的叙事非常理想，但打光比较困难。摄制组看中的范耶尔办公室在楼上，窗户的底部距地面有 7 米高。摄影师埃里克·克雷斯在每个窗户外面都用云梯架起一个 6k 的灯。因为窗户上什么都不能安装，照明组就在灯的前面放置了一块灯光纸的框架，柔光纸从顶端覆盖 2/3 的框架，另一张暖色的 1/2 CTO 灯光纸从下方遮住框架另外的 1/3 处。在 Cirro Mist 烟雾器的作用下，一束硬光照在亨利的办公桌上；而场景的其余部分，特别是人脸，主光为均匀的柔光。这样一来，仅用一盏灯就同时打出了硬光和柔光，如图 6-61 ②所示。

范耶尔办公室不仅有来自室外的日光照明，也有室内的灯光和壁炉的火焰，这样可以反衬出北欧冬天的阴冷及深宅建筑内部的采光不足。克里斯将 1k 的灯泡放在 Chimera 柔光灯箱里，连接调光器，使灯泡的输出降低到 70%~80%，作为办公室内人物柔和的轮廓光（图 6-61 ③）。Chimera 柔光箱和 Kino Flo 管灯是克雷斯的最爱，他在《龙文身》中用的最多的是 KF29 Kino Flo 加 1/8 或 1/4 CTS 灯光纸，并喜欢把灯具直接放在地板上或用灯架立在地上，得到角度较低的照明效果。CTS 也是降色温类的灯光纸，颜色比 CTO 偏秸秆黄。

而记者小屋的内景（图 6-61 ⑥—⑧）是在摄影棚里搭建的。照明主要依靠 5k 和 10k 的灯竖立在窗外的地板上，通过白布反射光线到室内。美工师在布景的每面墙上都设计了门窗，景片上方安装了天花板，使场景看起来很真实。电影制作中，在摄影棚中搭建出同实景建筑看起来一模一样的布景被称作"double"——实景的复制品。记者小屋也是依据实景中小屋的外观搭建的，在光线设计上要考虑实景中小屋的照明环境。

在冬天，临海而建的小屋里，光线从各个方向反射到室内，有天光和来自地面、水面的反光，而太阳本身处在南半球，也是低角度照明。由于光线的角度低，室外自然光更容易进入室内，使小屋比较明亮。摄影师用了 U 形挂钩固定照明器材，并让灯头有 20° 左右的角度，用作环境光。海面和远山的背景景片放置在厨房和卧室的外面。日景拍摄时，用 2k Blonde（即 2k 的 open-face 灯）打亮景片；夜景用钨丝灯型灯管的 Kino Flo 加 1/3 CTB 蓝色纸。其他的窗户用白色的窗帘遮挡，当摄影机带到这些窗户时，摄影师会把白布"打毛"，这样便看不到室外的景物。

范耶尔宅邸和记者小屋的照明在总体上模拟的是室外低角度偏冷的自然光与室内低色温道具灯结合的混合光效。日景中，来自室外的光线是照明的主导（图 6-61 ②、⑥、⑦），夜景中，暖色调的台灯是照明的主导（图 6-61 ④、⑧）。

（2）场面调度

北欧版《龙文身》正如其他小制作影片，场景的数量较少，也没有很复杂的场面调度，通常是通过剪辑打破较长的对话，提高叙事的节奏。若场面调度复杂，或频繁更换场景，都会大大延长拍摄周期。

本片以单机拍摄为主，常常使用 dolly 配合摄影机的推拉摇移。仅有少数镜头使用了 Steadicam 稳定器，或者完全的手持摄影。比如龙女被其监护人强奸的场景非常暴力，摄影

图 6-62 北欧版《龙文身》，摄影师用"拉"镜头展现亨利·范耶尔的情绪冲动。

师用不稳定的手持摄影近距离捕捉龙女的表情和挣扎的动作。摄影师克雷斯在拍摄 dolly 镜头时，使用 Zeiss 的定焦镜头，但没有 dolly 的镜头会使用 Angenieux 24—290mm 变焦头，因为变焦头对机位的要求不必那么严格，构图比较快。

简单的摄影机运动不等于没有想法。在影片一开始，首先出现的是一双正在拆解邮件的手，接下来观众看到亨利·范耶尔坐在他的办公桌前凝视着刚刚收到的贴花，这是他每个生日必然会收到的礼物，也让他想起 40 年前失踪的侄女。当他情绪难以控制时，摄影机以一个"拉"镜头离开亨利，由中近景变成全景，如图 6-62 所示）。

克雷斯认为，移动轨的"拉"可以强化情绪。在电视新闻中，我们常常可以看到受访者哭泣或情绪失控时，摄像师往往用一个变焦的急推把镜头落在受访者的脸部特写上，似乎在炫耀他捕捉到了人物的表情。这样的镜头未必能更打动观众，反而传达出采访者对采访对象不够尊重的信息。相比之下，克雷斯的做法要高明得多，摄影机的运动也自然得多。

（3）回忆的镜头

影片中有不小的篇幅是在叙述 40 年前所发生的失踪案。为了打破讲解的沉闷，北欧版《龙文身》使用了不少方法，也有奇奇怪怪的处理。

在北欧版的故事里，记者小时候曾经在范耶尔家里遇到过失踪少女海莉。部分闪回镜头来自记者的回忆，如图 6-63 左列所示。摄影师希望这些镜头是明亮的，有一种家庭电影的质感。它们采用手持摄影、40fps 略微升速摄影的慢镜头、高调的室外实景。克雷斯选择逆光拍摄，用大幅蝴蝶布将阳光反射到演员的脸上。

而在海莉 40 年后回到亨利身边，讲述当年杀父出走的情形时，夸张的色彩是数字调光的结果，加强了颜色的色反差，并做了渐晕处理，色彩看起来很硬、很锐利。

这些影像之所以说奇怪，一方面是它们和影片整体的影像很不一致，另一方面还在于它们不统一。不仅图 6-63 就有两种不同的处理方法和视觉效果，影片中在记者故地重访时又呈现另一种调色的影像。而它们之间为什么要加以区别，显得意义不清。

影片对案情最先的叙述是亨利通过照片和当天所拍摄的纪录片向记者讲述的。图 6-64

是亨利为记者放映案发当天的纪录片的场景。因为那天正好街上有游行活动，而通往外界唯一的大桥上又发生了严重的车祸，所以小镇的档案里有当年记者们拍摄的影像材料。

　　这一组镜头的技术控制非常完美。亨利开门，打开家庭电影放映机，放映机投射出强烈并变化着的光束（图 6-64 上面两幅画面属同一镜头）；反打镜头中可以看到放映机和银幕上的影像。而影像未经合成，是直接拍摄的结果。

　　在此，我们可以再次将有经验的摄影师和初学者的做法加以比较。图 6-65 是一则比较优秀的学生作业，在镜头中，学生要打开一台投影仪，做出观看投影的光效效果。这位学生的技术处理比较细腻，始终让前、后景均保持着比较丰富的层次，投影仪投射出的光束也清晰可见，并且另用照明在人脸上做出变化的光线。但

图 6-63（上）　北欧版《龙文身》中闪回的镜头。左列：记者小时候的回忆。右列：中年海莉讲述当年的事情经过。

图 6-64（下）　北欧版《龙文身》亨利·范耶尔为记者放映案发当天的纪录片。

图6-65 08级本科学生吕真妍的照明作业——幻灯投影光效。

是，如果把这组影像和图6-64中的投影相比较的话，就会觉得《龙文身》的光影效果更明显。这是因为它的画面更单纯，而学生作业中红色、绿色的道具灯分散了观众对投影的注意力，甚至绿色的台灯本身就和投影的光束混叠在一起。这是初学者常有的问题——所有的好东西都要放在画面里，结果是喧宾夺主。场景和照明设计只做加法还不行，要舍得丢弃，要做减法。

美国版《龙文身》

导演过《七宗罪》《十二宫》（Zodiac，2007）的大卫·芬奇不会错过《龙文身》这样一个叙事更为复杂的黑色故事，哪怕《千禧年三部曲》已经被北欧的同行们一股脑搬上了大银幕，而且据说斯蒂格·拉森的小说迷们相当不满。

美国版《龙文身》的制作费用是9000万美元，约为北欧版的7倍。拍摄地点共22处，涉及瑞典、瑞士、挪威、英国和美国。大卫·芬奇最初的设想是保留北欧版中叙事的精华，并尽可能在瑞典拍摄，使用瑞典的制作团队，做出在美学上像瑞典电影的好莱坞影片。不过，在拍摄几周后，他便向远在美国的摄影老搭档杰夫·克罗嫩韦斯求援，因为他和瑞典摄影师的合作达不到默契。

不少摄制团队都有自己固定的成员，配合起来得心应手。比如斯皮尔伯格和卡明斯基合作的影片无论有多复杂，前期拍摄的时间表都是6周，即使《慕尼黑》拍摄地点涉及马耳他、匈牙利、法国、美国4个国家的10个城市，也是6周完成任务。但是，卡明斯基曾

杰夫·克罗嫩韦斯谈《龙文身》的摄影考虑

我们从拥抱瑞典的冬天为起点，这是故事的一个强有力的元素，它本身几乎就是一个角色。我们把大量的时间用在了光线和影调独一无二的风雪里。我们敞开胸怀去接受所有实景本身特有的光质。

——《美国电影摄影师》，2012年第1期

抱怨说，《战马》的拍摄周期被拖延了，因为摄影照明不是他的原班人马，而是英国的团队，干起来活儿来不顺手。所以，固定搭档或中途换人，在电影制作中也是司空见惯的事。

杰夫·克罗嫩韦斯是美国电影摄影师乔丹·克罗嫩韦斯（Jordan Cronenweth）的儿子，这使他有更多机会在出道时成为摄影大师的助理或掌机人。他在 1992 年至 1995 年间为斯文·尼奎斯特摄影的《西雅图不眠夜》（Sleepless in Seattle，1993）等 6 部影片担任过第一摄影助理和掌机人，深得大师真传。他也在大卫·芬奇导演的《七宗罪》和《心理游戏》（The Game，1997）中担当过掌机人，之后成为芬奇电影的独立摄影师之一。

杰夫·克罗嫩韦斯非常欣赏北欧版《龙文身》的原创画面，这部影片的实景拍摄也让他回想起在"柔光之父"尼奎斯特身边做学徒的日子。他说，"人们喜欢谈论尼奎斯特如何为前景布置大量的柔光，但是他对我说，因为那些柔光就是那样存在着的。在拍摄了这部影片之后，我完全明白了他说话的依据是什么。"（自 ICG Magazine，2011 年 1 月 13 日）。

（1）强调潮湿而阴冷的冬季

克罗嫩韦斯参与《龙文身》拍摄大约 160 天，是他自《搏击俱乐部》（Fight Club，1999）之后拍摄周期最长的一部电影。时间集中在冬季和春季。对于美国团队来说，北欧的低照度和雨雪交加的天气是惊悚片求之不得的造型元素。所以，如果将北欧版和美国版《龙文身》相比较的话，美国版更强调瑞典冬天里的雨雪天气。

如图 6-66 所示，北欧版（左列）在展示冬季的外景时，并不刻意描写雨雪天气；而美国版（右列）将外景处理成雾蒙蒙、雨雪交加的蓝青色调。不仅范耶尔家族宅邸所在的虚构小镇赫德史塔雪雾弥漫，就连斯德哥尔摩和故事中其他的瑞典城镇也是如此。相比而言，芬奇与克罗嫩韦斯合作的上一部影片《社交网络》由于受到剧情中名校情节的限制，需要比较写实。但是这部影片的影像风格可以走得更远，昏暗、清冷、噩梦般的影像正好与故事匹配。创作者说，他们几乎所有的镜头都加了雷登 80D 滤镜，而所使用的 Red One 数字机本身对蓝光谱特别敏感，所以总体上《龙文身》的清冷影调比《社交网络》的色温高出了大概 1000k，影像蓝色成分是多得比较夸张的。在这里也体现出了大制作的好处：更有条件营造影片所需的气氛。

虽然故事发生的时间是从头一年的圣诞节到第二年的圣诞节，但美国版令人印象深刻的外景大多是冬季，非冬季的外景也大多保持了同样清冷的色调。

正如本书第五章所指出的那样：夜景不一定是蓝色的。图 6-67 是影片的结尾场景，钠灯的黄绿色成为画面的基调。龙女在圣诞节精心挑选了一件礼物去见记者，却发现他和《千禧年》杂志的女负责人亲密地在一起，于是她将礼物丢进垃圾桶，骑着摩托扬长而去。

故事虽然发生在圣诞节，该场景却是春天拍摄的。拍摄场地是斯德哥尔摩一处有着老式建筑、鹅卵石街道的高地。

瑞典的冬季日照只有 6 个小时，夏季却长达 19 个小时，天几乎从来不黑。在拍摄这个场景的 4 月份，夜晚全黑的时间是 4 个小时，对于夜景的外景来说当然不利。而导演希

图 6-66　两个版本的《龙文身》冬季外景比较。左列：北欧版，①、②故事虚构的小镇赫德史塔，③斯德哥尔摩，④其他地方。右列：美国版，⑤、⑥赫德史塔，⑦斯德哥尔摩，⑧火车站。

图 6-67（左）　美国版《龙文身》的结尾镜头——斯德哥尔摩城市夜景。

图 6-68（右）　美国版《龙文身》拍摄现场，大型的柔光布用升降机悬挂在高空。

望画面覆盖两个街区的四个方向，所以照明需要事先完全准备好，背景光、主光，拍摄到哪里，就打开相应的照明光源。该场景用了 8 台升降机、4 台发电机和 20 个电工，加上特技部门要同时造雪，是个很费钱的场面，终于在天将破晓时完成了拍摄。美国版《龙文身》街景的拍摄现场如图 6-68 所示。

那些阴冷潮湿的外景对数字摄影机来说也是考验，镜头经常被冻住。摄影机罩上了雨披，但潮气会凝结在雨披上，然后渗到柔光镜中。为此，摄影助理要不停地用电吹风在雨披下吹，热空气使水分不在雨披上凝结。极端天气下，镜头的焦点也容易出问题，摄影助理常常需要目测判断焦点，而不能信任监视器。

（2）典型的内景

如图 6-69 所示，美国版《龙文身》的范耶尔集团的办公室（图①）、亨利·范耶尔宅邸（图③）、马丁·范耶尔的家（图④）以及龙女家（图⑥）等场景都是实景拍摄的。实景拍摄能让美国摄影师切身感受到北欧特有的光质。而记者小屋的场景（图②）在米高梅的摄影棚里搭建。

北欧版内景强调的是低角度光线和较大的明暗反差。几乎所有内景中的人物脸部都有加大的光比，有明确的受光面和背光面。而美国版强调的是低照"、阴天的内景光效。人脸也不一定总处在明暗对比之中。比如图 6-69②的上排，记者小屋中白天的场景，记者麦可·布隆维斯特（丹尼尔·克雷格饰）身上几乎不着光，给观众以天气晦暗不明的感觉。

美国版内景的另一个特点是以一种色调占据画面的主导地位。最常见的是日景清冷的室外自然光和夜景暖橙色台灯顶灯的光效，并很少在同一个镜头中混合这两种光线。而不同的场景，甚至同一场景不同时间，画面的基调也有所不同，冷色调有时偏蓝，另一些时候可能偏蓝绿或黄绿；暖色调有时偏棕、偏黄，或偏黄绿。在克罗嫩韦斯的画面里，色反差被削弱了，即使偶尔将画面处理为室外天光和室内低色温照明的混合光效，摄影师也减小了色温的间距，让冷暖对比没有那么强烈。比如图 6-69③的左图，亨利·范耶尔第一次在自己家约见记者，窗外的自然光是蓝青色，台灯是暖色，但它们的色对比是比较弱的。这个镜头的拍摄现场如图 6-70 所示。

比起北欧版，美国版多了很多琐碎的公共环境，比如更多的公交交通（图 6-69⑤）、酒吧饭馆、医院、超市等。一方面，这些场景与影片的整体基调吻合，另一方面，克罗嫩韦斯在保持环境特有的光质的同时，也让它们各有千秋。比如，在图 6-71 中，龙女（鲁妮·玛拉 /Rooney Mara 饰）为了一项新的复仇计划选购商品，准备把自己打扮成另一番模样。虽然影片没有交代她如何在不同的商场内出出进进，但观众完全可以感受到龙女实际上去了不同的商店选购不同的物品，先是自然光为主的商业街店铺（上），透过橱窗可以看到街景；然后是日光灯照明的购物中心（中）；然后再是有台灯修饰的典雅的精品店（下）。又如图 6-69⑤所示，左图中龙女在火车上，窗外暗蓝色的夜幕和龙女点烟的火光比其他场景多了一点活跃的色反差；右图中龙女将前任监护人送进医院后乘公交车回家，昏暗的光

① 范耶尔集团的办公室

② 记者的小屋

③ 亨利·范耶尔家

④ 马丁·范耶尔家

⑤ 龙女在火车和公交车上

⑥ 龙女家

图 6-69　美国版《龙文身》典型内景的影调和色调。

线加强了她沉重的心情，导演还将她安排在远离其他乘客的位置上，展示出龙女在认识记者之前与社会格格不入的性格。

（3）回忆的镜头

美国版《龙文身》在亨利·范耶尔向记者讲述海莉失踪事件时，用了闪回的方式。对于电影来说，"情景重现"肯定比北欧版展示照片要生动，这又是制作经费充足的好处。如图 6-72 所示，克罗嫩韦斯的闪回镜头比起北欧版有着更好的一致性，基本上是怀旧的黄色调，阴影处泛出淡淡的绿色，层次也丰富正常（左列）。在极少数夜景或黎明的镜头中，他没有延续日景的黄色调，而是用了尊重自然光的蓝色调（右列）。

（4）展示运动之美

《龙文身》不是一部动作片，其中有大量的推理和案情分析都以静态的摄影机调度来阐释。但是，这并不妨碍大卫·芬奇偶尔疯狂一把，炫耀一下打斗和车技的酷感。

故事中有一个龙女在地铁里遭抢劫的情节，虽然她夺回了自己的挎包，但笔记本电脑已经摔坏，这是她去找继任经纪人要钱并遭强奸的前提。如图 6-73 所示，北欧版对过程铺垫得比较仔细（左列）：几个小混混向画右走来，龙女下车，上台阶，向画左走，两相遭遇后，混混们挑衅并抢夺龙女的挎包，龙女用破玻璃瓶反击，并夺回挎包。这个片段用了 1 分 11 秒钟，28 个镜头，手持摄影，打斗剪辑得很激烈，基本技巧是正打反打穿插一些特写。美国版的打劫（右列）在电梯和月台之间调度，龙女下电梯走到月台准备登车，突然挎包被抢，抢劫者迅速逃离，登上电梯，龙女追到电梯上，两人在上行的电

图 6-70（上）　美国版《龙文身》亨利·范耶尔宅邸的拍摄现场。

图 6-71（下）　美国版《龙文身》中超市环境。上：街边商店。中：大型商场。下：精品店。

图 6-72　美国版《龙文身》闪回的镜头。左列：大多数回忆的镜头为日景。右列：极少数夜景或黎明的镜头。

图 6-73　地铁打劫的场景。左列：北欧版，打劫过程基本上在原地进行，主要是激烈的肢体冲突。右列：美国版，打斗的细节加上电梯上下的场面调度，以及龙女飞身滑下的超酷表演。

梯中打斗，时不时穿插其他乘客的反应，当龙女抢回挎包后，将挎包丢到上下梯之间的斜坡上，随着背包下滑，她也翻身跃上斜坡并顺势滑下，抄起挎包奔向月台并在列车关门前冲进了车厢。该场景共 45 秒，35 个镜头，除了多角度手持摄影外，也有从电梯到月台的大幅度跟摇。美国版的处理比欧洲版更加畅快淋漓，也让观众感受到特技表演所带来的兴奋。

龙女一袭黑衣，骑着黑色摩托风驰电掣也是美国版《龙文身》耍酷的看点。大型的外景场面对摄影也是一个考验。场景要展示龙女在冰雪路面上打滑，尤其是在龙女追逐马丁·范耶尔时，她的摩托要在夜间通过 8 公里长的树林，并和轿车追来堵去，如图 6-74 所示。

实景中摩托的拍摄采用了简单的拍法，而效果相当可信。在拍摄摩托行驶时，摄影车或引导，或跟随摩托骑手。在摄影师追拍摩托时，摩托的前灯被加亮了，具体的手法是在车灯上使用广角的、石英材质的灯罩，车灯的高光扩散开来，使摩托前方的道路和路两边的树木都被照亮。在摄影车上，一块小反光板为摩托和龙女补光，其照度在曝光点下 2 级光圈。另外，摄影车上还有一个窄角 HMI，把光线柔和地投射到龙女上方，照亮树林的上方。当摄影车在前面引导摩托时，还是同一个小反光板和窄角 HMI，由 HMI 打亮树梢，小反光板将摩托前灯的光线柔和地反射到龙女身上。

图 6-74（上）　美国版《龙文身》摩托追逐的镜头。龙女最终将马丁·范耶尔的轿车逼下主路，翻车起火。

图 6-75（下）　摄影棚里车拍现场。

追逐的场景中有一部分镜头是在瑞典的摄影棚里拍摄的，因为这些镜头中要看到驾车的马丁·范耶尔逃避龙女追逐的表情，拍摄现场如图 6-75 所示。在绿幕环绕的摄影棚里，轿车的两侧、后窗各有一块高 0.9 米高、4.3 米宽的 LED 显示屏，拍摄的时候，用 Quick Time 播放环境影像，而 LED 显示屏的明暗变化直接在演员、方向盘和轿车内部产生互动，光效真实可信。

根据大卫·芬奇的习惯，他的电影总是使用两台摄影机，一台拍比较广的场面，另一台在稍远处拍摄演员的中近景。

在经历了调换摄影师、补拍一些场景之后，大卫·芬奇说："我做了反思，觉得应该换一种方法来制作这部电影，而且不应该太沉溺于瑞典团队的想法；杰夫能来保驾是我的幸运，我们又有了一次一起工作的机会。"（自《美国电影摄影师》，2012 年第 1 期）。

6.3.3　参考影片与延伸阅读

电影的实景摄影不仅是小制作的专利，也是大片所青睐的制作方式，因为拍摄地特殊的地域、材质和光感往往是摄影师创作灵感的源泉。

（1）《七宗罪》是本书前面已经列举到的例子。这是一部学习电影摄影不可错过的影片，可以从头至尾逐个镜头地细读。它的制作介绍可参见《美国电影摄影师》1995 年第 10 期、《光影创作课：21 位电影摄影大师的现场教学》中的第 24 章，或者《摄影·电影·电影·摄影》和 New Cinematography 中关于达吕斯·康第的章节。

（2）《慕尼黑》也是列举过的影片。如前所述，影片中场景涉及 4 个国家中的 10 个城市，用以表现发生在慕尼黑奥林匹克运动会上的人质劫持事件，以及以色列之后一系列的报复性暗杀活动。在影片中，不同地域特色分明，室内外照明设计和它的运动摄影都十分出色。该片的制作介绍见《美国电影摄影师》2006 年第 2 期。

（3）罗伯特·理查森为马丁·斯科塞斯担任摄影的《禁闭岛》改编自一部著名的心理小说。故事在座落于孤岛的精神病院中展开，错综复杂的现实、回忆和幻觉空间，让观众无法分别哪个世界对于男主角泰迪·丹尼尔（莱昂纳多·迪卡普里奥 / Leonardo DiCaprio 饰）来说是真实存在的。大多数监狱的内外景是在梅德菲尔德州立医院（Medfield State

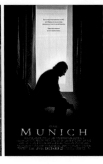

Hospital）拍摄，这里以前是精神病院，正符合该片的要求。摄影师通过颜色和光线很好地把握了不同空间的影像风格，并有出色的电闪雷鸣等光效烘托人物的心理活动。理查森也是喜欢选择不同的胶片、并通过 DI 数字调光营造影像风格的摄影师，这使他的影像具有不同于他人的特质。制作介绍见《美国电影摄影师》2010 年第 3 期。

（4）美国和德国合拍片《布达佩斯大饭店》（*The Grand Budapest Hotel*，2014）乍看很像是摄影棚里制作出来的梦幻世界，但实际上最重要的内景，包括时间跨越 20 世纪 30 年代、60 年代和 80 年代的大饭店，都是实景拍摄的。它的影像色彩明快，既戏剧化又有电影感，与幽默的喜剧故事相得益彰。该片摄影师罗伯特·约曼（Robert Yeoman）和导演韦斯·安德森（Wes Anderson）之前合作过另一部电影《月升王国》（*Moonrise Kingdom*，2012），可以说《布达佩斯大饭店》是前一部电影风格的延续和提升。该片的摄影阐述可见《美国电影摄影师》2014 年第 3 期。

（5）法国电影《伊夫圣罗兰传》是时装大师伊夫·圣罗兰（Yves Saint Laurent，1936—2008）的传记片。它的影像处理大致分为两个阶段：圣罗兰的早期生活用明快、半消色的影像描绘；当他逐渐成名，通过放荡的生活寻求新的艺术灵感，影像也变得幽暗多彩。该片有着大量的时装发布、文艺圈聚会等人群聚集的场面，不少镜头拍摄于原址，比如圣罗兰的办公室，它的场面调度和群像处理都值得借鉴。

第七章

典型场景之三：摄影棚摄影

> 我想象卡拉瓦乔开始就像他经常做的那样，白天在自然光下绘画，但是他意识到光线不符合他所要表达的情感。于是，他关上窗，点亮油灯，第一次使用了人工光。
>
> ——维托里奥·斯托拉罗（AIC，ASC），《美国电影摄影师》，2007 年第 9 期

在电影制片厂内，摄影棚摄影的光线都来自人工光照明——专业照明器材或道具灯。这种稳定的光线和室内环境使拍摄不受季节和时间的限制。在摄影棚内可以模拟室内以及室外的光效和环境。也正是由于摄影棚摄影需要摄影师人为地布光，电影史上摄影棚光效的改变代表了摄影观念的演进。

7.1 摄影棚光效的演变

电影摄影师对光线的认识是在百年电影发展中逐渐形成的，同时受到设备和技术的制约。

电影诞生初期，摄影棚逐渐成为电影制作的主要方式与早期电影胶片的感光度低——甚至只有十几 ISO，需要大量而稳定的照明有关。美国电影工业从 20 世纪 10 年代开始在封闭的摄影棚中以全人工照明的方式拍摄。摄影师比利·比才（Billy Bitzer）可以算是戏剧光效的鼻祖。他在格里菲斯（David W. Griffith）所执导的《残花泪》（Broken Blossoms，1919）中加上了镜头纱，让演员看起来更漂亮，环境气氛更为柔和。从此开始，各种摄影艺术的探索也逐步深入。

从丹麦影片《女巫》（Häxan，1922）中，可以看出早期摄影棚摄影做得有多好。这是一部被冠以"幻想纪录片"的电影，它像一篇用影像写成的论文，讲述女巫的历史以及当今社会被归结到精神病范畴的类似现象。该片是黑白调色影片，调色是彩色胶片诞生之前所流行的工艺。影片中，夜景被调为蓝色，日景是棕红色。影片的制作堪称豪华，其费用为 200 万瑞典克朗，是当时平均制片费用的 10 倍。20 世纪 60 年代有电影史学家将《女巫》誉为"20 世纪最具独立和探索精神"的影片。

《女巫》对于模拟一日之内不同时段、不同环境的光效已经很在行了，而且还能利用明暗对比突出人物、营造气氛。如图 7-1 所示，除了右下图是自然光下的外景日景以外，其

图 7-1 早期黑白影片《女巫》的部分场景。左上：摄影棚夜内。左下：摄影棚日内。右上：摄影棚夜外。右下：外景日景。

他场景都是摄影棚内的人工光摄影。左上图中，一个老巫婆在炉火边烧制她的迷幻药，炉火和女巫脸被照亮，烟雾缥缈，室内其他物品则隐藏在阴影之中。这个场景一看便知是室内夜景。左下图是教士将一个无辜女子打入牢房并施尽欺骗之手段要她招供自己的罪行。教士表示，他可以放走女子。当他打开牢房的门，光线从牢房的外面射入并逐渐衰减，也为人物提供了造型光。影片中有多次类似开/关门的光效，即使门在画面以外，在人脸和画面中的景物上也能看到变化的光线。右上图的侧逆光加上大面积暗区，夜景照明的基本特点展现无遗。从整部影片来看，它的用光非常简练，以少胜多，主次分明，且唯美动人。通过这个例子不难理解，为什么有那么多当代电影摄影大师喜欢到早期黑白片中寻找灵感。

当色彩片和声音被加入电影，摄影和录音设备变得庞大无比，使得电影制作更加离不开摄影棚，戏剧化的光效也进一步得到发展。1941 年奥斯卡最佳摄影影片《蝴蝶梦》（*Rebecca*，1940）是戏剧光效发展到极致的典型影片，如图 7-2 所示。

这一时期，明星被打造得完美无比（左上）；造型光、轮廓光、底子光一样都不能少（右上）；利用光影营造特殊气氛也轻车熟路（右下）。然而，这种完美也让摄影师忽略了自然光的属性和真实感。今天的观众很容易从影像上区分那些经典时期的好莱坞电影——有着浓重的"棚味儿"。戏剧光效完美地打造了电影明星，但它的缺点也是显而易见的。首先，"五光俱全"的照明不真实。比如，图7-2的左下图中，人脸比窗外的天空还要亮。当时的技术标准也限制了用光的合理性，人脸要有一定的密度保障，必须被打亮才好看，而画面中的高光也不能没有层次，所以窗外"毛掉"是不可以的。而且这个场景中，窗影布满整个后景，看起来也很奇怪。显然是摄影师在摄影棚里待久了，并没有好好观察太阳投

图7-2 《蝴蝶梦》——经典好莱坞电影典型的戏剧光效。

射到室内能形成怎样的窗影。又如图 7-2 中排，德温特太太（琼·芳登 / Joan Fontaine 饰）和女管家穿过一个走廊时，室外大雨滂沱，摄影师将窗户上的雨滴映在室内的石柱上，产生流动着的光影。然而在这个场景中，我们无法感到光线来自窗外，因为室内有太多的造型光、逆光，凌乱的光影使得水影也只是又多了一种光影而已。戏剧光效其他比较严重的问题还包括：它严重地限制了演员的自由，人物稍微动一动位置，太多的光影就会错乱，一个人的造型光可能在另一个人的脸上产生阴影，使演员的演技难以发挥；一到特写就使用较重的柔光纱，也使得镜头之间无法很好地衔接。

电影史上一直有摄影师专注着自然光效的表现力。到了 20 世纪 50 年代，一方面是戏剧光效在好莱坞依然盛行，另一方面由于战后资金缺乏，欧洲电影制作不得不走出摄影棚实景拍摄，并因此感受到自然光效的亲和力。随后，一些重量级的摄影师开始观察并再现更加自然的照明效果。比如，60 年代的斯文·尼奎斯特、内斯托尔·阿尔芒都，稍后的维托里奥·斯托拉罗等都引领过照明光效的新方向。

必须一提的影片还包括《2001 太空漫游》。这部斯坦利·库布里克（Stanley Kubrick）导演的影片不仅内涵深邃、特效制作出色，在摄影方面也具有里程碑的意义。如图 7-3 所示，该片太空舱、宇航工作站里的镜头都是在摄影棚里拍摄的。摄影师杰弗里·昂斯沃思（Geoffrey Unsworth）为这些空间设计了很多道具灯，它们镶嵌在墙壁上和天花板里，并完全用道具灯作为场景的照明。这部影片让我们知道了一个名词："现有光"（或称"现场光"）。现有光照明是用光观念的一个突破，因为它的光线来自拍摄现场实际存在着的照明，所以照明是客观、合理并自然的。

《2001 太空漫游》的用光观念对当代摄影师的影响非常大。当伍迪·艾伦和达吕斯·康第为《午夜巴黎》选择了采光特殊的巴黎橘园美术馆（Orangerie Museum）作为实景拍摄

图 7-3 《2001 太空漫游》——现有光得到极大的重视，它的用光观念影响至今。

图 7-4 《午夜巴黎》中向《2001 太空漫游》致敬的镜头——现有光照明的橘园美术馆作为影片的实景场景。

场地时（图 7-4），两人相对，会心一笑："《2001 太空漫游》？不是吗？"而科幻片《创：战纪》中虚拟世界就像《2001 太空漫游》一样，由道具灯主导了场景的照明。它们将 40W 的钨丝灯放在道具灯槽里，营造出灯的海洋（参见第三章图 3-17）。

当代的摄影棚摄影是照明的合理性和戏剧化的结合，使光线看起来自然并符合故事的气氛要求。照明处理得好的摄影棚摄影，观众无法用经验判断它是在摄影棚还是在实景中拍摄的。实际上，现在的实景和摄影棚摄影也在趋同。由于照明设备的改善，实景可以不那么受天气条件的制约；而在摄影棚中摄影时，摄影师会将实景的视觉经验运用其中，模拟实景的光线效果。

7.2　摄影棚摄影的特点

摄影棚摄影在照明作业中最受学生重视，往往完成的质量也好于外景和实景内景。一方面，他们觉得进棚机会难得，得好好利用；另一方面，虽然摄影棚里已经提供了简单的布景，但同学们还是会进一步加工景片和道具，照明方面也会事先认真规划，或找些优秀的影片做参考。

7.2.1　优秀学生作业

根据作业要求，摄影棚的实习包括不同景别、简单场面调度的日景和夜景，日景要有开 / 关窗帘，夜景要有开 / 关灯等光效。

图 7-5 是一组摄影棚学生作业，它的拍摄现场如图 7-6 所示。这位同学的作业有着突出的优点。

（1）该同学在拍摄前做了充分的准备，包括研究《白鹿原》（2012）、《一代宗师》等影片的柔光照明效果，这使他对于自己要达到怎样的目标非常明确。

（2）服、化、道色彩统一，这是照明设计的良好开端。景物的颜色越单纯、越消色，观察和调整光效就越容易。

（3）照明兼顾了环境气氛和人物造型，反差、明暗适当，日景或夜景效果明显。

（4）色温控制得当，日景处理成白光照明，夜景有烛光和月光之间的冷暖对比，比例适当，色反差不过分。

（5）从拍摄现场可以看出，该同学对照明的控制能力很强，不但通过多层柔光屏为角色打出柔光，而且已经能够有目地使用黑旗遮挡不需要的光线。

如果一定要挑毛病的话，在日景的近景中（图7-5左下），男孩身后木桩上挂着的东西

亮度还可以压暗一些，这样人物可以更加突出；在夜景的全景中（图7-5右下），因为用了很多蜡烛、煤油灯，而这些灯光本身的亮度不够强，所以光源显得有些琐碎。

图7-7是另一位同学的摄影棚日景作业（左列），这位同学参考了《大侦探福尔摩斯》中福尔摩斯和华生探案的一个场景（右列）。曝光数据和拍摄现场如图7-8所示。《大侦探福尔摩斯》在后期DI过程中进行过色彩去饱和度等处理，这一点无法仅靠前期

图7-5（上）　11级本科学生高伟喆摄影棚作业。左列：日景。右列：夜景。

图7-6（下）　图7-5的拍摄现场。

图 7-7（上）摄影棚学生作业。左列：11级本科学生高远的作业。右列：《大侦探福尔摩斯》类似的场景。

图 7-8（下）图 7-7 的曝光数据和工作现场。

拍摄效仿。但除此之外，该同学对于光效的模拟相当成功，人物和环境关系主次分明，光线柔和，日景效果自然。这一组镜头中，同学根据作业要求设计了开 / 关窗帘的光效，这是《大侦探福尔摩斯》中所没有的。当角色进入场景时（左中），窗户上是被黄色帘布遮挡着的，房间的照明布局呈现出近亮远暗的亮度分布，使后景和门看起来很"堵"，纵深感差。这是设计上的小缺憾。

日景近景
ISO 800 shutter 172.8 光圈 T2.8₅ 主光窗户 1 照度 T5.6₅
窗户 2 照度 T4.0₃ 底子光 T1.0

无论如何，第一次进摄影棚能有这么强的造型意识和实施能力都是令人惊叹的。这也和该届学生不再使用胶片，而是用数字机拍摄有关。数字机可以在现场看到摄影的影像，并随时对不满意之处做出修改。之前的学生使用胶片拍摄往往在拍摄现场有很多曝光方面的顾虑，胆子也比较小，担心高光和暗部失控。而且自己所拍摄的样片因需要洗印，要在作业完成后很久才能看到，有些摄影的细节已经不记得了，不利于总结经验教训。

7.2.2 常见问题

摄影棚中出现的问题有些和实景摄影是相似的，比如色温控制不好等，也有一些则更有摄影棚摄影的特殊性。

光线比例不当

如图 7-9 所示，这样一个模拟日景的场景中，窗外的亮度控制比较合适，但室内景物明暗不合理：人物的脸上缺少造型光，好像窗外的照明只是在墙上投射了一个窗影，对人物没起丝毫作用，几个人都处在曝光不足的条件下。小茶几的阴影和地上的亮斑说明副光太强，使房间里产生了不明光源。该同学曝光订在 T4.0，而人脸的照度却在订光点下 1 级光圈——T2.8，是曝光不足。桌面和地面在曝光点上 1 级光圈，喧宾夺主不足为怪。

图 7-11 的下图也是类似的问题。就画面来说，用光比较干净，也兼顾了人物的造型，但夜景中月光、灯光的比例不当。这个镜头是夜景还是日景？光效不够明确。室外的光线太强，台灯除了装饰以外似乎不对环境有什么影响，这使得人脸的光线来路不明，不知是哪个照明作用的结果。

光效不当

在图 7-10 的日景光效镜头里，主光应该来自窗户，但演员的后背有明亮的侧光，感觉是被一盏灯所照亮的。而且画面的构图过于凌乱，前景的电扇只起到了添乱的作用。

光比比例和光效不当有时是光比控制的问题，有时则是照明设计的问题。

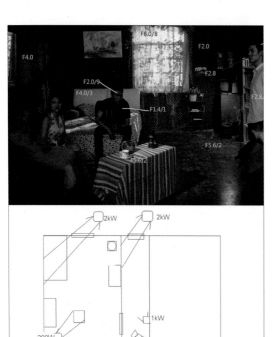

图 7-9　08 级本科学生摄影棚日景作业，照明的比例有问题。上：完成画面及曝光数据。下：灯位图。

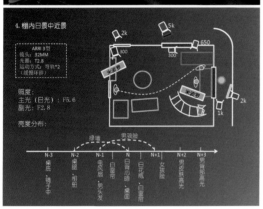

图7-10（上） 08级本科学生摄影棚日景作业，照明光效有问题。上：完成画面。下：灯位图。

图7-11（下） 08级本科学生摄影棚作业。上：日景光效，吕真妍摄影。人物和环境照明关系较好，但窗影呈"喇叭口"状。下：夜景光效，陈晨摄影。画面用光比较干净，也注意了人物造型，但室外月光太强，室内灯光照明不足。

喇叭口

"喇叭口"最容易暴露摄影棚摄影的痕迹。自然阳光或天光是平行光，所以投射到墙面上的光影也是平行的。而摄影棚里使用的照明不具备自然光的这种属性，将聚光灯打到窗框上，一定会形成扩散的、不平行的喇叭口。如图7-11的上图所示，这个日景镜头总体上光效处理得不错，但墙面上的影子不平行。

这是一个学生们能意识到、但操作上不好解决的问题。实习所使用的摄影棚非常小，景片距墙很近，几乎没有灯位，如图7-12所示。虽然"大片"比起学生作业而言，都会有更大的摄影棚，但要打出平行光光影也还需要一定的技巧。以下几点考虑有助于改善窗影效果。

（1）不一定要做窗影。不少同学觉得一定要有窗影才能表现出室内日景或夜景的光线特点，所以他们会把很多精力放在调整窗影效果上。但纵观各种影片，没有窗影的内景很多，特别是当窗户假定的朝向是北面时，室内只有散射光，没有明显的窗影。

（2）窗影不一定是硬光。认为只有硬光才会形成窗影的想法在同学中普遍存在。实际上柔光也能形成光影，也许更好看。关键是柔光是来自柔光屏或反光板的面光源，光影没有明确的边界，也没有明显的"喇叭口"。

不仅窗影可以是柔光，为了用"喇叭口"的人工照明模拟平行的自然光，光束也可以用反射光来打。如图 7-13，电视剧《无尽的世界》（*World Without End*，2012）在匈牙利柯尔达电影制片厂（Korda Studios）的摄影棚中搭出中世纪壮观的宴会厅（上），摄影师丹尼尔·克罗桑（Denis Crossan）在布景的窗外架起反光板和几个 20k HMI 灯为日景的宴会厅打出阳光的光束（下）。从工作现场来看，这个摄影棚当然比学生实习的空间大得多，但摆放照明的距离也还是有限的。通过反光板反光，一方面柔化了光线，另一方面也增加了的光线传播的距离，所以对模拟平行光有利。

（3）窗影不见得是窗户的影子。窗影可以用黑旗挡出形状，而不是窗子什么样就必须让它的影子如实投射在墙上。

在故事片《修女伊达》（*Ida*，2013）中，摄影师卢卡什·扎尔（Lukasz Zal）为不少内景打出生动的窗影，如图 7-14 所示。该片是在波兰实景拍摄的。波兰的冬天以有云的阴天为主，扎尔利用了该季节持续的柔光，并通过人工照明做出太阳的光影。扎尔的基本做法是用 6k 和 4k 的 HMI 在窗外通过柔光屏向室内打光。他用 4 米 ×4 米的蝴蝶布或 200

图 7-12（上） 学生实习所使用的摄影棚。08 级同学正在拍摄作业。

图 7-13（下） 电视剧《无尽的世界》。上：有光束的摄影棚日内景。下：该场景的拍摄现场。

图 7-14　故事片《修女伊达》所做的窗影。这些光影是用黑旗做出来的，而不是真正的窗框留下的影子。

厘米 ×120 厘米的 Lee 250 型号的漫射材料透射 HMI 的光线。另外，他同时使用黑布或黑旗控制光区，产生反差和背景上的窗影。比如图 7-14 中，左上图墙上的窗影是黑旗和黑布遮挡出的，这并不妨碍观众认为修道院院长的身后是一扇大窗。左下图仅在墙上做出一块边界不清的梯形光区，这也正是黑旗而不是实际的窗户产生光影的好处——可以控制其柔和程度：如果希望影子比较柔和、边界不清，可以让遮挡物距柔光屏近一些，反之则光影比较硬、比较实。另外，黑旗和黑布可以随意调整角度，使窗影的形态更好控制。右上图是女主人伊达在一个牛圈里，只有一扇小窗将室内局部照亮。扎尔在这里使用了黑布，布上掏出一个圆洞让光线进入牛棚。右下图是旅馆里无灯光的夜景效果，窗影是室外月光或城市夜晚的灯光所照亮。这一次，扎尔让窗帘的纹理直接投射在墙上，曝光恰到好处。

7.3　摄影棚摄影的常见处理方法

7.3.1　首先确定房间的朝向

在摄影棚里，布景的朝向是可以随意定义的。在布光之前，首先要确定布景的朝向，它是模拟自然光效的前提。

　　一方面，根据实景所复制的摄影棚布景要遵循实景的朝向，才能让照明合理。比如第六章电影赏析所介绍的北欧版《龙文身的女孩》中，记者调查所居住的小屋的实景坐落在海边，门的一面朝南，所以它的摄影棚内景也是正门一面的门窗为南，有光束射入房间，如第六章图 6-61 右列所示。

　　另一方面，为了建立总体的光效关系，也要先设计好房间的朝向。日景的光效来自你模拟的是什么方向，什么季节、时辰和天气。比如《爱》，老夫妇居住的公寓完全是在摄影棚中搭建的，而且没有实景对应。按照导演迈克尔·哈内克和摄影师达吕斯·康第的设计，一字排开的卧室、客厅和书房朝北；大门、门厅的窗户和厨房朝南，但只有厨房的窗户阳光可以进入室内，大门之外是楼道，而门厅的窗外是一个天井。如图 7-15 所示，左列为卧室和客厅，它们的光效是天光和城市建筑的反光作用的结果，而且窗户朝北的房间有着相对稳定的日光。右列是朝南的厨房，可以模拟的光效更丰富，可以有直射阳光或阴雨天的散射光。图 7-15 的右上图模拟的是有阳光的日景，窗影映在墙上；而右下图没有明显的阳光，是一个多云天气。达吕斯·康第很好地把握了影像的总基调，无论是否有阳光进入房间，影像都以柔和的中间调为主，既不黑死也不亮得"毛掉"，人物的光比保持一致，墙上的窗影甚至没有超过人脸的亮度。

　　摄影棚的好处是光线稳定，不受拍摄时间限制。与之对比，第六章图 6-9 是介绍过的《谢利》中一个光线漂亮的过场戏，在实景拍摄。那个场景只是一个过场戏，在一天当中特定的时刻拍摄。如果要在同样的光线下讲述一段故事就不可能了。即便阳光能一直照射

图 7-15　故事片《爱》房间的朝向。左列：朝北的卧室和客厅。右列：朝南的厨房。

阿尔芒都谈摄影棚摄影

在波隆摄影棚的愉快经历再次印证了我在《慕德家一夜》(*My Night at Maud's*, 1969) 里学到的。它使我明白自己有时候太教条了，像我极力拥护实景有时就显然不够灵活，因为事实上摄影棚有各项利于拍片的设备。例如，假设场景在白天，影棚作业可以在窗外打灯光进来，像阳光一般，如此整天拍片都没问题……

摄影棚还有一个好处，尤其是像《午后之爱》(*L'amour l'après-midi*, 1972) 这样的影片，剧情经过了好几个月，而实际上是 7 周内拍完的。电影开始时是冬天，当柯莉到达办公室，透过窗子的光线应该是柔和的。而她几个月后再次出现在办公室时已是夏天了，我们用强烈的灯光（一万瓦）打在窗帘上来表现季节的变化。这两个不同的效果在实景里就不太可能在这么短的时间内拍出来。（无论如何，应该记住要避免在摄影棚工作的一大诱惑——利用便利的条件去制造真正目的以外的玩弄技巧效果。）

—— 内斯托尔·阿尔芒都，《摄影师手记》

进室内，光影的方向也会不断变化，这一个镜头和下一个镜头一定不一样。但是摄影棚摄影一旦布光完成，想拍多久就拍多久，没有类似的问题。

另外，摄影棚的布景也可以根据摄影要求来建造，比如墙壁是可拆除的，地面一般会搭起一个高台，使低机位摄影更容易摆放摄影机。在《爱》中，公寓的地板都用砂纸打磨过，所以运动镜头不必架设移动轨，dolly 可以直接在地面上行走。如图 7-15 的左下图所示，这是影片开场的镜头，警察破门而入，摄影机架设在 dolly 上，跟随一个警探从一个房间到另一个房间，查看情况，打开门窗。

7.3.2　订光和曝光

小制作举例

小制作用灯量少，往往根据场景能被打多亮来确定曝光。这与学生实习的情况类似。

比如故事片《香魂女》最重要的场景——香二嫂家小院是在天津电影制片厂摄影棚里搭建的。当时厂里的设备条件差，大多只是一些 1k 的聚光灯和新闻用散光灯。在这样的情况下，小院和各个房间的基本曝光是根据这些照明能够把布景打多亮来决定的。该片在摄影棚内使用了 ISO 500 Kodak 5296 灯光型高感胶片，根据摄影师鲍肖然教授的工作习惯，底子光和人物主光的光比是 4 : 1，主光在曝光点上 1 级光圈。为了不使场景具有

"棚味儿"，小院中阳光的照度比底子光高 4 级。在生产试验期间，根据"主光照度高于订光点 1 级光圈"的工作习惯，得到胶片的实用感光度为 ISO 320。这是降低了的感光度，所拍摄的底片密度偏厚，印片光号偏大，有利于影像得到丰富的暗部层次，但亮部容易丢失层次。

如图 7-16 右下图所示，无论是房间还是小院，底子光由一些散光灯通过柔光布从顶部打到布景中，一块柔光布上面是两盏灯。为了均衡房间的照度，柔光布上加了黑旗（放置了一些聚乙烯泡沫板在柔光布上）遮挡偏亮的部分。在具体拍摄时，摄影机旁另有一盏灯和一块反光板补充人物的副光，使人物的底子光有良好的方向，而不只是来自上方的顶光。

底子光和为墙面打出阳光效果的灯光照度决定了基本的订光点。实际上，底子光照度可以达到光圈 T1.4 至 T1.4₅，所以香二嫂小院的场景基本上底子光保持在 T1.4，主光 T2.8，曝光点为 T2。

图 7-16 是香二嫂家油房的场景。左上图是清晨的光效，炉灶上方用了一盏 300W 的民用灯泡作为香二嫂和帮工金海的主光。后景的小天窗外用一盏灯打光束，另一盏灯将窗后的聚乙烯泡沫板打亮，其亮度为光圈 T16（高于订光点 6 级光圈），以确保小窗完全"毛掉"，以免窗外的摄影棚环境穿帮。炉灶上灯泡的色温比所使用的灯光型胶片 3200K 的平衡色温略低，房间中底子光的色温为 4100K。

左下图是夜晚灯光光效，香二嫂（画左）和女儿芝儿（画右）在整理磨坊。订光点为

图 7-16　故事片《香魂女》摄影棚摄影——磨坊的场景。左上：清晨日光和灯光的混合光效。左下：月光和灯光，夜晚光效。右上：日光光效。右下：油房和磨坊的拍摄现场，它们是相互丁字形连通的两间房。

T2，主光还是灶台上放的 300W 的民用电灯泡，在香二嫂的位置上照度为 T2.8₅，底子光为 T1.4₅，门外小院的月光是 T1.4，所以即使在房间的角落里，照度也略微高于月光。主光和副光的色温同左上图清晨的镜头，月光为 6600K，加之使用的是劣质灯光纸，所以蓝色光效比较夸张。

右上图是日景，但时间仍比较早，"阳光"略带暖色。室内的主光是小院内 3 盏聚光灯经柔光布透射的结果，在儿媳环环的位置上，主光为 T2.8₅（来自画左的侧光），色温 3600K；磨坊内的底子光为 T1.4₅，色温 4100K；阳光的色温为 3000K；室内主光色温为 3600K；小院中被阳光照亮的墙面照度为 T8₅，色温 3000K，订光为 T2.8。在这个《香魂女》的例子中我们可以看到，保持主副光比不变，仍旧可以得到不同的光效和气氛。

摄影棚一般订光习惯

当电影有足够的预算，摄影棚有足够的空间和设备时，订光首要的考虑是用多大的光圈来拍摄。

第一个考虑是景深。比如达吕斯·康第在导演哈内克的影片中总是使用较小的光圈，因为哈内克喜欢锐度很好且景深更大的影像。但是康第与其他导演合作时会把光圈开得更大。康第在使用胶片摄影机时通常把光圈设定在 T2.5 至 T2.8 之间。他在使用 Alexa 数字摄影机拍摄《爱》的时候发现，Alexa 的 T4 光圈相当于胶片摄影机的 T2.8，所以他主要用 T4，有时是 T5.6 来拍摄这部影片，以便景深略大一些。又如《社交网络》使用的是 Red One 数字摄影机，镜头的景深特别大，这是电影导演和摄影师所不喜欢的。杰夫·克罗嫩韦斯在拍摄这部电影时，总是把光圈开大到 T1.3。

第二个考虑是场景中道具灯和自然光效照明的比例。虽然在摄影棚里很容易用人工照明提高场景的照度水平，但为了得到更真实而生动的光效，人工辅助照明不可压过道具灯的照度。有些光源本身的发光强度有限，比如烛光、煤油灯等，这种照明光效下，摄影棚摄影和实景摄影没有太大的区别，都要尽量提高摄影机光敏器件或感光材料的感光度，在低照度条件下拍摄。也有一些影片不大在意道具灯的光效，它们在曝光上就不必把道具灯当作订光的考虑之一，但这样影片往往在影像上有很重的"摄影棚味儿"，道具灯只是摆设，并不起多少照明的作用。

第三个考虑是光圈和实景的匹配。很多摄影师不希望观众看出摄影棚摄影的痕迹，其中一个对策就是在摄影棚使用实景惯用的光圈，即使在摄影棚可以使用更强的照明来收小镜头的光圈，他们也不那样做，而是把光圈开大到实景中常用到的光孔范围内。

《香魂女》在模仿实景方面采用的是高亮度对比（图 7–16 左上），让人造阳光和阴影处的光比达到 16∶1，以至于有些技术专家在观片后私下里嘀咕，影片的技术控制不好，没有把高光降下来。但是他们完全没有意识到这些场景是在摄影棚里拍摄的，这在当时中国电影的摄影棚摄影充满"棚味儿"的状况下，也算是一个突破。

大预算摄影棚摄影的照明准备

当代电影在摄影棚里模拟自然外景光效下的功夫更大，已经可以达到以假乱真的程度。而摄影棚工作方式和实景也有所不同。对此，摄影师菲利浦·鲁斯洛说："有人可能会说，为高预算的大场景布光，就是小场景的照明乘以大场景的面积，但实际上绝不仅仅是这样。比如《查理和巧克力工厂》（*Charlie and the Chocolate Factory*，2005）中巧克力喷泉的大场景需要三周的时间布光。对于这些巨大的场景，整个剧组都要了解每个镜头的设计——我有1100个投影仪连接接线板、数公里长的电缆。然后，一旦所有工作就绪，你还要把灯打亮，看它们的效果如何。要保证一切都在掌控之中，有时它真的让你冷汗不断！在《查理和巧克力工厂》中，所有布景使用同一个系统，一切都由计算机编程控制；主要的照明都是事前布好的；每件器材都有自己的编号；每个镜头都有自己的图片。"（自法国摄影师网站：http://www.afcinema.com/I-am-not-sure-that-I-have-a-particular-style.html）

正是因为事先缜密的设计和预演，该片在实拍时，每次转场只要5分钟就能搞定：每件设备都是预先连接好的，拍摄现场所做的就是按动按钮。这种布光方法很像剧场照明，一切由计算机控制。如图7-17所示，我们可以看到照明设备有多复杂，数量有多大。比

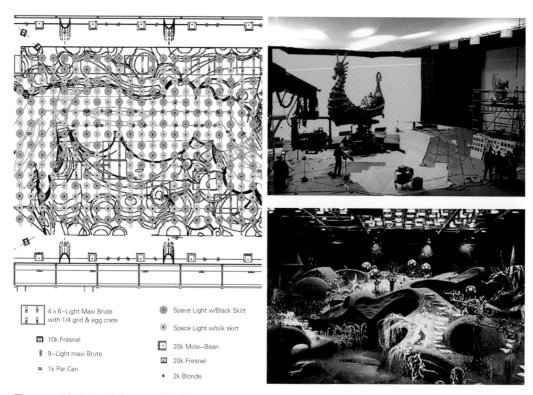

图7-17 《查理和巧克力工厂》的灯位图和拍摄现场。左：巧克力屋场景局部的照明灯位图。右上：绿幕前动作捕捉镜头的拍摄现场。右下：巧克力屋山丘的拍摄现场，顶部有600盏太空灯，另有100盏PAR灯、56盏Maxi - Brute和12盏20k的Mole Beam。

如，左图是巧克力屋场景局部的灯位图，右下图巧克力山丘的拍摄现场同时使用了几百盏灯照明！

　　合成、接景也是特效大片在摄影棚理拍摄的重要原因。摄影师还需要和美工、特效部门紧密配合，并在现场无法看到整个完成画面的情况下控制光效和光比。

7.3.3　摄影棚内景制作举例

《爱》

　　《爱》的照明处理非常自然，很多人询问达吕斯·康第该片是实景摄影还是摄影棚摄影，因为他们实在无法分辨。片中典型的摄影棚日景如图 7-15 所示，照明全部是低色温的钨丝灯——这也是摄影棚摄影的特点，只要选择灯光型胶片，或将数字摄影机的色温调整到 3200K，影像所获得的照明就是"白光"。《爱》用 Alexa 数字机拍摄，调整的是摄影机的平衡色温。康第基本的布光原则是让观众能够感受到光线来自室外。他用一些 24k 的大功率照明透过很厚的柔光布，在距窗户五六米远的窗外透过窗帘打向室内，窗帘进一步起到了柔光的作用。同时，他还在每个窗内的上方悬挂 Kino Flo，延展室内的照明。灯上加有类似硫酸纸的漫反射灯光纸。另外，每个窗外地上放有一些柔光灯，向上打向室内。康第认为，自然日光的属性如此，它不仅是天光，也是地面各种建筑物反光的结果。

　　不少摄影师会像康第那样在室内用灯延展室外日光，这种光可以为人物造型或勾勒轮廓。如图 7-15 的左上图所示，其中人物发际的轮廓光显然是悬挂于室内的 Kino Flo 作用的结果，因为来自窗外的光线不可能照到那么高的地方。使用这样的照明方式有两点需要特别注意：第一，不要让光线照到墙面上，否则很容易暴露人工照明的痕迹，导致光效虚假；第二，这种延展的光线强度要适中，太亮也会产生不自然感。康第在光线的比例上控制得恰到好处，可以作为范例参考。

　　所有房间的底子光来自摄影棚上方的太空灯——均匀分布的太空灯（俗称"满天星"）是当代摄影棚必备的基础照明，为场景提供均匀的环境光。太空灯被加上了 1/2 CTB 升色温灯光纸，并透过很厚的无漂白平纹布投向房间。这个顶光的照度要根据场景发生的时间是早晚或是白天而进行调整，但康第认为顶光很容易造成光效的虚假，所以他将整体照度控制得非常低。康第所使用的柔光布如图 7-18 所示，柔光布越厚，分散、吸收及

图 7-18　故事片《爱》厨房镜头的拍摄现场。背景上是摄影师达吕斯·康第所使用的无漂白厚白布。

柔化光线的作用越强。

公寓窗外的街景是绿幕合成的。影片开场便是警察破门而入，并开窗通风散除房间里的异味（图 7-15 左下），而且公寓朝北的街景不断被卧室、客厅、书房的镜头所带到，因此没有用简单的景片做室外环境背景，而是用了更细致的合成方法。室内外光效是否一致，密度、景深、色彩和透视关系的控制是否得当，也是合成的关键，仅仅将室内光效处理得非常自然是不够的。

影片《爱》中很少使用特写镜头，但女主人安娜第一次中风的镜头是少数几个特写之一（图 7-15 右下）。这个厨房的场景需同时分别拍摄老夫妇的表演，所以康第不得不在狭小的空间里使用两台摄影机拍摄，并分别为两个演员和他们各自的背景布光。需要说明的是，虽然摄影棚中可以根据摄影的需要随便拆除墙面，但摄影师考虑到影像的真实感，也还是愿意让摄影机镜头处在房间之中，而不是后退到墙壁以外。在这个场景中唯一的照明是一盏 10k 的灯透过柔光布从窗外打向演员，而且康第为男演员加了比女演员更重的柔光。

《被解救的姜戈》

路易斯安那州的华莱士市有一个历史悠久的植物园"常春藤（Evergreen）"，成为《被解救的姜戈》故事中坎迪农庄的场景，很多重场戏发生在这个农庄里。它的主人宅邸、奴隶小屋、橡树小路和甘蔗园都在影片的内景和外景中得到利用。对于主人的宅邸，在影片中分为两个部分：外景是常春藤植物园的住宅，美工部门花了 5 个月的时间对它的外观进行了改造，以罗马立柱为特征；内景则在新奥尔良的二线电影制片厂（Second Line Studios）搭建，为摄影棚内景。坎迪庄园的部分镜头如图 7-19 所示。

导演昆汀·塔伦蒂诺这样形容该片摄影机运动的特点："当我们在外景拍摄时，它是塞尔焦·莱昂内（Sergio Leone）和塞尔焦·科尔布奇（Sergio Corbucci）；而内景，特别是坎迪庄园的住宅，它是马克斯·奥菲尔斯（Max Ophüls）。"（自《美国电影摄影师》，2013 年 1 月）。莱昂内和科尔布奇都是意大利导演，莱昂内最著名的电影是《美国往事》（Once Upon a Time in America，1984），而科尔布奇是意大利西部片《姜戈》（Django，1966）的导演。意大利西部片的一个特点是用变焦镜头模仿移动轨的摄影机运动，这是为了节省制作经费。摄影师罗伯特·理查森甚至找来了科尔布奇使用过的变焦镜头，而他和塔伦蒂诺在外景模仿 20 世纪 60 年代的变焦摄影是美学上的考虑。奥菲尔斯是德国导演，以长镜头加流动的摄影机运动为特点。《被解救的姜戈》正具有塔伦蒂诺电影的特点——混搭，它的运动是摇臂、移动轨和变焦的混搭。

坎迪庄园的主宅就像 20 世纪 40 年代的摄影棚场景，优雅而宽敞——能够施展复杂的摇臂和移动轨设备。摄影棚的好处也得以体现——为了摄影机运动或架设移动轨、dolly，想拆掉什么布景都可以。他们将摄影机架在 13.5 米长的摇臂上，轨道从大门开始铺设，有 15~18 米长，他们的摄影机可以随意跟随角色从一楼到二楼。在无法使用摇臂和移动轨的场合，Steadicam 会派上用场。

　　关于坎迪庄园主宅内景的照明，理查森说，他从来不用电影专用照明作为主光。在夜景，蜡烛、煤油灯和鲸油灯是照明的依据，丙烷棒透过柔光布为场景补光，产生闪烁的光线（参见第六章图 6-49 以及相关的解释）。对于大型的场景，照明组用 200 个家用灯泡组成一面墙，透过漂白细布以柔和的光线为场景补光。理查森也使用 12 灯头 Maxi-Brute 或 9 灯头 Mini PAR 灯和柔光布的组合。理查森用无漂白细布反射光线，用漂白细布透射光线，

图 7-19　故事片《被解救的姜戈》中坎迪农庄的主人宅邸，它的外景是实景，内景在摄影棚中搭建。左列：主宅外观及门厅摄影棚内景的完成镜头。右列：内景拍摄现场。

根据房间的大小，所使用的柔光屏为 2.4 米 ×3.6 米，或 3.6 米 ×3.6 米，并将灯和柔光屏尽可能放在远处，不影响拍摄现场的其他工作。

在图 7-19 的工作现场，我们可以看到理查森的照明布光很特别（右列中），他甚至可以用一个非常规的灯架加上一串 300W 特氟龙外壳的家用灯泡为演员打主光。而这种灯是他在自家装修时发现的建筑工地用灯，它们的噪声比其他灯泡低 75%，这使得录音师非常高兴。在图 7-19 右列中图的拍摄现场，不仅照明很特别，摄影机的运动也不同寻常。摄制组专门制作了一个平行于楼梯的倾斜移动轨，摄影机同步跟随演员下楼，其运动由传送皮带控制。

7.3.4　摄影棚模拟外景光效

如前所述，摄影棚摄影曾经是经典好莱坞摄影的常规方式，无论内景还是外景都在摄影棚里完成。那时模拟外景的方法主要是由美工师绘制背景，参见第三章图 3-41 的《呼啸山庄》，这样的场景可以很漂亮、很震撼，想得到卡明斯基想要的人脸比背景亮的效果也很容易，但是要做到光效真实很难，总是非常戏剧化，带有很大程度的假定性。

模拟天空散射光

在经典好莱坞时期，摄影棚模拟外景光效（参见图 3-41《呼啸山庄》）首先是将美术师所绘制的背景景片用光打亮、打均匀，然后再考虑人物的造型和光比。因此不易模拟出丰富的室外自然光效。

当代摄影棚摄影一般不再绘制大型的背景，而是通过合成或 LED 屏获得远景和复杂的背景影像。同时，模拟天空散射光光效成为摄影棚模拟外景光效必不可少的照明元素。晴天时，天空散射光由薄云和空气中悬浮物的散光作用形成，而阴天是密布的云层遮挡了直射阳光，让地面景物笼罩在厚厚的云层之下。

现代摄影棚顶部会均匀地布满太空灯，在拍摄外景光效的镜头时，它有利于模拟天空散射光，而需要内景光效时，它根据摄影师的喜好，可作为基础的底子光，如图 7-20 所示。在故事片《断头谷》（Sleepy Hollow，1999）中，大量的场景都是在摄影棚中搭建的（图 7-20 左图），不仅有内景，也有外景的树林和庄稼地等。在故事片《后天》（The Day After Tomorrow，2004）中，海啸引发的洪水漫过纽约的街道。图书馆前的街景是摄影棚摄影，之后与 CG 制作的纽约建筑、远景上汹涌而来的洪水相合成。图 7-20 的右上图是该场景的摄影棚拍摄现场，图 7-21 的上图是完成画面的效果。这个摄影棚由一个大厂房改造而来，摄制组把它变成约 122 米长的纽约第五大道，并建造了一个约 1 米深的水池，让车辆浸泡在水中，上面有降雨喷头对场景人工降雨。从拍摄现场我们可以看到，照明师在摄影棚的顶部照明下面铺设了巨大的柔光布，使阴天的散射光效果真实可信。同样由灾难片导演罗兰·艾默里奇（Roland Emmerich）执导的《匿名者》更是用 CG 建造了 16 世纪的整个

伦敦城，它的场景全部是在摄影棚里拍摄的。凡涉及外景，摄影棚里便绿幕环绕，现场只有演员和简单的道具，拍摄现场如图 7-20 的右下图所示，对应的完成画面如图 7-21 的下图所示。摄影棚上方之所以有一条条流苏样的绿幕，是为了防止顶部灯光造成摄影机进光，同时它不会影响表演区的光效。

　　无论制片厂里的专业摄影棚，还是用巨大的厂房、飞机库改建的摄影棚，顶部的太空灯都是必备的照明设备。两者的区别在于，专业摄影棚里太空灯都是事先布线安装好的，通过计算机照明控制台控制；而临时搭建的摄影棚要自行安装这些照明设备。

《断头谷》

　　《后天》和《匿名者》的摄影棚外

图 7-20（上） 摄影棚中外景光效环境。左：《断头谷》中西部丛林场景的拍摄现场。右上：《后天》水淹纽约城的拍摄现场。右下：《匿名者》庭院中格斗场景的拍摄现场。

图 7-21（下） 摄影棚外景的完成镜头。上：与图 7-20 的右上图《后天》拍摄现场相对应的电影画面。下：与图 7-20 的右下图《匿名者》的拍摄现场相对应的电影画面。

景都以模拟真实的自然光效为照明目的，而《断头谷》却有着刻意的人工光效和风格化的影像。《断头谷》的导演蒂姆·伯顿的电影影像一向以高度风格化著称，这个故事也像是为伯顿量身定做的。该片摄影师埃曼努埃尔·卢贝斯基认为，这部描写 1799 年无头骑士的故事不是历史事件，而是虚构的神话。他们的影像目标是"有点人工痕迹的、哥特式的绘画感"，也试图向 20 世纪 60 年代左右的经典恐怖片致敬——那时的影片为降低制片成本而大量采用摄影棚拍摄。

　　《断头谷》的制作结合了摄影棚拍摄和实景拍摄，完成画面如图 7-22 所示。实景在伦敦郊外的马洛（Marlow）小镇野鸭湖自然保护区搭建，是断头谷的镇中心，包括一个小教堂、一些民宅、公证处、铁匠铺、一座廊桥和部分西部丛林等；摄影棚摄影则包括全部内景、西部丛林剩余部分、死亡之树、村边的田地和通往断头谷外界的小路等。

① 实景外景

② 摄影棚外景

③ 摄影棚外景，背景为数字绘画接景

图 7-22 《断头谷》将实景外景与摄影棚外景的光效风格相匹配。手段包括人工顶光照明、浓重的烟雾和洗印的留银工艺。

　　该片摄影的关键之一是要做出风格化的绘画感，再者就是要让摄影棚和实景的外景有着相同的影像风格，不分彼此。为此，摄影师与导演、美术师、服装师紧密合作，在真实与风格化之间寻找平衡。

　　（1）留银洗印工艺

　　蒂姆·伯顿最初很想将这部影片制作成黑白片，但这肯定无法得到制片厂的同意。伯顿又想用彩色片来拍，让所有的景物非常"消色"，在灰色的基调中保留深蓝，以及非常深的棕色和绿色。他问卢贝斯基有什么办法。卢贝斯基和伯顿在洗印厂做了一系列的测试，包括前闪和留银工艺，最后决定用 CCE 留银工艺。CCE 为影像增加了反差和颗粒，并降低了色彩饱和度，它需要前期摄影的配合才能达到伯顿影像的目的。

　　美术师绘制了一个 2.4 米 ×1.2 米大的色板，就像摄影标板那样用在每一个场景里，把它拍摄下来，研究颜色的变化。CCE 留银工艺对红色特别敏感，有时几乎达到黑色的程度。所以现场打光要非常小心，照顾到每个细部。卢贝斯基说，如果你在拍摄现场的话，会以为我们在拍肥皂剧，因为照明把场景打得亮堂堂的，这才能抵消 CCE 所损失的暗部细节。服装设计师本来制作了大量的黑色服饰，她又在上面添加上银色或其他颜色以增强材质的纹理，保证了最终影像上服饰的细节不至于因 CCE 而黑死。卢贝斯基还选择了感光度较低的 Kodak Vision 200T 5274，并仅使用这一种胶片，因为他觉得这种胶片经过 CCE 所增加的颗粒比较合适专业人士会对这样的颗粒感有所察觉，但一般观众注意不到。如果是高感片，颗粒会太夸张，使不懂摄影的普通观众都能察觉得到，其观影就会分心。

　　（2）确立摄影棚摄影风格

　　卢贝斯基最初的想法是在摄影棚里打出强烈的逆光和很低的副光，用剪影、半剪影烘托恐怖气氛。但是当他来到摄影棚时，发现摄影棚的高度不够，因为布景本身就有 6 米高，没有照明余地实施他的计划。根据摄影棚的实际条件，卢贝斯基改用大面积顶光照明，他们在摄影棚顶部安装了 500 多个太空灯，如图 7-20 的左图所示。在太空灯的下面，覆盖了一个充气的柔光屏当作"假"天空。用这种方法照明，光线看起来来自天空，相当真实。实际上，卢贝斯基觉得这样做比他最初的设想要好。

　　《断头谷》不再使用好莱坞经典电影时期巨大的手绘景片，取而代之的是数字绘画接景。不少复杂的摄影棚外景是数字绘画接景的结果。如图 7-22 ③所示，近景是在摄影棚里搭建的，远处的树林或房子是数字绘画的结果。为《断头谷》从事视效制作的 ILM 公司负责接景工作，并为静态的 2D 绘画加上一些动态效果，比如房子烟囱冒出的炊烟和窗户透出闪烁的灯光。

　　（3）让实景和摄影棚影像匹配

　　实景与摄影棚相比，卢贝斯基更担心它们看起来太真实了。在《断头谷》的照明设计上，卢贝斯基是先摄影棚后实景。既然摄影棚里使用了大面积的人工顶光，在实景里他也使用大型光源的顶光。美工师在搭建 1∶1 的布景之前，就为所有重要的场景制作了小模

图 7-23 《断头谷》实景夜景照明——大型起重机吊起三个巨大的灯箱。

型，主创人员利用小模型研究修改方案和场面调度。卢贝斯基和照明师也利用小模型预演他们的照明设计。他们发现用三个大灯可以覆盖小镇的所有区域。于是在实景拍摄时，他们使用了三台大型工业用起重机，每个起重机上悬挂一个柔光箱，里面是 10k 的灯，灯箱的下方，也就是打向场景的一面是由 6 米 ×6 米的栅格布组成的柔光屏。灯箱的四角各有一根缆绳，照明组组员可以在地面通过缆绳快速调整照明设备的角度和方向。因为每台起重机只负责一盏灯，所以起重机也可以方便地调整位置。这三盏大灯几乎是实景夜景的全部照明设备，卢贝斯基最多在地面另加上一点副光或为演员加一点眼神光。实景的现场如图7-23 所示，ILM 公司的艺术家之后会修掉画面中的缆绳或其他不想要的东西。

让实景摄影与摄影棚摄影相匹配的另一个重要的策略是烟雾。烟雾为影片带来神秘感和风格化视觉效果，同时从技术控制的角度来说，它也提高了影像暗部的亮度，使其不至黑死。

另外，《断头谷》影像的人工感还来自卢贝斯基的"无依据光源"。现代摄影越来越尊重光源的合理性——有依据的光源。比如画面中一支蜡烛位于画右，那么人物的主光也会来自画右。但是在这部刻意营造人工痕迹的影片中，卢贝斯基不怎么让光源出现在画面里，而让它来自画面以外的什么地方——他认为有利于造型的方向上。

烟雾也为照明带来一些麻烦，主要的问题是它会暴露光源，特别是实景夜景的顶光。有几个镜头，卢贝斯基不得不恳求 ILM 公司的艺术家帮他修改影像，让烟雾更均匀，去除或减轻光束或烟雾边缘的痕迹。

《断头谷》实景光放和摄影棚光效确实匹配得非常好，特别是西部丛林的场景，既有实景摄影也有摄影棚摄影，但它们彼此无法区分，就像是在同一处场景拍摄的一样。

（4）闪电

卢贝斯基认为，闪电如果使用不当，它的人为效果会使观众分心。不过，《断头谷》是适合闪电效果的影片。每当无头骑士出现，就会出现闪电并伴随着隆隆的雷声。闪电为这个角色增加了能量、威严和恐怖，具有典型的伯顿特色。为了了解闪电的效果，卢

图 7-24 《断头谷》和《磨坊与十字架》闪电强弱的比较。左列：《断头谷》的闪电效果。右列：《磨坊与十字架》的闪电效果。上排均为闪电前的画面，下排是闪电发生的画面。

贝斯基让画面中带有无头骑士，进行过多次测试。与其他影片相比，他的闪电比较柔和。如图 7-24 所示，如果将《断头谷》和《磨坊与十字架》的闪电相比，后者比较接近一般电影制作闪电控制水平。也就是说，在闪电的高峰，影像的局部会曝光过度，但基本上能够看清楚场景中的景物，不会完全"毛掉"。而《断头谷》的闪电即使在高峰时刻，亮部层次仍然是丰富而不失真的，甚至不那么明亮。

　　可以说，这里没有孰对孰错，只是摄影师的控制习惯不同而已。或者说，由于卢贝斯基对闪电的效果比较警惕，所以他选择的亮度变化幅度比较小，对该片来说也是适当的。

7.4　范例分析

7.4.1　《戴珍珠耳环的少女》：从绘画到摄影

　　英国、卢森堡合拍《戴珍珠耳环的少女》通过画家和他绘画对象——家里的女佣葛丽叶（斯嘉丽·约翰逊 / Scarlett Johansson 饰），呈现出 16 世纪荷兰画家维米尔（科林·费斯 / Colin Firth 饰）的神秘世界。对于太多人评论"《戴珍珠耳环的少女》的摄影看起来很像维米尔的绘画"，该片摄影师爱德华多·塞拉却解释："我对导演彼得·韦伯（Peter Webber）说的第一件事就是，当人们离开影院时不应该觉得'每个画面都是一幅绘画作品'，因为最重要的事情是故事的情感。"（自《美国电影摄影师》，2004 年第 1 期）。

图 7-25 维米尔的画作。左:《拿水壶的年轻女子》; 中:《音乐课》; 右:《戴珍珠耳环的少女》。

维米尔的画室

维米尔的很多画作是他在家庭画室里创作的, 如图 7-25 所示。在影片中, 画室主导了影像的基调, 也是该片所有场景中最需要尊重历史、尊重维米尔绘画中道具和光线等视觉造型元素的场景。影片中的画室镜头如图 7-26 所示。

图 7-26 《戴珍珠耳环的少女》中, 维米尔的家庭画室。这是维米尔画作中出现最多的场景, 也是影片中女佣葛丽叶和主人维米尔心灵碰撞的地方。

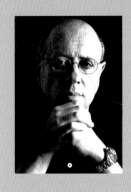

爱德华多·塞拉

Eduardo Serra，AFC，ASC
法国 / 美国电影摄影师

　　出生于葡萄牙里斯本的爱德华多·塞拉曾在家乡学习过工程专业。定居法国后改行学习电影和艺术，并于 1980 年成为电影摄影师。他因为工作而活跃在法国和欧洲，与美国导演也有过合作，拍摄过不少有影响力的影片。

　　塞拉因《欲望之翼》（*The Wings of the Dove*，1997）和《戴珍珠耳环的少女》两次获奥斯卡最佳摄影提名，另有多部影片获其他国际大奖 14 项、提名 23 项。

　　塞拉自是自然光效的追求者，也是影像控制特别细腻的摄影师之一。他喜欢使用单一的大面积柔光光源，如果室外摄影没有合适的照明设备，他更多会利用构图和选择拍摄角度来达到光线的平衡。他不拘于行业规则，反感没有依据的轮廓光，认为"有些约定俗成的成规及传统方法是前一个时代的产物"（自《摄影·电影·电影·摄影》）。他的作品就是他不断探索创新的见证：在《理发师的情人》（*Le mari de la coiffeuse*，1990）中用 400 个普通日光灯管组成摄影棚顶部的"满天星"，做出柔和、无阴影的光源；在《伊冯娜的香水》（*Le parfum d'Yvonne*，1994）中利用洗印减冲工艺配合直射阳光，得到水彩画般的影像效果等。塞拉还是少数喜欢使用变焦距镜头的摄影师，他并不使用变焦手段，而是将变焦头当作定焦头来用。在拍摄现场，变焦头对摄影机的位置要求不那么严格，又可以省去更换镜头的时间，加快摄影速度。

《戴珍珠耳环的少女》大多数场景在卢森堡的德卢克斯电影制片厂（Delux Studios）内拍摄。室内的场景搭建在摄影棚内，而维米尔的家乡——荷兰的代尔夫特镇的外景搭建在制片厂的院子里。

塞拉认为，维米尔在 43 岁去世时所留下的 35 幅画作为他的画室提供了很多线索，超过那个时代的任何一位画家。维米尔持续不断地模拟自然光在房间和人物身上产生的影响，这是他的画作的灵魂所在。

为了将维米尔的画室与其他场景相区别，塞拉使用了 Kodak Vision 500T 5263——不同于其他场景所使用的胶片。这种高感光度胶片可以使画室的场景看上去比影片中的其他场景更加柔和，演员脸上的色再现更细腻丰富。影片中其他室内环境更暗一些，画室则比较明亮。在这里，光线也是影片的一个角色。

在维米尔的画作中，画室的窗户朝北，在白天可以保持光线稳定。塞拉模拟了这种光效，用了 4 盏 24 灯头的 Dino 排灯，从布景窗外打向室内，灯的前面是两块格布柔光屏。柔光屏距窗子大约 2 米远，这是灯到窗户的一半距离。

当葛丽叶从女佣变成维米尔的模特和助手后，画室里的光线明亮起来，使它从昏暗神秘转向光明。对于这种微妙的改变，塞拉没有更换来自窗外的主光，而是用了一些小灯改变照明的气氛，使画室看起来或空旷阴冷，或温暖而有人情味。在人物光比的处理上，女佣葛丽叶的光比小，主人维米尔的光比大。维米尔总是侧光或侧逆光照明，使他呈现出强硬、霸气的个性（图 7-26 右中）。而柔和的光线使葛丽叶看起来无辜而清纯（图 7-26 上排）。这种细致的人物造型处理贯穿于整部影片。当观众看到维米尔的妻子和丈母娘刁难葛丽叶时，她们要么处在较硬的照明光线之下，要么有着略微大一些的光比。在柔光镜修饰人物造型方面，他偶尔会使用 1/8 Tiffen Pro-Mist 滤镜。

图 7-27 《戴珍珠耳环的少女》中晚宴的内景。

图 7-28　摄影师爱德华多·塞拉在故事片《理发师的情人》中用普通的日光灯管为理发店门前的街景打出柔和的底子光。上：灯位图。下：拍摄现场。

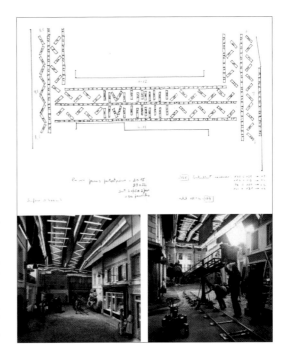

晚　宴

与画室的考虑不同，夜景的内景并没有维米尔绘画作为依据，因为他的画作里只有日景。维米尔家的晚宴是故事中最大的夜景场景，人物多，对话多。爱德华多·塞拉认为，该片是关于维米尔、关于日光的故事，如果将夜景做成完全真实的烛光效果，视觉效果太戏剧化，不符合故事的精神。所以他使用了更传统的布光手法，就是说，蜡烛在画面中起修饰作用，而不是作为造型的主光，如图 7-27 所示。塞拉用加了很厚的柔光屏或灯光纸的 Kino Flo，以及加有 CTO 降色温灯光纸的中国灯笼为这个场景打光。根据塞拉的工作习惯，应该是 Kino Flo 用作副光、底子光，中国灯笼打主光。

塞拉一直对管灯情有独钟，喜欢用它在摄影棚里打出大面积、无阴影的柔光。在 Kino Flo 投入市场之前，他曾用普通的日光灯管为场景打底子光。如图 7-28 所示，在《理发师的情人》中，理发店和店外的街道搭建在摄影棚里，塞拉将日光灯管布满街道的上方，模拟柔和的天光。有了这组基本照明设备，塞拉在拍摄理发店内部的镜头时，做出了丰富的、来自窗外的日光效果——柔和的晨光、强烈的正午阳光，以及明亮但反差减低的午后日光。

季节更替、四时变化

《戴珍珠耳环的少女》影像的基调和画室一致：柔和，略微清冷。但是爱德华多·塞拉的摄影处理是特别细腻的，每个场景都会有所不同。即使是同一场景，也会因为四季和四时变化呈现出微妙的差别，如图 7-29、图 7-30 所示。

在德卢克斯电影制片厂中，美工师沿河搭建了代尔夫特的外景：一座小桥（图 7-29 ①右、图 7-30 ⑤）、船坞、集市（图 7-29 ③左）、维米尔家向街的大门（图 7-29 ②左、图 7-30 ③和④）、教堂或其他主要场景的前门（图 7-29 ③右）等。进了画家的大门，里面是一个小院，它应该是摄影棚外景，和洗衣间等一起搭建（图 7-29 ①左和②右、图 7-30 ②和⑦，其中图 7-30 ②是从小院看室内，⑦是洗衣房背景带着小院）。

影片故事发生的时间超过 9 个月，但拍摄在 3 个月里完成。除了服装道具和人工雨

① 暖和的季节，画面呈现出正常的色彩再现

② 雨天的外景以及从室外看室内的光效

③ 略微偏蓝的影调暗示天气转冷

④ 蓝色基调强调季节的寒冷

图 7-29 《戴珍珠耳环的少女》外景搭建在卢森堡德卢克斯电影制片厂的院内，摄影师在 3 个月的拍摄周期内营造出超过 9 个月的故事所要求的季节变化。

雪，塞拉用滤镜暗示季节更替。春、夏不用任何滤镜（图 7-29 ①、②），冬天和深秋用雷登 80 或 82 滤镜使它们看起来更冷（图 7-29 ③、④）。

正如第四章所介绍（图 4-30 左列），塞拉使用 Fuji 高速日光型胶片 Reala 500D 拍外景日景，并将感光度提高了一倍，配合洗印的加冲工艺补回曝光不足所损失的密度，以使在冬季拍摄可以延长工作时间。

不仅影片中呈现出丰富的季节变化，四时的改变也清晰地体现在影像上，无论外景还是内景。该片在故事情节上往往对具体的时间所有暗示，比如，葛丽叶到维米尔家当女佣的第一天，她早早起床，最后一次为家里的三餐备下食材，然后接受父母的叮咛并出门。这一组镜头发生在清晨，如图 7-30 ⑥的内景所示。葛丽叶出门后，走向雇主的家，此时

① 葛丽叶做女佣的第一天，去画家家的路上

⑥ 葛丽叶家，清晨

② 葛丽叶在洒满阳光的小院里擦拭银器

⑦ 主人家的洗衣房，有阳光的白天

③ 画家的丈母娘迎接乘船前来赴晚宴的客人

⑧ 主人家的厨房，烟雾笼罩

④ 葛丽叶傍晚在门前的河里打水

⑨ 主人的房间

⑤ 葛丽叶在一个冷清的阴天离开了画家的家

⑩ 葛丽叶睡觉的地下室

图 7-30　《戴珍珠耳环的少女》无论外景还是内景都有明确的四时依据。左列：外景。右列：摄影棚内景。

天放亮了，太阳已经升起。对于这一组外景，塞拉选择了半阴半晴的天气，画面中能够感受到一点阳光的暖意，却没有极端的大光比或阳光直接照射建筑的强烈的橙红色，如图 7-30 ①。当葛丽叶到达画家的家，家中老佣人带她参观各个房间，交代工作。而葛丽叶开始干活洗衣服时，天已经大亮，阳光洒满小院和洗衣房，如图 7-30 ⑦所示。又如，葛丽叶成为主人维米尔的模特和助手，这时，她对光线有了不同的感受。塞拉为葛丽叶在院子里擦拭银器的场景布置了近乎正午的外景光效，葛丽叶边工作边欣赏着银器在墙上反射出的光斑，如图 7-30 ②所示。这个故事情节没有照明的帮助是无法完成的。

即使都是夜景，塞拉的处理也不一样。图 7-30 ③和④都发生在维米尔家的大门外。图③是参加晚宴的客人乘船到达时，船上有火把照明，所以塞拉让窗户中透出烛光，而室外的建筑也呈同样的色温，是客船上火把的照明效果。图④发生在傍晚，葛丽叶还没有结束一天的劳作。这个镜头中，窗户透出室内的烛光，而室外建筑是天光照明光效，没有图③的暖色调。

越是细看本片的影像，越能感受到塞拉对照明的精心设计以及恰到好处的控制能力。他的画面干净通透，不太施放烟雾。但是在厨房的场景里，他破例加上了浓烟，因为烟雾和炒菜做饭的情景相吻合，如图 7-30 ⑧所示。影片结束前，葛丽叶被迫离开了画家的家，带着屈辱和对画家的依恋，这时的代尔夫特小镇阴沉沉的，如同葛丽叶的心情，如图 7-30 ⑤所示。

除画室的场景以外，其他内景使用了 Kodak Vision2 500T 5218。塞拉选择这种片型除了高感光度灯光片可以配合摄影棚的照明以外，是因为它在加冲之后有着丰富的色彩再现。

镜头中的光线变化

爱德华多·塞拉喜欢在镜头中体现光线的变化，《戴珍珠耳环的少女》也不例外，如图 7-31 所示。镜头中光线变化需要严格的曝光控制，让影像的明暗变化在合理的密度范围内。图 7-31 左列是故事线中一个重要情节，葛丽叶在打扫画室，打开了上排的窗户，这是故事的一个转折点——女佣的到来使画室从晦暗转向明亮，充满生机。在开窗之前，画面整体上曝光不足，反差也不大，但是画面中毕竟包含了下排的窗户，所以仍不失明暗对比。随着窗子一扇扇打开，房间逐渐明亮。因为塞拉强调光线的合理性，强调从窗外打光，所以照亮房间的光线看起来非常自然。窗户全部打开后，画面里并没有曝光过度的地方，但是由于有之前大面积暗区做对比，明亮的效果在视觉上非常突出。

图 7-31 右列是另一个镜头中光线改变的例子。葛丽叶穿过一小段黑暗的走廊，向画室走去，因为画室新添了一个暗箱设备，她好奇地停留在门前驻足观看。葛丽叶停留在门前是这个镜头中画面最漂亮的时刻，画室里的光线投射在女主角的脸上，周围的门和墙因背光而形成暗环境，观众的注意力自然而然会集中在葛丽叶的脸上。

轮廓光

如前所述，塞拉对于随便为人物添加轮廓光是持排斥态度的。但是，如果光效合理，他也会利用轮廓光修饰画面，如图 7-32 所示。左列是画家的妻子要葛丽叶送一封信，她处在离窗户较近的一侧，由此而得到轮廓光是自然的。与之类似，右列的画面是画室中葛丽叶和维米尔有轮廓光的画面。

总之，《戴珍珠耳环的少女》细腻的环境展现、人物造型，以及出色的技术控制和色

图 7-31　《戴珍珠耳环的少女》有很多光线变化的镜头。左列：葛丽叶打开画室的窗户，让光线逐渐照亮房间。右列：葛丽叶穿过黑暗的小过道，在画室的门前停下。

彩再现都值得细细品味。这是一部没有使用 DI 调光的影片，初学者可以通过它体会到摄影师即使不依赖后期调光也可达到的质量高度。一般来说，经过加冲的影像多少会在色彩和细节上有所损失或失真，但由于该片摄影师精准地控制了前期曝光，而洗印厂工艺控制也很规范，使得这部影片仍然具有非常细腻的影像品质。前期拍摄和后期加工两者的配合对于影像整体的质量控制而言，缺一不可。

图 7-32　只要光线合理，摄影师爱德华多·塞拉不拒绝使用轮廓光。

7.4.2 《艺伎回忆录》：美国制造的东方格调

《艺伎回忆录》是摄影师戴恩·毕比与导演罗布·马歇尔（Rob Marshall）合作的第二部影片。前面一部是《芝加哥》（*Chicago*，2002），也是毕比由澳大利亚本土摄影师成为美国娱乐大片的摄影指导的转折点。

《艺伎回忆录》讲述了一个出生在日本贫穷渔村的女孩千代子被卖到许都（即现在的京都）的祇园，在艺伎村长大，从佣人到当时最值钱的艺伎的故事。名叫千代子的小女孩成为艺伎后更名为"小百合"（章子怡饰）。

当摄制组在日本实地采景时却发现时过境迁，那里不但充满现代气息，而且电线纵横，显然不适合实景拍摄。毕比在采景过程中拍摄了很多照片——庙宇、特殊的光线，以及山丘的地域特点，成为日后摄影的参考。于是，剧中的艺伎村最终落户美国：外景搭建在加州的文图拉（Ventura）；内景搭建在卡尔弗（Culver）郊区的索尼影业（Sony Pictures）摄影棚里。

准备工作

美工部门在正式置景之前，首先建造了一个艺伎村的全景小模型，包括40栋建筑、玩具汽车、人力车，以及一条小河。这个模型成为置景和各部门工作的参考。一架超小型摄像机在模型中穿行，在监视器上可以看到通过摄像机镜头所摄取的画面，它也成为导演和摄影师场面调度、设计运动镜头的工具。

对于摄影师来说，有很多东西需要通过测试才能确定下来。除了摄影机和所使用的变形镜头外，需要测试的内容还包括艺伎厚厚的白粉化装，经调整后，它的摄影效果看上去有了立体感，不那么"平"了。和服在暖红色的灯光里所呈现的色彩也要通过测试看效果，看它能否成为该片基调的主导。主创们在日式推拉门上也花了不少心思，在戴恩·毕比看来，凡是历史题材的日本电影看起来都不好，因为推拉门上的宣纸是白色的，不论逆光照明还是顺光照明，推拉门总是画面中最亮的景物。而导演马歇尔和摄影师毕比要营造一个黑暗的、隐藏在面纱下的、逐渐显露的世界，白色的宣纸显然在跟他们的目标对着干。为此，毕比要寻找能使场景暗下来的方法，而美工师向他提供了成打的宣纸样本——不同厚度，不同纹理，不同的染色技术，最终他们选定了一些可行的纸张和布料。

外　景

《艺伎回忆录》的外景搭建在一个四面环山的马场虽（图7-33），远处的山峦被当作故事中的许都峰。搭建的场景被鹅卵石的街道、小巷和一条小河分割成5个蜿蜒曲折的街区（图7-34）。建材是雪松、毛竹和清杉，无论黑色的毛竹还是雪松的树皮，全部来自日本，一同购买的还有竹篱笆和榻榻米。河边地标性的樱桃树是摄制组手工制作的假树，按照春、夏、秋、冬做出4种形态，可根据剧情发生的季节随时更换。

图 7-33 左列：《艺伎回忆录》外景拍摄现场，绸布搭建的顶棚。右：作为太阳使用的 BeBee 照明灯。

图 7-34 《艺伎回忆录》在外景地所拍摄的镜头。左列：日景。右列：夜景。

图 7-35 《艺伎回忆录》中俯瞰小镇的运动镜头是在绸布顶棚之下、房檐之上用所搭建的摄影平台拍摄的。

对于摄影来说，棘手的问题是如何在阳光明媚的南加州拍摄出日本冬天的平光效果（图 7-35）。摄影师和照明师决定用绸布覆盖整个场景。这个丝绸的帐篷面积超过 2.5 英亩，有两个足球场那么大，如图 7-33 左列所示。它包括巨大的自由桥架、可伸缩嵌板、6.5 公里长的粗缆绳以及 5 公里长的静音格布。因为结构底部的泥土无法承受这样的重量，他们用装有 1000 加仑水的水箱作为结构的地基。这个"柔光顶棚"在电影制作史上是前所未有的，仅它就花去 100 万美元的制片费用。

令摄制组尴尬的是，就在开拍前几天，一场打破南加州历史纪录的狂风暴雨刮散了整个顶棚的结构，直到正式拍摄时，绸布还滴滴答答地满是雨水。毕比说，我意识到，顶棚不仅是支架和绸布，我们还得学着像水手控制船帆那样，根据穿过山谷的风势调整绸布。

在拍摄日景外景时，绸布很好地阻挡了直射阳光，毕比则另外使用 BeBee 灯随心所欲地安排自己的"太阳"，打出可控的侧逆光。BeBee 灯是一种高效夜灯，它的灯头可以调整方向，已经在不少好莱坞娱乐大片中使用。BeBee 灯如图 7-33 的右图所示，图 7-33 的左下图中也可以看到《艺伎回忆录》在拍摄现场所使用的 BeBee 灯。

《艺伎回忆录》的外景画面如图 7-34 所示。绸布顶棚不仅让日景的阳光得到控制，制片方还立即发现了另一个好处：即使夜幕降临，在人工照明下，日景戏仍得以继续，成为名副其实的"夜拍日"。照明师用完全展开的摇臂将 BeBee 灯升到空中，再用一些 18k 灯在小巷和景片的背面用反射光将街道

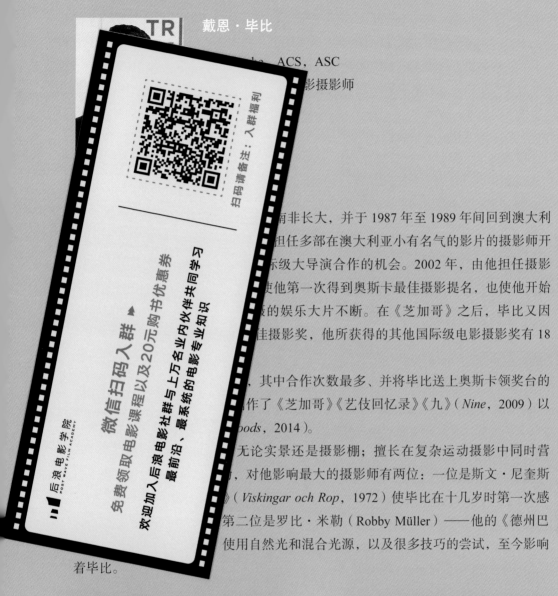

戴恩·毕比

...ka，ACS，ASC

...影摄影师

...南非长大，并于 1987 年至 1989 年间回到澳大利

...担任多部在澳大利亚小有名气的影片的摄影师开

...际级大导演合作的机会。2002 年，由他担任摄影

...使他第一次得到奥斯卡最佳摄影提名，也使他开始

...级的娱乐大片不断。在《芝加哥》之后，毕比又因

...佳摄影奖，他所获得的其他国际级电影摄影奖有 18

...，其中合作次数最多、并将毕比送上奥斯卡领奖台的

...作了《芝加哥》《艺伎回忆录》《九》（Nine，2009）以

...oods，2014）。

...无论实景还是摄影棚；擅长在复杂运动摄影中同时营

...，对他影响最大的摄影师有两位：一位是斯文·尼奎斯

...》（Viskingar och Rop，1972）使毕比在十几岁时第一次感

...第二位是罗比·米勒（Robby Müller）——他的《德州巴

...使用自然光和混合光源，以及很多技巧的尝试，至今影响

着毕比。

黑死的地方照亮。

但是，绸布顶棚也为一些俯拍的镜头带来麻烦。特别是千代子从童年到成年的转场——从小千代子接过主席（渡边谦饰）手里的硬币（图7-34左下），然后穿过小镇，进入寺庙，在那里许愿开始。接下来，镜头摇向天空，雪花飘落，镜头再次摇下，飞过小镇的屋顶和街道，这时观众第一次看到成年的千代子站在一扇窗前，如图7-35所示。顶棚使得大型摇臂无法施展，而缆绳摄影因为太贵也被否定了。摄影师又回到小模型上，研究镜头运动的方法。最终他们在屋顶上搭建了一个10米×30米大小的摄影平台，上面铺设移动轨，用带有15米长摇臂dolly从高空拍摄，最终的完成画面非常完美（在图7-33的上图中可以看到这个高台）。

《艺伎回忆录》中，运动镜头是持续不断的，80%使用了dolly、Steadicam和摇臂。

内景的特点

正如导演和摄影师预想的，《艺伎回忆录》总体上是低调的，与典型的日本电影中浮世绘般的平柔影像大相径庭。低调摄影和狭窄、拥挤的小巷民舍相匹配，也和习惯于夜晚社交的艺伎生活相匹配。影片中夜景占据了很大比例。

（1）琥珀色的夜景

故事中20世纪30年代的日本是油灯、电灯混合照明的年代。毕比没有刻意区分哪些地方是油灯、灶火、纸灯笼，哪些地方是电灯照明，而是把它们统一当作琥珀色的夜景照明，如图7-36所示。纸灯笼里装有25W或40W灯泡，电灯换上了有着蛇管灯丝的古董灯泡。古董灯泡本身亮度不高，为了能看清灯丝，照明组进一步压暗了灯泡的亮度，并用Kino Flo或小灯增强光源的效果。

虽然在摄影棚拍摄，毕比还是让场景保持在非常低的照度环境下。一方面，低调摄影是这部影片的基调，营造神秘感；另一方面，较低的照度下，道具灯的光效更容易得以显现，不会因为大量补光而冲淡场景内现有的、生动的照明气氛。毕比在《艺伎回忆录》中大部分使用Kodak Vision2 500T 5218灯光型胶片，并加冲1挡。有时也用Kodak Vision 200T 5274作为补充，并加冲到ASA 400。

即使看起来都是低调的画面，整部影片仍然有着微妙的节奏变化。千代子刚刚被卖到祇园时，对她来说，一切都是神秘的、吓人的。比如图7-36的左上图中，千代子和小伙伴在阁楼上，虽然房间里也有油灯，但主要的光线是楼下的灯光透过地板的缝隙照到女孩们的脸上和身上的，形成明暗相间的光带。而随着千代子长大，她对自己越来越有信心，光线变得更加明亮均匀起来，如图7-36的左下图所示。

毕比在构图上考虑了日本人席地而坐的习惯，所以室内场景的机位往往比较低，在腰部以下，如图7-36的右上图所示。而照明光源也常常从低角度去为人物补光，以符合油灯等光源本身放置在较低的地方的光效，如图7-36的右下图所示。照明师发明了一

图 7-36　《艺伎回忆录》油灯、日本灯笼和电灯营造的夜景内景气氛。

个增强火光效果的装置——就是用短木条做成灯座，安装常规灯泡，并在灯泡上加有柔光格布和稻草色灯光纸，接上闪烁器。这些补光的装置在现场很好用，可以轻易地藏在家具背面，甚至一个托盘或者演员本身都能将灯藏起来。比较第五章普列托在《断背山》里为加强篝火的效果而用木条制作的照明装置，它们大同小异。

（2）尽量低调的日景

《艺伎回忆录》的日景较少，即使这样，毕比也尽量将这些日内景低调处理，如图7-37 所示。首先，典型的日式建筑往往有多面推拉门和明亮的窗纸，但在该片中，推拉门的数量和面积都是被限制的。比如图 7-37 的左上图，千代子在艺伎村生活的地方——新田置屋，它的灶间只有一扇不大的推拉门，而右下图，千代子的艺伎导师真美羽（杨紫琼饰）的置屋也只有一面是推拉门。这样环境给摄影师设置暗前景、为画面遮挡出暗

图 7-37　《艺伎回忆录》的日内景光效。随之故事的进展，推拉门装裱的材质也在变化，从实木到宣纸，以及玻璃。

图7-38 《艺伎回忆录》的内景利用纱帘、推拉门、建筑结构、背景上灯光等道具将画面装饰得纵深关系非常丰富。

区提供了很好的契机。推拉门上的材质在故事的演进过程中也是逐渐变化的，从开始不透光的实木到苇席、宣纸，再到玻璃。

（3）强调纵深关系的画面

利用日式建筑的小巧多变，毕比营造出纵深关系非常丰富的画面。首先，他会很理智地设计暗前景，如图7-38所示。暗前景为影像的纵深关系增添了一个图层，也通过近暗远亮的照明关系强化出画面的透视感。左上图是真美羽来到新田置屋，与姆妈就千代子跟她学艺之事谈条件，千代子和其他佣人在房间外面偷听。画面的前景是一个薄纱窗帘，然后是处在暗处偷听的佣人，在一条纵向的过道里，千代子和另一个女伴则在房间的另一面窥视。又如右上图所示，艺伎初桃（巩俐饰）指使童年千代子送还真美羽一件故意被损坏了的和服，千代子为此受到姆妈的惩罚。画面里，初桃躲在暗处，隔着纱帘监视着千代子，千代子则犹豫不决地走上真美羽置屋的楼梯。而左下图的暗前景将画面大部分面积包裹起来，仅留下窄窄的一条亮区，让观众看到中景上千代子和她的小姐妹在月光下谈心。这些简简单单的场景竟有如此丰富的层次。

该片画面的纵深感还体现在复杂的运动镜头中。这部几乎每个镜头都在运动的影片中，摄影机可以带着观众从小巷到茶馆，跟着一名女招待经过走廊，打开推拉门看到满屋客人，再跟着一个起身离开的人，转向千代子并跟着她进入她和导师真美羽的房间。摄影机也可以在置屋中走动，上下楼梯，将场景一层层展开，让人物一个个亮相，光效也在不断变化。在图7-38的右下图中，千代子受到一个客人的凌辱，结束时镜头随客人的离去从千代子的近景逐渐拉成俯视的全景，让观众看到一名年轻艺伎的孤立无助。

（4）带有装饰感的画面

在《艺伎回忆录》中，很多镜头的构图很有装饰感，如图7-39所示。毕比总是利用日式建筑中门窗的形态，将人物处理成画中画的效果，或者让这些形态装饰整个画面。

图 7-39　《艺伎回忆录》的一些画面有着强烈的装饰感。

该片使用了 2.40：1 的画幅比，用变形镜头拍摄。毕比认为，不仅这部影片的故事适合以更宽的银幕展开，变形宽银幕也有利于神秘感的呈现。在诸如图 7-39 所示的小场景中，变形镜头的景深不会把墙面非常清晰地呈现出来，这样反而更有利于展现它们的质感。T5.6 是大多数变形镜头、变焦距镜头常用的光圈，但是这样的话，毕比就得为场景大量补光，从而破坏道具灯自然的光效。因此，毕比选择了大光孔镜头，并用 T2 或 T2.8 的光圈拍摄，T2.8 在运动摄影中非常考验焦点员的跟焦能力，好在该片的焦点员非常出色。

（5）强调细节

在戴恩·毕比担任摄影的其他影片中，没有哪一部像《艺伎回忆录》这样细腻地展示出日本文化的细节。这反映出西方摄影师对东方异国情调的敏感与追求，他常常从一个小物件开始，通过风铃、茶道，或者艺伎的手势展示出一个西方人不熟悉的神秘世界。

在图 7-40 中，左列以一个风铃作为开场，随着镜头的移动和焦点变化，观众先是看到一只手在摇动风铃，接着风铃后面的窗户中探出半张人脸，那时新田置屋的姆妈在看是谁来访；而右列的例子中，镜头从新田置屋的顶窗开始，拉出整个房间的环境，显示出经过战乱后艺伎村的破败。

不仅内景运用了很多特写，外景的小细节也异常丰富，而且总是被摄影师在看似不经意的运动镜头中带出。比如小巷的鹅卵石在逆光照明下闪闪发光（图 7-34 右上），又如少年千代子趴在房顶上俯视祇园，湿漉漉的瓦块质感特别丰富。

（6）小百合华丽登场

戴恩·毕比擅长戏剧化的、华丽的光效。《艺伎回忆录》中这笔重彩用到了小百合第一次公开登台独舞的场景中，这是她成为名伎的转折点，如图 7-41 所示。

虽然《艺伎回忆录》的照明设计在总体上忠实于历史依据，但对于这场戏，导演和摄影师想营造出之前他们在电影《芝加哥》中那种戏剧化的、有冲击力的画面效果。毕比自

图 7-40 《艺伎回忆录》常常在运动镜头中通过小物件的特写，展示日本文化的特色。

己也说，20 世纪 30 年代的舞台布景没有那么丰富，不过他们不想被束缚。

这场戏在洛杉矶市区一个以前的剧院中拍摄，毕比和他的照明团队使用了 Vari-Lite 照明系统。这是一个通过计算机控制 LED 灯光色彩和指向的舞台灯光系统，如图 7-42 所示。现场除了这套照明系统以外还有一个独立的电影照明系统，这样就使得剧场内的照明交相起伏，互不干扰。当灯笼暗下去的时候，舞台上灯光亮起。整个照明系统的安装共用了两

图 7-41 小百合初次独舞的场景是影片中色彩最绚丽的画面。左上：小百合和真美羽在化妆间，虽然还没有上台，但色彩已经开始厚重起来；其他：小百合在舞台上表演。

图 7-42　Vari-Lite 照明系统。

天时间。Vari-Lite 安装在天花板上，而煤气灯作为脚光使用，通过前置的小反光板将光线反射到演员的脸上。

《艺伎回忆录》一般是双机拍摄，但是这个舞蹈的场面使用了 3 台至 4 台摄影机，包括大量的 dolly 和伸缩摇臂拍摄的运动镜头，沿着小百合舞蹈的路线推进。

如果将毕比的《艺伎回忆录》和塞拉的《戴珍珠耳环的少女》做一个比较，我们会发现不同摄影师照明风格上的差别。塞拉的画面里明暗区域都比较完整、比较大，比如图 7-27 所示的夜内景，整个餐桌是亮区，周围是暗区。毕比画面的明暗变化则是比较细碎的，小光区星星点点地修饰着影像，它也使得运动镜头或经剪辑前后连贯的镜头常给人"柳暗花明又一村"的感觉。在如图 7-38 的右上图中，千代子在真美羽的置屋前犹豫，不敢前行，接着的镜头是图 7-39 的左上图，她走上楼梯，向着明亮的窗户走去，竹子的墙面发出强烈的反光，仿佛进入了另一个世界。另外，塞拉不喜欢无依据的修饰光，但毕比热爱修饰光，不太顾虑是不是一定要有真实的光源依据，这一特点在他所摄影的科幻片中特别明显。

7.4.3　参考影片与延伸阅读

也许可以这样说：实景摄影展现场面大小、影像是细致还是粗糙；而摄影棚摄影考验的是摄影师对光线的理解，也是电影摄影史上观念转变的风向标。如果初学者对经典好莱坞时期的摄影棚摄影仍不熟悉的话，可以看一看经典名片《欲望号街车》（*A Streetcar Named Desire*，1951），就知道什么是"五光俱全"——明星被打造得无比亮丽，街景却很

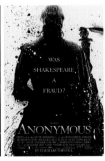

难辨认是日景还是夜景、是内景还是外景。温故而知新，这种对比有助于了解当代电影摄影的进步。本书所举的片例，无论是为了体现历史感、自然光效的真实感，还是像《断头谷》那样带有一定风格化的影像，都已经远离经典好莱坞摄影，让历史成为历史。

（1）米夏埃尔·哈内克导演、达吕斯·康第摄影的《爱》在本书中已经多次列举，但它作为当代摄影棚摄影的案例，仍然值得花时间系统地细细观赏，认真研习。它属于真实再现故事场景的极品。《爱》的制作可参见《美国电影摄影师》2013 年第 1 期，以及法国电影摄影师网站刊登的 "Cinematographer Darius Khondji, AFC, ASC, discusses his work on 'Love' by Michael Haneke"（http://www.afcinema.com/Cinematographer-Darius-Khondji-AFC-ASC-discusses-his-work-on-Love-by-Michael-Haneke.html）。

（2）《匿名者》是罗兰·艾默里奇导演、安娜·弗尔斯特摄影的英、德、美三国合拍片。该片是特效含量非常高的影片，它的场景是摄影棚搭建的布景或全 CG 俯瞰镜头。摄影棚摄影分为两类：外景——几乎全绿幕拍摄，后期与 CG 制作环境相合成；内景——如同其他电影的摄影棚内景，有环境布景和道具。

该片的故事持续几十年，制作者试图为每个时期建立一种基调，但在这一点上不算成功。由于影片有着大量的闪前、闪回的剪辑处理，它的每个时期看起来并不那么一目了然。但是，这部影片画面光效和人物的肖像处理很出彩，就每个镜头、每个画面来说，都值得参考借鉴。《匿名者》的制作可参见《美国电影摄影师》2011 年第 9 期。

（3）《理发师的情人》是爱德华多·塞拉摄影的小制作法国影片，故事发生地——理发店和门前的街道搭建于摄影棚内。影片在摄影上最出色的地方是在不大的空间里营造出各个时段、不同天气条件的自然光效，细致并契合故事的情绪，尤其值得作为低成本的学生实习参考。在《摄影·电影·电影·摄影》一书对爱德华多·塞拉的介绍中，有少量有关该片制作方面的介绍。

（4）《幸福终点站》（The Terminal，2004）是由史蒂文·斯皮尔伯格导演、雅努什·卡明斯基摄影的美国电影，故事从始至终发生在一个美国的机场里。现有的国际机场人来人往，不可能允许摄制组没完没了地实景拍摄，所以故事中的机场完全是在摄影棚里搭建的。在整个南加州找不到一个大到足以搭建机场的现成的摄影棚，于是《幸福终点站》摄制组在一个位于加州帕姆代尔（Palmdale）的前波音 747 制造、维修工厂，用它巨大的厂房搭建出机场的布景。

在摄影上，卡明斯基模拟了大型机场日光灯和日光混合照明的光效，非常真实。同时，他也让灯光和影像的色彩随故事的展开，随男主角的情趣而产生细微的变化，控制非常精准。该片的摄影制作可参考《美国电影摄影师》2004 年第 7 期。

（5）冯小刚导演、张黎摄影的中国电影《夜宴》（2006）也是一部摄影气氛、影像基调控制水准很高的影片。

第八章

从胶片到数字：工艺转型期的电影摄影师

> 我觉得职业拍电影和我在学校里拍电影其实也没什么不一样的。虽然，使用的设备不同，拍摄的预算也不同，但承担的责任是相同的。因为它关系到"生"与"死"：如果你给朋友拍得很棒，他可能就此出名；如果你拍烂了，他可能就此一蹶不振。所以我常常会和学生说："享受在学校里拍电影的乐趣，并努力将它保持下去。"
>
> ——罗德里戈·普列托（AMC，ASC），《顶级电影摄影大师访谈》

2011年11月，《美国电影摄影师》杂志封面上赫然打出一行本期要点："数字捕捉——罗杰·迪金斯换笔了"。迪金斯在电影《时间规划局》（*In Time*，2011）中，首次使用 Arri Alexa 数字摄影机拍摄（图8–1）。显然，杂志编辑认为它是国际顶级摄影师由胶片转向数字的风向标。

8.1 转型期的困惑

8.1.1 胶片还是数字捕捉

延续胶片的拍摄方法，还是改用数字摄影机，成为前期规划的重要决定。近些年，胶片拍摄的比例在大幅度下降。

数字摄影的普及

《美国电影摄影师》杂志每期会介绍4~5部新片的电影摄影，一般选择有影响力的摄影师作品或商业大片，以介绍美国电影为主。它从2013年9月到

图8–1 《时间规划局》是罗杰·迪金斯第一部用数字摄影机拍摄的电影。

2014 年 8 月，一年的时间里共介绍了 50 部电影故事片，其中用胶片拍摄的影片数量为 14 部，胶片和数字捕捉混用的为 6 部，而纯数字捕捉的故事片为 30 部。故事片以外，另有 7 部电视剧和纪录片都是用的数字捕捉。进入 2014 年以来，仍坚持用胶片拍摄的，几乎只剩下几个国际级摄影大师了。

戴恩·毕比的《明日边缘》（*Edge of Tomorrow*，2014）是用胶片拍摄的。他的理由是：他喜欢用灯光型胶片拍摄外景，因为它们（Kodak Vision3 500T 5219 和 200T 5213）的宽容度略大一点，对蓝光略微敏感一点，在外景拍摄时感光度比本身的推荐值略高，这样可以延长拍摄时间。在伦敦冬天拍摄海滩的镜头（图 8-2 左列），下午 3 点半天就开始黑了，所以能延长拍摄时间非常重要。

又如达吕斯·康第在影片《移民》（*The Immigrant*，2013）中大多数镜头使用已经停产的 Kodak 500T 5230 胶片拍摄。他说，这种胶片虽然不被大多数摄影师所欣赏，但却是一种非常漂亮的低反差负片，特别是对肤色的再现有特殊的效果（图 8-2 右列）。

詹姆斯·卡梅隆在《阿凡达》（*Avatar*，2009）大获成功后曾经说，电影摄影师要完成"两级跳"：首先是从胶片到数字捕捉，然后是从 2D 到 3D。罗杰·迪金斯的《时间规划局》完成了从胶片到数字的一跳，而罗伯特·理查森的《雨果》以及埃曼努埃尔·卢贝斯基的《地心引力》（*Gravity*，2013）一口气完成了数字捕捉和立体摄影两级跳。

在立体摄影方面突出的例子还包括彼得·杰克逊导演的《霍比特人：意外之旅》（*The Hobbit: An Unexpected Journey*，2012）、李安导演的《少年派的奇幻漂流》，以及德国导演维姆·文德斯（Wim Wenders）的 3D 纪录片《皮娜》（*Pina*，2011）。然而 3D 电影在历史上已经有过多次大起大落，随着 3D 电影再一次降温，对于大多数电影摄影师来说，从 2D 到 3D 的"一跳"还没有那么急迫，而用胶片还是数字机却必须立刻做出决定。

图 8-2 左列：《明日边缘》频频出现的海滩场景。右列：《移民》中肤色的再现。

罗杰·迪金斯谈数字摄影

　　我确实喜欢更多地使用数字摄影机，因为我在现场就想知道拍摄的结果，而不是等到第二天看洗印报告。我总是会在半夜惊醒——并寻思，"上帝啊！我有没有把那些镜头拍砸？"我非常神经质。

　　数字捕捉最棒的一点是：你在现场拍摄时就能看到结果，它使你晚上可以睡个好觉。

　　　　　　　　——《视与听》，2009 年第 4 期；《美国电影摄影师》，2011 年第 11 期

　　《超凡蜘蛛侠》（*The Amazing Spider-Man*，2012）赶着新一轮 3D 浪潮，用 Red Epic 数字摄影机拍摄，是一部在 3D 视觉效果方面颇有建树的影片。它的摄影机随蜘蛛侠在城市的上空荡秋千，极大地刺激着观众的感官，无论如何这是一部从题材上就适于做成立体电影的影片。然而，到了《超凡蜘蛛侠 2》（*The Amazing Spider-Man 2*，2014》，影片不仅回到了 2D 拍摄，还使用了 35mm 胶片摄影机。这两部影片的导演马克·韦布（Marc Webb）说："我很喜欢这些数字摄影机，Red 对我们的制作帮助很大。但是，当你用 5 套 3D 摄影机系统拍摄时，那么多的电线、监视器会让你无所适从。"（自《美国电影摄影师》，2014 年第 6 期）。所以韦布在需要多机拍摄的前提下，舍弃了 3D，把立体效果制作放到了后期 2D 转 3D 上。韦布虽然简化了拍摄现场的设备，但第一部直接 3D 拍摄的《超凡蜘蛛侠》给予他的立体视觉经验很重要，有助于他面对 2D 影像预测 3D 可能的效果。

　　对习惯于胶片拍摄的摄影师来说，从胶片转换到数字大多没有什么障碍。爱德华多·塞拉在用 Alexa 数字机拍摄影片《爱的承诺》（*A Promise*，2013）以后说："数字化拍摄并不影响我布光的方式，而且我对它的结果很满意。"（自《美国电影摄影师》，2014 年第 2 期）。

　　总体上来说，数字捕捉在当前已经是中小型制作、电视剧、纪录片普遍的选择，而仍坚持使用胶片则需要有充分的理由。选择胶片往往是出于对宽容度或格式上的考虑。而数字捕捉的质量还在快速提高中，对于弱光的捕捉能力强，设备也小巧轻便。因此一些青睐胶片摄影师会在夜景摄影或多机拍摄时选择数字机。

胶片和数字捕捉的比较

　　用胶片还是用数字捕捉，不全是摄影师说了算，有时是由导演决定的。一些导演习惯了胶片，不愿意拿数字捕捉冒险，而另一些则喜欢数字的"所见即所得"。

　　也有些导演在从胶片改换数字捕捉方面会特别慎重。故事片《爱》决定使用 Alexa 数字摄影机是摄影师达吕斯·康第向导演米夏埃尔·哈内克提出的建议，因为这样不必不断

地更换胶片，有利于演员的表演，而且康第在照明方面也有可能尽量利用道具灯做出自然的光效。这是第一部图像文件记录为 ArriRaw 格式的影片，Arri 公司当时的工艺还不配套，所以在拍摄现场监视器上所看到的影像都有些"灰"。另外，数字影像需要"锐化"，后期锐化是摄影师的明智之选，因为前期对影像的调整无法"反悔"，而后期如果觉得不合适是可以重来的。对于像哈内克这种对影像质量"吹毛求疵"的人来说，又灰又有点"软"的影像让他有种受挫感，康第也因此承受着心理压力。直到影像经后期精调，有了令人满意的结果后，大家才松了一口气。

即使还在用胶片拍摄，它的工艺也已经改变了。现在通行的做法是将底片扫描为数字信号，然后进行数字中间片 DI 的调光，而不是印制 35mm 样片或拷贝片。这种胶片和 DI 的组合，能够充分保留底片上的细节，使影像的宽容度和调光余量要超过纯胶片或纯数字制作。不过，丰富的层次一定要在高质量的洗印加工条件下才有保证。当胶片加工的产量下降后，很多地方的洗印质量也随之下滑，无论胶片洗印还是胶转数的控制不当都会影响影像的质量，使这种优势难以体现。

摄影师们普遍认为，数字捕捉的优势在于低照度环境摄影。胶片加上洗印加冲，充其量也就是将感光度提高到 ISO 1000，但数字机在常态下就能达到 ISO 800 的等效感光度，用 ISO 1600 或更高的感光度设置拍摄也不成问题。它的直接好处就是在夜景或暗环境里，能更多保留现场光或道具灯本身鲜活生动的光效。

由于高感电影负片的感光度也不过 ISO 500 而已，所以特殊的加冲洗印工艺还在继续。但摄影师们曾经热衷的留银工艺基本上被 DI 所取代，虽然一些摄影师认为 DI 调光的效果与留银工艺还是有区别的，但留银工艺本身的稳定性不够好，如果想要得到黑色，再现漂亮的影像，必然伴随着高反差和粗颗粒。而 DI 可以将这些参数分开调整，不增加反差和颗粒，且可以量化到具体的数值，能够保证影像的统一。

8.1.2 摄影师的地位受到威胁？

在一些重要的视效大片中，摄影师正在失去对影像的总体控制权利。导演、美术师和特效团队最先介入准备工作，大量场景是由 CG 艺术家做出，而不是摄影师拍摄出来的。比如，《阿凡达》的前期制作阶段，当卡梅隆聘请摄影师毛罗·菲奥雷（Mauro Fiore）进组时，卡梅隆和他的特效团队已经在动作捕捉摄影棚工作好几个月了，此时应该去新西兰拍摄实景，他才需要一个摄影师。《少年派的奇幻漂流》的摄影师克劳迪奥·米兰达所做的工作最多的就是在摄影棚里拍摄少年派（苏拉杰·沙马 / Suraj Sharma 饰）在水上漂流的镜头，为此他进行了大量的测试以便找出最适合立体视觉效果的拍摄方法。然而，那些让观众印象深刻的美景都是由 CG 师在计算机上做出的，看不出米兰达的功劳。上述两部影片都获得了奥斯卡最佳摄影奖，然而面对这一类不再依赖真实场景摄影的影片，人们开始怀疑摄影师的主创地位正在被削弱、分散，被其他部门"篡权"。很大程度上，视效总监和 CG 艺术家承担起控制影像的责任，他们会以专业摄影师的眼光构思甚至拍摄画面。

摄影师如何保住自己的"主创"地位，不在本书的讨论之列。不过我们可以看到，除了那些有能力掌控全局、控制欲特别强的导演喜欢自己说了算以外，依赖摄影师和各部门专业人员协作的导演也不在少数，非视效大片仍数量众多，摄影师依然大有创作天地。

8.2　摄影工艺的小结

工艺转型期实验性新设备推出快，样式繁杂，同时带来加工控制工艺的变化。面对新工艺、新设备，电影摄影师需要在制作筹备阶段通过细致的测试熟悉新情况，找到新技术的优缺点，并在之后正式摄影中尽量扬长避短。

虽然摄影师各有各的考虑，各种工艺和设备也都有利有弊，但也还是存在大多数摄影师普遍认同的选择和工作方法，在此做一个简单的归纳。

8.2.1　摄影机

数字摄影机机型的选择

对电影摄影师来说，用什么机器往往是出于对影片题材和摄影需求的考虑，但有时也是"先入为主"——第一次恰好有机会使用某种机型，熟悉了就会在下一部影片拍摄时继续使用。

从故事片摄影师的选择来说，用得最多的是 Arri Alexa 和 Red 数字机，样机如图 8–3 所示。

Alexa 是老牌电影摄影机厂家 Arri 公司的产品，虽然上市稍晚，却备受摄影师的青睐，摄影师选择该机型的数量已经明显超过其他的品牌。它的操作简单，很像是在使用胶片摄影机；镜头可以与该厂的胶片摄影机互换，有类似胶片机的景深；而且它感光芯片的动态范围大，因此使影像有较大的宽容度，层次丰富。

Arri Alexa 系列数字摄影机

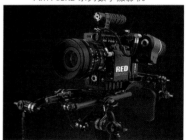
Red 系列数字摄影机

Phan tom 高速数字摄影机

Canon 数字照相机

图 8–3　电影摄影常用的几款数字摄影机或照相机。

一般数字摄影机以每一帧画面 2K 或 4K 的文件格式存贮图像，但 Red 率先使其机型达到 5K 甚至 8K 的清晰度。这些多出的像素使视效大片或 3D 影片愿意选择 Red 机型，为后期画面剪裁留有余地。而数字机新推出的相当于 70mm 胶片的 F65 格式已引起摄影师的广泛关注。

高速摄影时，Vision Research 公司的 Phantom 数字摄影机是摄影师的首选（图 8-3），它目前的速度可以达到 1000 fps，而新机型为 5000 fps。

有视频捕捉功能的数字照相机在电影摄影中偶尔也会使用，比如图 8-3 中的 Canon 相机。有些公共场所，比如地铁、公园，作为电影的实景，拍摄之前获得许可的手续烦琐，摄影师们索性使用照相机混在人群中就把该拍的镜头拍了。

一部影片在拍摄上往往会混用多种摄影机型。比如《X 战警：逆转未来》（*X-Men: Days of Future Past*，2014）是 3D 视效大片（图 8-4），大部分镜头是 3D 摄影，其中有 20 分钟复杂镜头以 2D 拍摄，后期 2D 转 3D。在摄影机的选择上，他们使用两台 Alexa M 安装在 3ality Technica TS-35 垂直式立体托架上，这种机器摄影和记录两部分是分开的，减小了机头的尺寸和重量，专门为 3D 摄影而设计。电影分为实景摄影和摄影棚摄影，在摄影棚的摄影中，他们同时使用两套这样的机器。另外，一个更轻巧的 3D 托架用于 Steadicam 摄影。在 2D 摄影时，所使用的机器的是 Alexa XT Plus，这是 Alexa 系列中功能齐全的新机型，特别是可以以 ArriRaw 格式记录图像文件，使后期调光能够保留更多的影像细节。影片中"动作凝固"或慢动作使用了 Phantom v642 高速数字摄影机，其中一些镜头达到了 3200 fps。在使用 Phantom 进行 3D 摄影时，3D 托架是詹姆斯·卡梅隆和他革新摄影装备的搭档文斯·佩斯（Vince Pace）设计的 Combo 3D。另外，水下摄影时，他们用 Alexa Classic 机型加 Combo 3D 托架的设备组合。

赛车题材的英、德合拍动作片《极速风流》（*Rush*，2014）在现场使用 9 台摄影机拍

图 8-4 故事片《X 战警：逆转未来》使用的摄影机及拍摄现场。左上：安装在 3D 托架上的 Alexa M 型数字摄影机。左下：Alexa XT Plus 数字摄影机。右列：多机 3D 摄影的拍摄现场。

摄：主摄影机是 Alexa 数字机，包括 Plus 和 Studio 两个型号，理由是出于对宽容度和照度的考量，一些场景要在光照较弱的雨天拍摄；Red Epic 以 5K 记录，用于视效合成的镜头；Canon EOS C300 用于近距离展现粗暴的、兽性的竞技情节，摄影师同时希望能使用体积更小的摄影机，于是迷你尺寸的 Indiecam IndiePov 高清摄像机用于这一目的；Phantom Flex 用于高速摄影，V.I.O. POV HD 用于水下摄影；此外用得不多的机器还包括 Canon EOS D1 Mark IV 和 Indiecam GS2K。《极速风流》的拍摄现场和所捕捉的画面如图 8-5 所示。

多机拍摄

多机拍摄是现代故事片，特别是动作片制作所流行的摄影工艺。多机拍摄也常用于同时捕捉一对正打反打演员的动作，这对于剪辑时动作和表情连贯有好处。

是否多机拍摄，除了场景的考虑，还有导演的工作习惯。比如导演昆汀·塔伦蒂诺与摄影师罗伯特·理查森合作的影片一般只用一台摄影机，很少使用 B 机拾取动作序列，镜头特别干净利索。如果有人问他为什么不多机拍摄，他会说："我是在导演，而不是选择。"（自《美国电影摄影师》，2013 年第 1 期）

鲁宾·弗莱舍（Ruben Fleischer）导演、戴恩·毕比摄影的《匪帮传奇》（*Gangster Squad*，2013）一般情况下使用两台摄影机拍摄。这两台机器要么在相同的角度上，一个广一些，另一台景别比较紧；要么一台正面拍摄，另一台以 3/4 的侧面拍摄；偶尔也会将两台机器 180° 对面放置。该片主要使用 Alexa 数字摄影机，摄影频率设置在 24 fps，另有一台 Phantom Flex 以 1000 fps 捕捉慢动作。《匪帮传奇》的拍摄现场如图 8-6 所示。

多机拍摄，如果摄影机之间的角度比较大的话，会使照明灯位很容易穿帮，给布光造成困难。

图 8-5　故事片《极速风流》多台摄影机同时捕捉赛车的主观和客观镜头。上排：Indiecam 小型高清摄像机安装在演员的头盔上，捕捉演员眼睛的特写。下列：多台摄影机、摄像机安装在赛车四周，捕捉竞技的主观镜头。

图 8-6（上） 故事片《匪帮传奇》中多机拍摄的工作现场。

图 8-7（下） 镜头中变焦的例子。左列:《被解救的姜戈》片头用"急推急拉"模仿意大利西部片风格。右列:《慕尼黑》在一个复杂的运动镜头中的第二次变焦。

镜 头

（1）变焦与定焦

故事片拍摄一般会同时配备定焦距（prime）和变焦距（zoom）镜头。但如前所述，大多数情况下，变焦距镜头是被当作定焦头来使用的，它在一定的焦段内，有连续可调的焦距值，使用方便。电视剧摄影青睐变焦头，因为电视剧的拍摄周期短，现场工作要快，变焦头不用那么精准地确定机位，又不用将镜头换来换去，有它的便捷之处。如前所述，出于同样的理由电影摄影师爱德华多·塞拉喜欢在故事片摄影中使用变焦头。但尽管如此，塞拉也常根据题材和摄影条件使用定焦头，在《戴珍珠耳环的少女》中，他就只选择了定焦头拍摄。北欧版《龙文身的女孩》也常用 24—290mm 高倍变焦距镜头，

以加快构图的速度（参见第 6 章第 6.3.2 节）。

虽然当代的摄影师在镜头中改变焦距非常谨慎，但有两种效果偶尔会出现在影片中：一种是模拟变焦距镜头"滥用"时期的"急推急拉"，如《被解救的姜戈》中用变焦模拟意大利西部片风格（图 8-7 左列）。另一种是营造窥视效果，比如《慕尼黑》中较多地使用了这一手法。图 8-7 右列是《慕尼黑》中一个复杂的运动镜头中第二次变焦，用以表现以色列暗杀小组在行动上的警觉和窥视。镜头首先从一个在电话亭中执行监视任务的小组成员开始，变焦拉开后出现另一些小组成员驾驶的轿车，镜头跟随轿车行驶了一定的距离后轿车停下（右上图），此时镜头再次变焦拉开，镜头中出现佯装读报的暗杀小组组长阿夫纳（埃里克·鲍瑙 / Eric Bana 饰，右中），他转头看向建筑（右下），此时镜头跟随他的视线摇向建筑的一扇窗——暗杀小组即将行动的目标就在那里。镜头中变焦看起来比较人为，正是这种人为使它成全了窥视或搜寻的主观效果。

（2）镜头的品牌

摄影师们经常选用的镜头品牌包括：Zeiss 厂家的 Super Speed、Ultra Prime 型镜头，Cooke 的 S4，Angénieux 的 Optimo，Panavision C 系列、E 系列、G 系列、Primo、PVintage，Arri 的 Master Prime。除了 Arri 的镜头与 Arri 摄影机配套以外，其他摄影镜头大多是第三方生产的，这些镜头的厂家历史悠久、品质优秀，相互之间又有细微差别。

如果画幅比是 2.40∶1 变形宽银幕格式，摄影师选择 Panavision 镜头的可能性比较大。这个品牌主要是变形（anamorphic）镜头，比如它的 C 系列、E 系列、G 系列都是定焦距变形镜头；AWZ 和 ATZ 为变焦距变形镜头。Panavision 也有非变形镜头——PVintage。《匪帮传奇》中，摄影师戴恩·毕比为 Alexa 数字机选择了 Panavision C 系列、E 系列、G 系列定焦头，以及 40—80mm AWZ 变焦头，他在中焦段使用定焦头，广角段使用变焦头。毕比说，在镜头的焦距广于 35mm 时，Alexa 16∶9 的感光器件会使变形镜头所摄取的影像边缘分辨率有所损失，所以他在需要更广的镜头时，会改换成非变形的（spherical）Primo。在 Panavision 系列镜头中，Primo 系列有变形和非变形两种规格。

Zeiss 和 Cooke 是两大定焦距镜头生产厂商，Zeiss 镜头的成像更加锐利，而 Cooke 镜头的成像比较柔和。达吕斯·康第喜欢 Cooke 和 Panavision 的 Primo。他认为 Primo 的影像鲜明锐利，适合现代感的、都市的或动作片题材，而 Cooke 的影像圆润美丽，适于浪漫抒情或历史题材。他为《七宗罪》《战栗空间》和《异形 4》选择了 Primo 镜头；为惊悚片《恐怖废墟》（The Ruins，2008）选择了 Panavision 的 C 系列和 E 系列，以及 Super High Speed 镜头；为《黑店狂想曲》《偷香》《谢利》《午夜巴黎》《爱》等影片选择了 Cooke 镜头。在《午夜巴黎》中，康第使用的是老款的 Cooke S2 和 S3 镜头，营造出柔和的影像。另有一些影片他也混用 Zeiss 镜头，比如《贝隆夫人》《移民》。

如第五章《断背山》的例子所述，导演李安喜欢柔和的 Cooke Panchro 镜头，而摄影师罗德里戈·普列托喜欢高反差、锐利的 Zeiss Ultra 镜头。经过试验比较，他们最终决定用 Cooke S4 拍摄，它的锐度和 Ultra 区别很小，而色再现比 Panchro 丰富。

在需要变焦距镜头的时候，不少摄影师会选择 Angénieux 镜头，特别是它有可覆盖大范围焦段的 10 倍甚至更高倍数的变焦头，比如 24—290mm T2.8 Optimo 镜头是 12 倍变焦，从广角 24mm 一直到 290mm 长焦段，最大光圈为 T2.8。罗德里戈·普列托在《色，戒》中使用了两种 Arri 胶片摄影机，并选择了 Arri Master 系列定焦头。但是有一个王佳芝（汤唯饰）在南京路上怀疑自己被跟踪的主观镜头，普列托用了 Angénieux 24—290mm Optimo 镜头，并把焦距推到最长焦的 290mm 上，如图 8-8 所示。

正如康第和李安，挑选老款镜头也是一种流行的做法。这些镜头虽然没有新型镜头那么锐利，但影像看起来更加柔和。

（3）镜头的焦距和景深

在经典好莱坞时期，长焦距镜头用于人物的特写，中焦拍摄全景，而广角镜头使用得很少。像《公民凯恩》那种大景深、较短焦距的镜头的使用在当时很少见。随着时间的推移，当代摄影师在长焦距镜头的使用上越来越谨慎，镜头的焦距趋于更短，视场角更广。

1980 年代曾获奥斯卡最佳摄影奖的故事片《烈火战车》（*Chariots of Fire*，1981）已经脱离了经典电影的镜头模式，影片中长焦距镜头所占比例也很低。作为过渡时期，该片有一些长焦距镜头值得回味。如图 8-9 所示，长焦距镜头大多用在了运动员训练和奥林匹克竞技场上（左、中），配合高速摄影展现运动员的日常训练和最后冲刺中所体现出的坚韧不拔。这种镜头带有纪录片摄影的风格，很像摄影记者远距离用"长枪短炮"抓取的运动瞬间，它们把影片的情绪推向高潮，夸张了鼓舞人心的关键时刻。另外，影片中也有极少的镜头纯粹是出于美化演员的目的而使用长焦距镜头的（右），这样的镜头中背景完全被虚化，只留下女演员美丽的特写。然而，这一两处特写在故事中却很让观众分心，和整部影片的风格不太搭调，没有运动场上的镜头那么自然。

图 8-8　故事片《色，戒》中，王佳芝在南京路上怀疑自己被跟踪的场景。上：客观镜头，Arri Master 75mm 定焦头拍摄。下：王佳芝的主观镜头，Angénieux 24—290mm Optimo 变焦头在 290mm 焦距一端。

图 8-9（上）故事片《烈火战车》中，使用长焦距镜头的例子。左、中：奥林匹克竞技项目中模拟纪录片的风格。右：为美化女演员而使背景完全虚焦。

图 8-10（下）故事片《毁灭之路》远距离拍摄，拉开角色和观众的距离。左列：广角镜头。右列：长焦镜头。

　　《毁灭之路》的摄影师康拉德·L. 霍尔（Conrad L. Hall）将镜头从 27mm 用到 150mm，如图 8-10 所示。首先，他希望影片前一部分中男主角迈克尔·沙利文（汤姆·汉克斯 / Tom Hanks 饰）和观众保持一定的距离，以展示他的双重人格。在广角和景别比较大的镜头中，沙利文总是处在中景或背景上；在特写镜头中，拍摄同样景别的画面，长焦距镜头使摄影机位比同景别广角或标准镜头距演员要远，影像更容易产生距离感。另外，霍尔总是使用 T1.9 至 T2.5 的大光孔，让画面中的焦点只在一个确切的点上，这样的焦点还可以使逆光的轮廓变得非常柔和。

　　无论经典时期还是当代，摄影师和导演对镜头焦段的选择很重要的考虑是"景深"。经典时期为了虚化环境、突出人物而使用长焦镜头，当代则为了展示角色所处环境而较少使用长焦镜头，拍摄特写或需要稍长焦距的镜头时，一般不超过 100mm，大多会选择 75mm 的焦距。

　　昆汀·塔伦蒂诺不喜欢长焦距镜头所产生的前景和背景分离的感觉。在《被解救的姜戈》中，最常用的镜头是 Panavision Primo 40mm 和 50mm 的定焦头。理查森也使用该品牌的 48—550mm ALZ 和 40—80mm AWZ 以及 70—200mm ATZ 变焦头，特别是在导演需要模拟意

大利西部片急推急拉的地方，这些变焦头发挥了作用（图 8-7 左列）。

李安习惯用 27mm 拍主观镜头，50mm 拍中景，75mm 拍特写。如前所述，他和普列托在《断背山》中总是使用比较短焦距的镜头：27mm 或 32mm 拍较大景别的画面，40mm 和 50mm 拍特写（参见第五章《断背山》的案例）。在《色，戒》中，他们用 40mm、50mm 加上偶尔使用的 32mm 拍摄中等景别，75mm 拍摄特写。在《少年派的奇幻漂流》中，3D 立体电影不太适合使用长焦距镜头，李安和克劳迪奥·米兰达用得最多的是 35mm 和 50mm 的焦距。

达吕斯·康第不喜欢混合使用长焦镜头和广角镜头，他偏向于一部影片以一种焦距为主：《黑店狂想曲》是 25mm，《童梦失魂夜》是 18mm。这两部康第早期摄影的影片中广角镜头的使用，奠定了该片导演让-皮埃尔·热内之后的影像风格。康第与伍迪·艾伦合作的《午夜巴黎》焦距不小于 32mm，与迈克尔·哈内克合作的《爱》从始至终是 35mm（参见第二章图 2-16、第七章图 7-15《爱》的案例）。哈内克极端重视真实感，所以无论他与哪位摄影师合作，都是使用中焦段的镜头，哈内克与贝尔格合作时，一般只使用 35mm 和 50mm 的镜头（参见第三章《白丝带》的案例）。

本书前几章所列举的诸多案例在镜头焦距的考虑上几乎都有着同样的美学倾向，不一衍述。不过，虽然当代摄影师们会选择比较广的镜头，但焦距大多不低于 32mm，仍属于中焦范围。过于广角的镜头，往往产生明显的镜头变形，使影像的真实感大打折扣。图 8-11 是电视剧《空王冠》（The Hollow Crown，2012）中广角镜头使用不当，造成影像变形的例子。上图明显地带有桶形失真的痕迹，下图看起来要好一些，但建筑物的线条和画面两侧的演员都不再垂直，而变成了扇形向中央收缩。如果因场地狭小而不得不使

用广角镜头的话，后期也可以对变形加以校正。像《空王冠》这样的镜头一旦出现在银幕上，就显得有失专业水准。

（4）滤镜（filter）

在摄影镜头前方或后方加滤镜，是一种常规的修饰影像的方法。由于当代电影摄影可以在照明和后期调色方面做更多手脚，而滤镜的效果往往不如照明处理那么自然，所以当代电影摄影师在使用滤镜方

图 8-11 电视剧《空王冠》中使用广角镜头导致影像变形的画面。

面比以前谨慎多了，如果有必要使用，通常会选择效果较轻的型号，使观众察觉不到滤镜的存在。

滤镜种类繁多，经常被用到的有以下几种。

第一类是漫射、柔光类滤镜（diffusion），这类滤镜起柔化影像的作用。如第三章所介绍，达吕斯·康第在《午夜巴黎》中会使用 Schneider Classic Black Soft 和 Tiffen Black Pro-Mist，或者 Mitchell Diffusion；第五章所介绍，《断背山》中，普列托在需要影像进一步柔化时，会使用 Schneider Classic Soft 柔光镜；第七章所介绍，在《戴珍珠耳环的少女》中，爱德华多·塞拉偶尔使用 1/8 Tiffen Pro-Mist。"1/8"是效果最轻的滤镜编号。第四章所介绍的《吊石崖的野餐》是柔光镜使用得最极端、且效果又很好的范例。

漫射类滤镜的种类繁多，纹理各有不同，柔光或漫射的效果不用。有些摄影师偏好用丝袜自制的柔光纱，如第四章图 4-31 所列举的《赎罪》。又如罗伯特·理查森在《被解救的姜戈》中为南方的场景大多加上了丝袜，用来降低影像的反差，并使高光有轻微的发散效果。

第二类是灰镜（ND）、灰渐变镜（graduated ND）。灰镜无色，所以在画面里观众一般感觉不到它的存在。灰镜往往用于需要开大光圈的镜头。比如白天的外景，摄影师希望用较大的光圈拍摄却无法得到正常曝光时，可以在镜头前加上灰镜。新款 Alexa 数字摄影机已经将灰镜做成摄影机的内置部件，说明它的使用是非常频繁的。灰渐变镜常用于遮挡明亮的天空，它的效果比其他渐变镜更自然，而且在阴天条件下使用效果也很好。如图 8-12 的上图，在电视剧《克兰福德纪事》（*Cranford*，2007）中，灰渐变镜明显改善了天空中乌云的细节，平直的房檐为渐变镜的位置提供了良好的契机。图 8-12 的下图，电视剧《白王后》（*The White Queen*，2013）中，灰渐变镜压暗了上端的树梢，使清晨的小树林具有更加幽暗的气氛。

第三类是偏振镜（polarizer），可以消除物体的表面反光或压暗蓝天，如第五章图 5-35《香魂女》的例子。在戴恩·毕比谈到《匪帮传奇》时说，他不使用任何有柔光或美容作用的滤镜，但会用灰镜和偏振镜控制光线强弱和反光。

图 8-12 电视剧中具有灰渐变镜效果的画面。上：《克兰福德纪事》。下：《白王后》。

滤镜对镜头成像的影响

① 无 UV 镜

② Tiffen 多层镀膜 UV 镜

③ Kenko 普通 UV 镜

图 8-13　照相机：Canon EOS 5D Mark II
镜头：Canon EF 24-105mm F/4L
等效感光度：ISO 3200
光圈：F4
快门速度：1/6 秒
焦距：置于 105mm

　　滤镜的质量有可能影响影像的画质，除了滤镜本身材质的透光特性外，滤镜和镜头之间也有可能形成光线的来回反射，从而进一步影响成像质量。

　　本试验的目的是考察 UV 镜对镜头进光是否有影响。试验选择明暗对比强烈的景物，有利于识别高光是否存在镜头进光现象。两款作为对比的 UV 镜试验结果表明，质量好的多层镀膜 UV 镜（图 8-13②）对画质没有影响，它的画面效果和未加滤镜的画面效果（图①）几乎没有区别。但是普通 UV 镜头（图③）增加了滤镜与照相机镜头之间的反光，在画面中形成了一个多余鬼影——绿色的灯球。

　　当代摄影师使用滤镜越来越谨慎的原因，除了不希望观众一眼看穿滤镜的人为作用外，另一个考虑是成像质量。质量较差的滤镜有可能降低镜头的锐度，而滤镜与镜头之间有可能因为增加了杂散的反射，而产生镜头进光等不利于成像的现象，如图 8-13 所示。

　　在《白丝带》中，摄影师克里斯蒂安·贝尔格从来不使用滤镜，只能用灯光纸调节照明的色彩和光线的柔硬程度。

8.2.2　曝　光

对于习惯胶片摄影的摄影师来说，从胶片到数字的转型很容易。"所见即所得"不仅让导演感受到自己对影像更有发言权，摄影师所承担的压力也减小了。正如罗杰·迪金斯所说：晚上可以睡个好觉。而胶片拍摄在看到洗印结果之前，没有摄影师敢拍着胸脯保证他的影像绝对没有问题。

（1）曝光表与监视器

除了克劳迪奥·米兰达表示自己在数字捕捉时不用曝光表以外，其他摄影师仍使用曝光表控制影像的曝光，同时参考现场监视器的影像。不过摄影师们也表示，对于数字捕捉的测光不必像使用胶片那么频繁细致。

现场监视器不仅需要精细的调校，还要安置在不受现场光影响的环境中。示波器、直方图显示等所显示的信号波形，虽然不能对摄影师的布光有任何帮助，但对于超范围失控的视频信号有很好的监视作用，所以摄影师和视频工程师不会忽略这些纯技术控制设备的作用。

（2）等效感光度

如前所述，胶片的感光度是固定不变的，在特殊洗印工艺"加冲／减冲"的干预下，可以适当提高或降低感光度使用。数字捕捉的等效感光度是可调的。数字机有自己的推荐感光度，比如 Alexa 的是 ISO 800。推荐感光度是摄影机生产厂家权衡了曝光和噪波的最佳感光度，但摄影师仍可就自己的需求提高或降低感光度使用。

通常，摄影师设置等效感光度有三种考虑。

第一，在低照度摄影环境中，提高感光度，以捕捉更多的现场光信息。数字机在低照度方面的影像捕捉能力大于胶片，它使得低照度摄影的游戏规则发生了变化。摄影师可以大幅度减小补光的强度，好拍摄到更生动、更自然的光效，参见第六章图 6-48 所列举的《新朱门恩怨》低照度摄影案例。又如在故事片《囚徒》片尾处，失踪女孩被找到的同时，她的父亲多弗却被绑架者关入地窖无人知晓。打火机成为这个场景的唯一光源，这在胶片时代是不可能的事。

提高数字机的等效感光度的同时，影像的噪波会相应增加，所以摄影师需要通过试验找到噪波不明显的感光度上限。又因为后期图像处理软件具有一定的降噪功能，摄影师和后期制作调光师还可以在先测试的前提下，利用后期降低影像的噪波水平。

第二，改变数字机的等效感光度，会改变影像的色彩和反差特性。一些摄影师会出于此种考虑，设定等效感光度。第五章《神圣车行》的案例中，摄影师卡罗琳·尚普捷将所使用的 Red Epic 夜景和内景设置为 ISO 640，以保证画面中的暗景物层次丰富；而日外景为 ISO 800，以保证画面中的明亮景物有更多细节，同时在镜头前加 ND 24 的灰镜控制曝光和光圈的关系。而电视剧《唐顿庄园》的摄影师对 Alexa 的感光度有不同的体会。《唐顿庄园》在第一季制作时，使用的是 Arri D-21 数字机，到了第二季，随 Arri 产品的更新换代，改用 Alexa。第二季与第一季相比，场景和气氛更加复杂，有战争的场面，有庄园战前和战争中充当军人康复医院的对比。为此，摄影师加文·斯特拉瑟斯（Gavin Struthers）根据场景的照度水平将感光度的设置范围从 ISO200 直到 ISO1600 不等，而不是像别人那样用 ISO 800 再加灰镜。他发现，设置在不同的感光度上，影像是有变化的。ISO 200 反差比较大，拍摄时就要多加副光，以便降低反差；而 ISO 1600 的影像比较"平"，能看到更多的暗部层次。

第三，像使用胶片一样，根据拍摄环境光照的强度决定感光度值。比如第五章《囚徒》的案例中，Alexa 摄影机在夜景拍摄时感光度一般设置在 ISO 1250，需要捕捉低照度光效的场景设置在 ISO 1600。小制作和拍摄周期很紧的电影、电视剧更倾向于通过调整等效感光度直接得到合适的曝光。

（3）光圈

图片摄影时，光圈、快门速度和感光度共同决定了影像的曝光组合，而电影摄影中，摄影频率是固定值，比如 24fps，不能因为曝光不够而加快或放慢摄影速度。所以，如果摄影师保持感光度不变的话，光圈就成为曝光唯一可调的参数。然而，即使是这一"唯一"可调的参数，摄影师也会出于对景深的考虑，将它相对固定下来。

在高照度的外景环境，摄影师一般不会使用很小的光圈，T5.6 是比较常用的光圈值，T8 也会用到，但更小的光孔（更大的光圈值）就只有少数摄影师才会使用。而在低照度环境下，摄影师也尽量不使用镜头的最大光孔，因为光圈开到最大时，成像质量并不是镜头的最佳值，而且摄影助理跟焦点会很困难。T2.0 至 T4 都是夜景和内景常用的光圈值。

光圈的设置有着摄影师的审美倾向。《被解救的姜戈》中，罗伯特·理查森认为 Primo 镜头在开大光孔时影像更漂亮，他经常使用 T3.2 的光圈。第二章所介绍的《谢利》中，达吕斯·康第用 T2.8 至 T4 的光圈拍摄演员之间的亲密关系，强调较浅的景深，使角色和背景分离。康第和贝尔格在为导演哈内克的影片摄影时，就不用 T2.8 的光圈，而都是使用 T4 左右的光圈，因为哈内克喜欢细节多的影像。第四章卡明斯基在拍摄《林肯》的夜景和内景时，光圈总是设置在 T2.8 或 T4 上。第五章所介绍的《神圣车行》具有小制作的特点，针对复杂多变的场地，光圈从 T2.8 一直用到 T16。第七章《艺伎回忆录》的片例中，毕比为了让道具灯的自然光效得以展现，用的是 T2 到 T2.8 的较大光孔。第七章还提到，《社交网络》使用 Red One 数字机，因镜头的景深特别大（早期数字机都有类似的问题），导演和摄影师都不喜欢这种画面效果，因此不得不将光圈开大到 T1.3。

在此需要强调的是，景深是镜头的焦距和光圈共同作用的结果，长焦距镜头即使使用小光孔仍有可能比使用大光孔的中焦或广角镜头所拍摄的影像景深更浅。不能单从光圈来判断景深的大小。上述几个当代摄影师的工作习惯都是在中焦和略微广角的镜头下的光圈设置。

《盟军夺宝队》（The Monuments Men，2014）是胶片与数字机混合拍摄的影片。外景用 Arricam Lite 胶片摄影机拍摄，光圈设置在 T5.6 或 T8，但不超过 T8；夜景和内景用

Alexa 拍摄，光圈保持在 T4 的数值上，一些特殊的场合是 T2.8。由此可见，虽然日与夜、外景与内景的自然照度可以相差好几级，但摄影光圈也只是相差一两级之差，景深关系比较一致。《新世界》中，由于导演马利克喜欢大景深的镜头，所以摄影师卢贝斯基用 40mm 和 50mm 焦距的镜头近距离拍摄演员，并将光圈收到 T11 或 T16，这是使用小光孔比较极端的例子。卢贝斯基一般习惯用 T2.8 或 T4 的光圈拍摄内景或摄影棚场景，但在《断头谷》中，他不想让布景看起来太清晰生硬，在试验了 T5.6、T4、T2.8 以及 T2 之后，决定整部影片都用 T2.5 和 T2.8 来拍摄。

8.2.3　照　明

照明的规模往往体现了电影制作的规模，拍摄现场的照明器材可以从几块反光板到几百盏照明灯不等。照明器材包括照明灯具、发电车、接线盒、电缆、各种支架灯腿、柔光屏 / 灯光纸等。仅灯具的种类就不计其数，专业的、日用的、聚光的、散光的等。详细介绍可参见蔡全永著《电影照明器材与操作》，以及哈里·C. 博克斯（Harry C. Box）著《灯光师圣经：电影照明的器材、操作与配电》（*Set Lighting Technician's Handbook: Film Lighting Equipment, Practice, and Electrical Distribution*，简体中文版由后浪出版公司策划出版，北京联合出版公司 2017 年版）。

照明灯具分类

根据《灯光师圣经：电影照明的器材、操作与配电》的分类，电影专业灯具可分为 5 类。

（1）钨丝灯类（tungsten）

钨丝灯属灯光平衡型低色温照明灯，色温为 3200K。在这个大的类别下，又以灯具

杜可风谈好莱坞照明

从灯光上来讲，在中国，我们大多用 12k 的灯，打到 18k、20k 已经算很多了，而这里竟用 420k 的灯，是我过去的 30 多倍，简直就是开了灯光的银行！加上反光幕布、30 尺高用来调整景框的遮光丝幕，使现场热得谁都不想走进来，而这却只是为了营造这一段影像比较柔和的调子罢了。而当我面对这许多的布料和电量时，那些可以任意移动的墙、可以更换的天花板和撬起个螺丝钉就可以撤掉的整个地板，会让我想念起中国那些不能移动的屋顶和墙，因为那里有了限制而提供了更丰富的想象，在变通的尝试中我发现更多新的可能，而这里方便的一切却让我丧失了大动脑筋的乐趣，面对这陌生的一切，我想原来由俭入奢也是难的。

——《杜可风电影笔记——走进好莱坞》，《看电影》，2003 年第 7 期

的聚散光方式分为：菲涅尔聚光灯；散光灯；"BAG"——带柔光屏或柔光箱的柔光灯；
open-face——与菲涅尔相比，此灯具只有一个简单的反光碗，不可调节聚光程度；PAR
灯；ERS（椭圆反光器聚光灯）；Dedolight；BP（光束投影器）；面光（area light）和背景灯；
small fixture——可安装家用或小泛光灯泡，往往用多盏灯组成柔和的面光源；MR 16 灯。

（2）HMI

HMI（Metal Halide Arc Light）是日光平衡型金属卤素弧光灯，色温为 5600~6000K。
包括：HMI 菲涅尔；HMI PAR；12k 和 18k PAR；HMI open-face；small fixture——电池供电
的 HMI、sun gun、Hijer-Bug、Dedo 400D、钨丝灯平衡弧光充电灯。

（3）日光灯（fluorescent，或荧光灯）

此类灯具属于冷光源照明设备，有 Kino Flo 和 Lumapanel 两个品牌。Kino Flo 有灯光
平衡和日光平衡以及其他色彩或色温多种灯管，为摄影师所熟悉，使用广泛。

（4）LED

LED（Light-Emitting Diodes，发光二极管）是几种类型的照明灯具中发展最晚的一种，但行情看好，应用的范围越来越广泛。

由于 LED 光源由很小的发光二极管组成，所以这种照明很适合做成面光源，而且可以有不同大小不同的样式，如图 8-14 所示。它可以藏在汽车靠背后面为人物补光（参见第五章图 5-48《神圣车行》以及第六章图 6-48《新朱门恩怨》的案例），也可以用大面积的灯板为大型场景补光。LED 灯可以将不同颜色或不同色温的小发光二极管排列组合，所以它的色温从 2000K 到 20000K 往往是连续可调的，RGB LED 还可以生成各种变化的色光。LED 的应用可参见第七章图 7-41、图 7-42《艺伎回忆录》的例子。

由于 LED 作为广告装饰或大型街头

图 8-14　不同规格的 LED 灯。

图 8-15（上） Xenon 灯营造的光束。

图 8-16（下） 故事片《泽西男孩》结尾的场景中使用了 LED、Vari-Lite 和 Xenon 灯具。右图为拍摄现场。

显示器已经被广泛应用在各个领域，因此，这些灯或道具灯也可以直接成为电影画面中的主光源或环境照明，如第六章图 6-75 美国版《龙文身》的例子。

（5）特殊光源

特殊光源主要指一些超大型光源，因为它们除了光源本身外，还需要特殊的支撑设备。这些光源主要有：SoftSun（参见第五章图 5-51《神圣车行》的案例）；碳弧灯（carbon arc light）——电影工业最早的大型室外照明；气球灯（balloon light）——里面可以放置 HMI 或钨丝灯泡、充以惰性气体的特殊气球，可升上高空，照明广大的区域。

另外，一种发光强度很高的 Xenon 灯泡，它的功率也可从几千瓦到 10 千瓦。不同于 HMI，Xenon 属于短弧灯，它的弧光短并非常明亮，很容易形成高度会聚的光束。5600K 日光平衡型的聚光 Xenon 有时用来模拟太阳或探照灯，如图 8-15 所示。《超凡蜘蛛侠 2》也用 7k 的 Xenon 安装在 3.5 米高的大型 Condor 灯架上，模拟警用直升机上探照灯的效果。

在克林特·伊斯特伍德（Clint Eastwood）导演的《泽西男孩》（*Jersey Boys*，2014）结尾的场景中，他的老搭档摄影师汤姆·斯特恩用当代舞台照明营造歌舞的场面，如图 8-16 所示。他使用了 Chroma-Q 生产的 Color Force LED 灯条、Philip 生产的 Vari-Lite 变幻光源（曾在第七章《艺伎回忆录》中有过介绍），以及 Brite Box 生产的 Xenon 追光灯。

柔光屏、黑旗与灯光纸

（1）漫射、阻光材料

当代电影摄影为了打出柔光，就需要大量的柔光屏、反光板与之配合。由于柔和的面光源会在很大范围内散射开来，为了控制光线所照亮的区域，又需要黑旗遮挡那些不需要光线的地方。《修女伊达》的摄影师卢卡什·扎尔就说，他的拍摄现场总是旗杆林立，大块的柔光布和黑旗到处都是（参见第七章图 7-14 的例子）。

大制作和小制作的一个区别也在于柔光屏的规模上。大型照明加上大型柔光屏，使摄影师甚至能够控制外景照明，而小制作更多要因地制宜，借助环境和自然光营造所需要的摄影气氛。

从前几章的例子中可以看出，漂白或无漂白平纹布、栅格布都深受摄影师的欢迎，还有一些灯光纸厂家生产的反光、透光材料也使摄影师对材质的反光强度、柔光程度有更多的选择。另外，摄影师会有一些自己的特殊嗜好。比如，达吕斯·康第特别喜欢很像描图纸的 Lee 129 Heavy Frost 漫射材料，在《七宗罪》和《谢利》中都用到了它。罗伯特·理查森喜欢用老式的木炭色的丝绸控制外景的环境光，它的阻光作用超过白布，在阳光灿烂的美国西部外景地很有效，如图 8-17 所示。

（2）灯光纸

灯光纸是加在照明光源上的滤

图 8-17　故事片《被解救的姜戈》中，摄影师在外景所使用的木炭色丝绸。

色片。当摄影师越来越谨慎地在镜头上使用滤镜的同时，他们在照明光源上使用的灯光纸种类却花样越来越多。不少灯光纸在性能及光谱特性上和镜头上的滤镜一致或接近。比如校色温类灯光纸和镜头上的滤镜只是编号方式不同，材料不同，工艺的精细程度不同而已。镜头所使用的滤镜光谱特性会控制得更严格一些，材质的耐磨程度要高一些。而灯光纸是一次性的，并要考虑它们的耐高温性能。

　　彩色摄影中，当镜头上使用了某种有色滤镜时，影像整体上会与该滤镜具有相同的色彩。有些初学者简单地以为，只要选择一种滤镜，就能使影像带有一种基调。这种看法是不正确的。故事片摄影很少会简单地通过镜头滤镜达成某种基调，而滤镜滤除了自然光中的部分颜色，使画面色彩变得单一，在多数摄影师眼中是个缺点。

　　灯光纸则不然，它添加在具体灯具前、窗户上，既可以营造局部的色彩，也可以制作出不断变化的色彩。人物在场景中走动时，可以走过一个个不同的颜色区域，不同色光的照明也可以同时打在一个角色身上，如图 8-18 的《超凡蜘蛛侠 2》所示。在科幻、歌舞或当代为题材的影片中，这

图 8-18　故事片《超凡蜘蛛侠 2》中运用色光的例子。左列：不同的色光同时作用在一个角色身上。右列：当演员处在不同的色光区域时，这些环境光也映射（或另用照明加强）在演员的脸上。

图 8-19　故事片《刀》中色光对肌肤再现的影响。上：照明的色光影响了肌肤再现。下：色光没有影响肌肤的正常视觉效果。

样的处理比比皆是，第三章图 3-36《碟中谍 2》的例子也是如此。

无论滤镜还是灯光纸，在使用时都要考虑它们对肤色的影响。一般来说，摄影师们不愿意以损失肤色再现为营造色光的代价。如图 8-19 所示，从香港功夫片《刀》（1995）中可以看出两者的不同。上图红橙色的灯光纸模拟火光效果，使得人脸上除了单一的红色无其他色彩，而且影像缺乏立体感，嘴唇的红色几乎消失；下图虽然也模拟了火光在人脸上的光效，但仍能区分肤色的变化，嘴唇不失去血色是一个重要标志。虽然无论使用何种色光，人物的肤色都会随之变化，但是只要肤色不变成单一的颜色，观众通常不会觉得别扭。单一颜色往往是因为灯光纸或滤镜的光谱透过区域过窄或者选用的材质颜色太重所致。在第六章图 6-58《黑天鹅》的例子中，色光也影响了人物的肤色再现，但那是一个心理描述的镜头，带有很大的主观性，所以算是合乎情理。

灯光纸中使用频率最高的要数调整色温的 CTB、CTO、CTS。除了第三章中介绍的维多利奥·斯托拉罗喜欢使用双倍的 CTO 和 CTB 配合 ENR 留银工艺以外，大多数摄影师用的更多的是幅度比较小的 1/2、1/3、1/4，甚至 1/8 的规格。另外，Plus Green 的使用也较多，这种绿色的灯光纸有时用作夜景和 CTB 共同使用，有时是模拟日光灯的效果。

8.2.4 调 光

与胶片相比，数字系统的影像格式、调整功能繁多，各种品牌的机器差异很大，而且设备一直处在更新的状态中。所以今天的摄影师在拍摄之前的筹备期，需要做的试验更多，很多事情都要事先确定下来，比如：影像文件的记录格式、调光的步骤是放在前期还是后期等。总之，摄影师要掌控影像制作的全程，他们不会拍了再说，不指望后期补救拍摄的失误，而是要在拍摄前就能预见到最终的结果。

（1）影像记录格式

用于数字电影的影像记录格式主要分为 3 类。（1）线性格式，比如 Rec. 709。这种格式是视频图像系统沿用的记录方法。（2）对数格式，比如 Log C。它记录影像的暗部、中间亮度和亮部不是像线性格式那样均匀采样，而是按照对数、亮度翻番的间距采样。这样一来，对于同样比特数的图像文件来说，对数格式所记录的有效信息大于线性格式。（3）Raw 格式，比如 ArriRaw。这种图像格式是一种"未经加工处理"的格式，可以保留各种拍摄时的原始数据，因而使后期调光有较大的调整宽容度。

在条件许可的情况下，摄影师都愿意使用对数加 Raw 格式，以便后期有更大的调整余地。比如《X 战警：逆转未来》《盟军夺宝队》《爱》等影片在使用 Alexa 数字摄影机时都选择 ArriRaw 格式。但一些小型数字摄影机不具备对数或 Raw 格式记录功能。

信息存储量越大的图像格式，文件也越大。

（2）信号压缩和分辨率

图像压缩技术伴随数字图像的诞生而诞生，因为数字传输的一个大问题就是未经压

模拟《醉乡民谣》后期调光效果

摄影师布鲁诺·德尔博内尔的影像从《天使爱美丽》开始就有着与众不同的色彩感，在《醉乡民谣》里，这些色彩的调整不再使用特殊的胶片洗印工艺，而是靠数字调光完成。其画面效果可参见第五章图5-4、图5-6以及第六章图6-23、图6-30、图6-31。德尔博内尔首先为影像加上了数字的 ENR，然后再把 RGB 三个通道调来调去，让肤色有点浪漫、怀旧，平滑而带有光泽，刚好处在真实和不真实的交界处。他还让影片的影调丰富并带有消色的成分。对他来说，这是一件要和调光师紧密配合的、非常精细的工作。

本试验使用 Photoshop 尝试《醉乡民谣》的色彩感和柔光效果，如图8-20所示。本试验区原始图片的选择上就和《醉乡民谣》有出入，没有影片中那种极致的人物造型光，也没有被压暗的室内环境。但这种试验仍能让人感受到后期调光的强大。

本试验主要的操作在于区分出影像中暗、中、亮影调，分别建立图层，分别调整。人脸和画面中高光添加了柔光效果。这些是后期"加柔"通行的做法，仅对亮部"模糊"的柔光效果好于对整个画面"模糊"。

图8-20 调光对比。
上：原始影像。下：
调光后的结果。

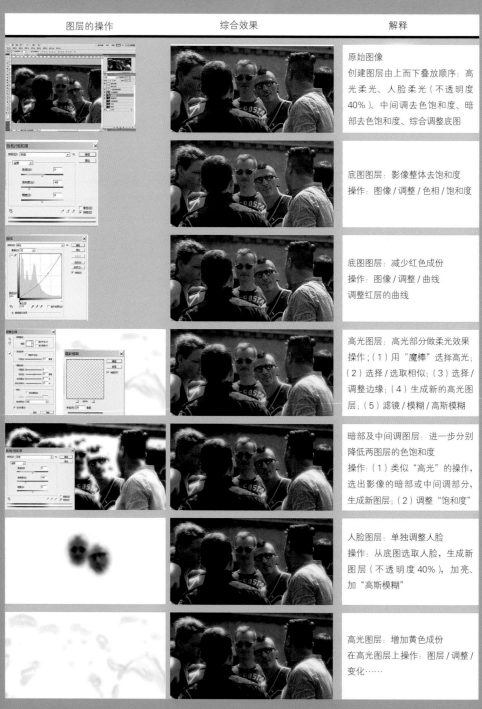

图层的操作	综合效果	解释
		原始图像 创建图层由上而下叠放顺序：高光柔光、人脸柔光（不透明度40%）、中间调去色饱和度、暗部去色饱和度、综合调整底图
		底图图层：影像整体去饱和度 操作：图像／调整／色相／饱和度
		底图图层：减少红色成份 操作：图像／调整／曲线 调整红层的曲线
		高光图层：高光部分做柔光效果 操作：（1）用"魔棒"选择高光；（2）选择／选取相似；（3）选择／调整边缘；（4）生成新的高光图层；（5）滤镜／模糊／高斯模糊
		暗部及中间调图层：进一步分别降低两图层的色饱和度 操作：（1）类似"高光"的操作，选出影像的暗部或中间调部分，生成新图层；（2）调整"饱和度"
		人脸图层：单独调整人脸 操作：从底图选取人脸，生成新图层（不透明度40%），加亮、加"高斯模糊"
		高光图层：增加黄色成份 在高光图层上操作：图层／调整／变化……

图 8-21 调光操作过程及解释。由上至下按操作顺序排列，而非图层叠放的顺序。

缩的文件比特数太大了。所以对于如何保证在减小文件的同时较少损失图像的质量的研究一直与数字图像技术的发展同步进行。如果图像文件很大，但在画质上没有明显的优势，那么制作人都会选择文件小、但信息承载更有效的记录方式。

摄影阶段需要考虑的参数主要有两个。（1）彩色信息的采样率——4：2：2或4：4：4，前者对图像中色度信号的采样少于亮度信号，后者色度信号和亮度信号的采样率是一样的。（2）图像的分辨率——2K、4K或5K。一些摄影师认为4K是不必要的浪费，因为影院放映大多是2K的分辨率。而也有导演和摄影师认为4K非常重要，它不但在调光过程中有可能使信息的损失更少，而且它本身的画质就有明显的优势。达吕斯·康第谈到为影片《爱》调光时说："我们用了4K为该片调光，我必须要说的是，在戛纳电影节上用4K放映机放映的影像比起2K放映漂亮得太多了。"（自《美国电影摄影师》，2013年第1期）。

（3）数字摄影机的前期调整

数字机有很多参数可以调整，除了选定上述记录格式以外，还有等效感光度、锐化、色饱和度等很多指标。每个摄影师的做法也不一样，有的喜欢前期调整图像，有的则愿意在拍摄时尽量多保留影像原始信息，后期再调。

罗杰·迪金斯从他的第一部数字机拍摄的电影《时间规划局》开始，就习惯于在现场调整摄影机参数得到一个影像的基调，后期再做精调。他的拍摄现场有一名数字成像技师（DIT，Digital-Imaging Technician）专门负责技术控制，他们的前期设置可达12项之多。导演大卫·芬奇与摄影师杰夫·克罗嫩韦斯在数字机的调整上走了不同的路线。他们拍摄《社交网络》时，对数字机也做前期调整，但到了《龙文身的女孩》，就把调整的工作都放到了后期。因为前期调整至少需要数字成像技师，现场人员更多，设置的准备也更复杂，而大卫·芬奇喜欢在拍摄现场人越少越好，各种整备越简单越好。

（4）后期调光

后期调光是数字图像或胶转数图像必不可少的程序，且功能强大。即使前期已经调整了不少图像信息的参数，到了后期也还要有一个精调的过程。摄影师和调光师之间往往也有长期合作的习惯，当一个优秀的调光师熟悉摄影师的审美倾向和影像特点时，他们在工作中默契的程度更高。

一般来说，导演会参与后期剪辑、调光的全过程，而摄影师到了最后精调的阶段，可能已经离开摄制组，接拍另一部影片了。但是认真的导演仍然会继续聆听摄影师的意见，让合作继续下去。摄影师也会抽出一些时间，回到原来的摄制组，和调光师一起确定主要的基调。影片《爱》的后期调光做了两遍，第一次是摄影师达吕斯·康第和调光师来调，导演哈内克做了详细的笔记。导演想先参考康第的调光，再做自己的版本，于是他用4K的分辨率又做了一次。

需要特别指出的是，无论前期还是后期，在对影像进行各种处理时，摄影师都会非常在意肤色的再现，一般不希望出现图8-19的上图那种失真的情况。

（5）影像控制

正如胶片在摄影和洗印加工中有着特定的控制标准，数字电影也有一些方便摄影师的控制方法，使摄影师和导演在现场能够看到和最终影像相接近的画面，或者便于摄影师和调光师的远程沟通。

3cP（Cinematographer's Color Correction Program，电影摄影师彩色校正程序）是一套交换调光信息的软硬件系统，摄影师可以在笔记本电脑或 iPad 上将自己设想的调色方案传送给调光师，调光师也可以把调过的镜头传回拍摄现场让摄影师过目。因为摄影师和调光师之间传输的画面有着详细的调光信息，所以他们既可以保存对方的版本，也可以在前者调整的基础上再做修改。罗德尼·查特斯在《新朱门恩怨》的拍摄中、罗德里戈·普列托从《通天塔》开始，以及其他一些有影响的电影和电视剧都使用这套控制系统。

另外，特艺色的 DP Lights 等也用于前期设置查色表。戴恩·毕比的《匪帮传奇》使用的是这种方法。各个摄制组的影像控制并没有统一的方法。

在没有专门的影像控制系统之前，摄影师往往会用 Photoshop 调出重要的画面供调光师参考，但无法将调整数据传递给调光师，互动性当然不如专业软件。

8.2.5　运动的摄影机

常规设备

移动轨、dolly、升降车、摇臂是摄影机运动最常使用的移动设备。图 8-22 左图是故事片《阿拉莫之战》（*The Alamo*，2004）的拍摄现场，移动轨加 dolly 正在拍摄战斗的场面；右图是《盟军夺宝队》的拍摄现场，轨道、摇臂都是大型的。有时，dolly 也被译作"移动车"。实际上，dolly 比简易的、放在轨道上的移动车要复杂。Dolly 可以架放在移动轨上，也可以直接在平坦硬实的地面上运动，它的液压系统可以使云台升降，甚至可以安放摇臂。

图 8-22　移动轨、dolly 和摇臂在电影拍摄中的应用。左：故事片《阿拉莫之战》拍摄现场。右：《盟军夺宝队》拍摄现场。

用于车拍的各种云台、支架和摇臂在汽车追逐的场面中也必不可少。另外，还有一些特殊装备可以遥控小模型飞机的航拍或在车拍、航拍中保持摄影机的稳定。

一般认为，轨道摄影需要事先精心策划，然后按照既定方针排练并拍摄。然而实际情况也不尽然，如果考虑得当，轨道摄影也有一定的灵活性。比如，《英国病人》有一个未被用到完成片中的镜头，描述的是男主角的主观想象。镜头从他的特写开始，然后观众可以看到有一只鸵鸟在他身边，他跟随鸵鸟慢慢远去。鸵鸟一旦被放出笼子，它的行动是无法控制的，摄影师不知道它会向哪里走。为了保证画面能同时拍摄到男主角和鸵鸟，他们使用了一段弯轨，这样只要推移动车的场工根据演员和鸵鸟之间的关系调整移动车的位置，使三者保持在近似一条直线的角度上（人物和鸵鸟之间角度较小，但不能重合），就可以保证摄影镜头同时捕捉到鸵鸟和人物，画面效果如图 8-23 所示。

Steadicam

Steadicam，即手持摄影机稳定器（图 8-24），大大增加了运动摄影的灵活性，又能防止摄影机抖动。20mm 是大多数 Steadicam 摄影所使用的镜头焦距，它兼顾了景别和景深的关系，使跟焦点的操作比较容易。

Steadicam 对于一些导演和摄影师来说如同至宝，能用就用。但是也有一些人对它持审慎态

图 8-23（上）《英国病人》用一段弯轨拍摄演员和鸵鸟的关系，以保证他们被同时被包含在画面之中。

图 8-24（下） 比较大型的 Steadicam，可以用在 Alexa 数字机的手持摄影中。

度，并不滥用。比如摄影师罗德尼·查特斯认为，Steadicam 有着强烈的观察者的视角，它的运动流动感、悬浮感太强烈，使观众从剧情中脱离。如果有必要使用 Steadicam，他愿意把它用在角色边走边聊或狭小的实景内景场合。罗德里戈·普列托说，Steadicam 加上 20mm 的镜头在室内里拍摄，感觉就像小直升机在房间里打转！埃曼努埃尔·卢贝斯基发现，在有墙作为参照的画面中，Steadicam 的机械感特别明显，但是以树林或水边为环境时，使用 Steadicam 就比较自然。

自制设备

　　摄影师因地制宜自制的设备也不在少数，有些方式开始只是个人行为，大家都觉得好用就变成了专业设备。

　　《通天塔》在摩洛哥的段落中，需要在崎岖不平的村中小路上跟拍受伤的美国游客被人抬到导游家的镜头，而且摄影机需要倒退着拍摄迎面跑来的人们。用 Steadicam 的可能性被否定了，因为导演亚历杭德罗·冈萨雷斯·伊尼亚里图不喜欢 Steadicam 的悬浮感。罗德里戈·普列托试着手持倒退着拍，但他一下子就被绊倒了，他也尝试过 Easy Rig，这是一种钓鱼竿式的小型手持缓冲器（参见第六章图 6–17 的下图），但又觉得效果不是

图 8–25　《通天塔》自制的"乔伊椅"让摄影师可以专注于手持摄影。左：拍摄现场。右：完成镜头。

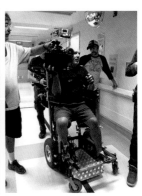

图 8–26　电视剧《无耻之徒》自制的摄影运动设备——带轮子的小板凳、脚架和轮椅。

他喜欢的那种移动摄影。后来，摄影大助理乔伊·迪安达（Joey Dianda）用旅馆的椅子，两边加上长木条，变成一顶被大家戏称为"乔伊椅"的轿子。由四个场工抬着椅子，他们根据地势控制椅子的水平程度，在高处的场工会猫下身子降低滑竿，普列托坐在上面可以专心摄影，自我感觉好极了，如图 8-25 所示。

图 8-26 是电视剧《无耻之徒》（Shameless，2011）为摄影自制的带轮子的小凳、脚架和轮椅。电视剧通常都会较多地在摄影棚或室内拍摄，这些简便的器材用在硬实平坦的地面上，可以快速调整摄影机位，也方便运动摄影。

8.3 范例分析

8.3.1 《007：大破天幕杀机》：以常规制作的方法拍大片

《007：大破天幕杀机》（以下简称《天幕》）是第 23 部邦德电影，也正好是该系列影片 50 年的纪念版。该系列电影一直是高居票房榜的动作大片，制作阵容一向豪华，在英国伦敦的松林电影制片厂有 007 专属的摄影棚，而且无论电影特效制作手段有多么强大，它们总会真刀实枪地亮出一些非特效的漂亮花活儿，甚至登上吉尼斯世界纪录。

该片是导演萨姆·门德斯（Sam Mendes）与摄影指导罗杰·迪金斯合作的第 3 部影片。在筹备期间，门德斯对迪金斯说："虽然《天幕》是我们从来没做过的大片、动作片，但除此之外，它和我之前的其他影片没什么不同。"（自《美国电影摄影师》，2012 年第 12 期）尽管在拍摄现场最多的一次用了 11 台摄影机，但总体上，工作人员都会惊叹摄影器材如此之少，在大片制作中实属罕见。罗杰·迪金斯喜欢做减法，尽可能地降低规模并简化设备。在他看来，这部影片和其他影片的不同之处在于"拼图"。摄影棚、不同地域的外景、视效合成，它们被组装在一起，要浑然一体，不分彼此。

拍摄特点

（1）看不见的摄影机

动作片一定会有摄影机的运动作为配合。在一些影片中，观众常常能辨识出哪里是手持摄影，哪里用了 Steadicam，或者摄影机作为一个角色在接近一个目标。然而，在门德斯和迪金斯的《天幕》中，观众往往察觉不到摄影机的运动。要做到这一点，关键是摄影机的运动有充分的理由，而且剪辑要干净利索，在观众察觉之前，该剪的东西都剪掉了。

动作片大多是多机拍摄，但《天幕》根据场景的需求，每场戏使用的摄影机数量不等。前面提到的 11 台摄影机用在地铁隧道中的火车出轨场景里，有爆炸场面、模型火车、真人演员等，要确保一次拍摄完成。

《天幕》常用的摄影方式如图 8-27 所示，它延续了罗杰·迪金斯以往的摄影方式。迪

罗杰·迪金斯

Roger Deakins，BSC，ASC
英国 / 美国电影摄影师

　　罗杰·迪金斯是奥斯卡史上的传奇，他在奥斯卡奖项上颇为坎坷，11 次提名后，直至 2018 年才开始斩获金奖，接连凭借《银翼杀手 2049》《1917》拿下最佳摄影奖。除此之外，他也是国际大奖的赢家，另有 168 次获奖、146 次提名。

　　罗杰·迪金斯毕业于英国的贝斯艺术学院（Bath Academy of Art），主修绘画和摄影，由于希望成为摄影师记者，他又进修于当时刚刚成立的英国国立影视学校（National Film and Television School）。毕业之后，迪金斯首先成为纪录片导演兼摄影师，后转向故事片摄影。与他合作过的导演很多，但其中最受瞩目的是他与科恩兄弟以及萨姆·门德斯的长期合作。他拍摄过影像风格化的影片，比如《锅盖头》（Jarhead，2005）明亮刺眼的沙漠，但一直以来，他总有一些影片不露摄影痕迹，让你只专注于故事本身，特别是在使用数字摄影机以后的几部影片都没有突出的摄影风格，却几乎年年获得奥斯卡提名。他还是喜欢自己掌机的摄影师，认为只有这样才能把握好摄影的分寸和节奏。

　　罗杰·迪金斯把自己定位为一个观察者，他总是试图把自己观察到的东西用画面展现出来，不刻意追求激进和独创，不带先入为主的成见，不墨守技术成规。这大概也可以解释为什么他得到那么多次提名却从未获奖，因为他的影片中观众常常感觉不到摄影机的存在，而其他同获提名的同人总有人在摄影上比他张扬，所拍影像比他的影像更有个性。他把风头让给故事，静静地当好他的旁观者。

① 手持　　　　　　　　　　　　　　　④ 缆绳

② 三脚架　　　　　　　　　　　　　　⑤ 水下

③ 移动轨加摇臂　　　　　　　　　　　④ Steadicam

图 8-27　《007：大破天幕杀机》常用的摄影手段。

金斯喜欢使用摇臂，如果将它安装在移动轨上，可以完成更复杂的运动。比如邦德（丹尼尔·克雷格饰）死后重生，躲在小岛上借酒浇愁的段落：当他一个人漫步海滩，观众首先看到的只是邦德独自一人静静地走着，随后镜头里出现了一个烧烤的摊贩，再后来，远处还有一个热闹的酒吧，如图 8-28 所示。一个简单的镜头，却让观众一层层进入邦德的世界，首先空旷安静的环境逐渐变得喧嚣起来。从拍摄现场来看（图 8-28 下），这个镜头使用了移动轨和摇臂，移动轨的方向和邦德行走路线垂直。画面起幅时，摇臂位于移动轨的远端，横摇跟随邦德（上图）；在出现了烧烤摊贩时（由上至下第 2 幅），移动车向前推，使烧烤摊在画右渐渐退到画面的边缘，此时画面中主要的景物是邦德远去的背影和热闹的沙滩酒吧（由上至下第 3 幅）。

图 8-28（本页）《007：大破天幕杀机》安装在移动轨上的摇臂可以使摄影机运动变化多端。上 3 幅：完成片的镜头。下：拍摄现场。

图 8-29（右页）《007：大破天幕杀机》对话的场面。左列：手持摄影，摄影机轻微的晃动加强了两人之间的紧张感。右列：M 答辩时稳定的影像与邦德追逐席尔瓦的紧张气氛形成一静一动的对比。

迪金斯也喜欢手持摄影。早在《锅盖头》制作期间，有一天门德斯对迪金斯说："一个 7000 万美元投资、有着替身演员和爆炸场景影片，你却用手持摄影拍摄！可我们拍片就是要这样。"（自《美国电影摄影师》，2012 年第 12 期）。现在，2 亿美元的《天幕》拍摄起来还是这样。

平时，门德斯喜欢有一台摄影机专注演员的对话，迪金斯会同时拍摄一些小东西的特写，复杂的动作场面摄影机就用得多一些，而且特效部门也会根据任务的需要安排一两台摄影机在拍摄现场。《天幕》使用的摄影机大多数是 Alexa Studio，当迪金斯需要肩扛时用 Alexa Plus，轻巧一些。这也是 007 电影第一次用数字机拍摄。

罗杰·迪金斯曾经比较过科恩兄弟和萨姆·门德斯工作方式的不同。科恩兄弟总是使用故事板，一旦前期准备完成，到了现场就不再讨论创作了，最多只是商量一下拍摄顺序，他们的影片常带些漫画的味道。而门德斯是那种从筹备到后期都在考虑创作、不停冥思苦想的人。多机拍摄为门德斯更加周到的剪辑提供了方便，不仅因为机位多，而且手持或稳定的固定镜头、轨道摄影都使导演有更多的选择余地。该片越是仔细观看越能发现在"看不见的摄影机"运动中包含着无限玄机。图 8-29 两个段落的对比可以看出导演的用心。左列是邦德"死后"第一次返回伦敦，在上司 M 夫人（朱迪·丹奇 / Judi Dench 饰）家中等她。M 进入客厅准备给自己倒酒时察觉室内有人（上图）的镜头用的是轨道拍摄，接下来全部由手持摄影完成了两人的对白，邦德说他前来报到，M 则抱怨"这么久你去哪儿了？实际上，在拍摄现场除了罗杰·迪金斯的手持摄影，还有别的稳定的摄影机在拍摄，

但门德斯最终选择了手持摄影的画面。迪金斯手持的功力很深,画面只有非常柔和微小的晃动,但正是这一点点的晃动加强了邦德和 M 之间关系微妙的紧张感,他们有着长期合作的友谊,但又因为 M 下令开枪,才导致邦德险些丧命,使他心中的怨恨难以释怀。如果这一组镜头使用固定摄影机来回切换的话,效果肯定要打折扣。右列画面来自一个长长的段落,专门的听证会上,M 作为受审查一方阐明自己的观点。与此同时反派人物席尔瓦(哈维尔·巴尔德姆 / Javier Bardem 饰)从被囚禁的军情六处逃出,穿过地铁隧道,正在赶往听证会,刺杀目标是 M,而邦德又在对席尔瓦穷追不舍。在这些不同场景交错的序列里,听证会的画面始终是非常稳定的,并几乎都是固定镜头拍摄,只有在最后时刻,M 的演讲要结束时,镜头才慢慢地从近景推成特写。听证会的"静"和席尔瓦、邦德之间追逐的"动"形成鲜明对比,使观众感受到危机四伏。

《天幕》的打斗大多使用了传统的拍摄手法和剪辑方式,也就是说,镜头用得很碎很短。该片甚至没有使用高速摄影。以邦德追逐席尔瓦为例。当邦德发现席尔瓦脱逃,便追逐席尔瓦进入地铁隧道,他要求 Q(本·威士肖 / Ben Whishaw 饰)为他定位。图 8-30、图 8-31 是这个段落的一部分,长度约 1 分钟,分为邦德在隧道中的场景以及 Q 在军情六处查看网络信息的场景。为了使 Q 一方和邦德一方有同样的动感并增加紧张气氛,Q 的镜头运动很"炫"。

图 8-31 第 1 组,首先 Q 在地图上替邦德找到一处隧道的进出口,摄影机以圆形轨道围着 Q 整整转了一圈。当然,如果只是摄影机在转,摄影机的运动就会比较明显,不自然,所以在场面调度上,Q 也在转,他同时操控多个显示器,为他转来转去提供的契机。

图 8-30 第 1 组,在邦德找到进出口,门却锁着无法进入时,恰好有火车驶来,这组画面由 4 个镜头组成。

图 8-31 第 2 组,影片又跳到 Q 的一方,不断推近的大屏幕上显示着邦德的位置,然后又是摄影机移动中 Q 的近景,这组画面由 2 个镜头组成。

图 8-30 第 2 组,邦德再次尝试撞击铁门,这组画面只有 1 个镜头。

图 8-31 第 3 组,Q 看着监视器,监视器上显示火车越来越接近邦德。

图 8-30 第 3 组,邦德撞门不成,拔枪射击门锁,并在最后一秒逃进门洞,躲开了迎面驶来的列车。这组画面由 7 个镜头组成,也是该段落中最关键的序列。

图 8-31 第 4 组,当邦德通过对讲器告诉 Q 他已进入门洞,Q 的反应镜头。

在邦德一侧,摄影机虽然需要跟定人物,但并没有明显的运动,主要是用多角度、多景别之间的快速切换营造影片的紧张感。Q 的一侧,始终有着较大幅度的摄影机运动,使它的节奏与隧道中的场景相匹配。

如果我们用另一种风格的影片做对比的话,更可以看出《天幕》中镜头的纯粹,甚至连高速摄影机都不用。比如《匪帮传奇》只要打斗一开始,马上就会换成 Phantom 摄影机的高速摄影,在图 8-32 左列的夜间劫狱场景中,两组相互不衔接的镜头被快速剪辑在一起,一组是正常的暗环境,另一组曝光过度的镜头被三三两两个画格插入暗环境镜头中,

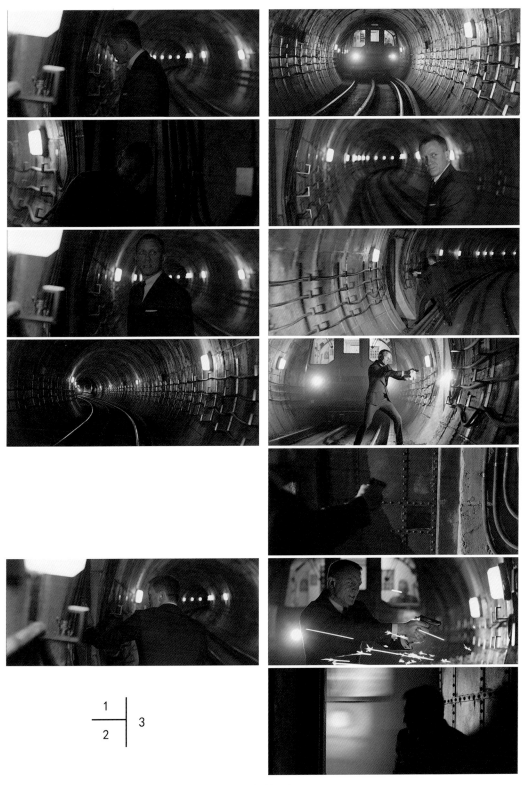

图 8-30　《007：大破天幕杀机》隧道追逐的场景 —— 邦德一方。

图 8-31　《007：大破天幕杀机》隧道追逐的场景——Q 一方。

产生一种闪电般的效果，而这两组镜头的内容并不相同，只是剪辑在一起而已，类似的手法，戴恩·毕比在他之前摄影的电影中也使用过。《匪帮传奇》在化装、摄影造型上也都做足了功课，黑帮老人米基·科恩（西恩·潘 / Sean Penn 饰）的脸在半明半暗的照明下疙瘩起伏，丑陋不堪，让人想到漫画家笔下的人物（图 8-32 右列）。应该说这是一部造型和摄影风格统一的、现代感很强的影片。与《天幕》不同的是，观看《匪帮传奇》你可以单独欣赏它的视听设计，却不一定沉迷于故事，而《天幕》始终让观众专注于故事本身，即使是动作场面——你想知道的还是角色是否可以成功逃脱。

图 8-32　《匪帮传奇》风格化的造型处理。左列：打斗的场面由明暗两组动作不连贯的画面剪辑而成。右列：化妆、摄影和数字调光使角色造型夸张、脸谱化。

高速摄影有助于在时间线上放大一个瞬间，但不用高速也能达到夸张强化瞬间的作用。图 8-30 中，邦德发现火车驶来。生活中从发现火车到火车到达最多几秒钟的时间，但这个段落在电影中持续超过了半分钟，其间两次切换到 Q 和他的大银幕，让观众看到火车逼近邦德的计算机图形，而且导演用了 7 个镜头展现最关键的瞬间，其中邦德向铁门开枪的中景、扣动扳机手的特写和再次像铁门开枪的近景都只有几个画格而已，但它们实际上拉长了瞬间过程，观看的感觉却是节奏被加快了。

（2）摄影气氛上强调众多场景的地域特点

《天幕》的第二个特点是场景多，涉及 40 个外景地和 2 个电影厂。导演门德斯说：拍摄过程相当于制作了 4 部影片——先是摄影棚，然后是伦敦、上海，直至苏格兰高地（邦德儿时生活过的天幕坠落庄园）。罗杰·迪金斯没有让影像形成特定的基调，而是更强调地域的特征，强调地域之间的区别，如图 8-33 所示。M 在军情六处，邦德在土耳其，这两个场景互相切换时，地域差别非常明显。

在众多场景中，重要内景都是摄影棚摄影。与之前的 007 系列影片相比，《天幕》的夜景是最多的，上海、澳门的故事完全发生在夜间，而天幕坠落庄园部分在时间上从白天到黄昏，然后一直持续到深夜。

（3）摄影机及设置

《天幕》是兼顾宽银幕和 IMAX 巨幕放映的影片，它要制作出 2.40∶1（宽银幕）和 1.90∶1（IMAX）两种画幅比，并尽可能保证影像的高画质。

罗杰·迪金斯为所使用的 Alexa Studio、Alexa Plus 和 AlexaM 三款数字摄影机选择了 ArriRaw、ProRes 4∶4∶4，以及 Log C 记录格式，这些都是 Alexa 所能达到的，保证影像层次、细节的最高端参数。拍摄现场有一名数字成像技师负责调整各项设备参数，

① 土耳其伊斯坦布尔

② 伦敦及军情六处

③ 上海

④ 澳门赌场

⑤ 席尔瓦盘踞的孤岛

⑥ 天幕坠落庄园

图 8-33 《007：大破天幕杀机》的典型场景。

后期调光在伦敦的 EFilm 进行，与迪金斯合作的有两名调光师：一名是 EFilm 内部的，另一个是与迪金斯有长期合作关系的好莱坞调光师。为了衔接前后期影像控制，他们使用的是 EC3 工艺流程。Alexa 所配镜头为 Arri/Zeiss Master 定焦头。

（4）基本技巧的范本

正因为《天幕》有着非常娴熟的传统制作手法，它也是初学者学习剪辑和摄影很好的范本。如果一个镜头一个镜头地细细拉片，一定能感受到导演和摄影用意的玄妙，受益匪浅。一些初学者感到棘手的操作在这里都能找到解决方案，如图 8-34 所示。

① 起身，镜头切　　　　　　　　　　② 起身，镜头跟摇

③ 借位置摄影　　　　　　　④ 反应镜头——Q 和坦纳对新头头看法转变

图 8-34　一些体现基本技巧的镜头。

　　拍案而起　中国一些类型的影片中，常常有"拍案而起"的镜头。会议中，一位参与者在表达愤怒时，会猛然站起，慷慨陈词一番。此时导演往往会要求摄影师跟拍角色站起的过程，而且导演唯恐镜头的紧张感不够，要求演员动作要猛、幅度要大。这是一个看起来很简单但摄影却有难度的"跟摇"，若跟得不够快，人物的头顶在过程中会被切掉。

　　西方电影很少开会，也很少出现这样"跟摇"的镜头。《天幕》中却有两三处类似的处理可以借鉴。图 8-34 ①的镜头没有跟摇，而且切换了镜头。邦德接受心理测试，当医生说出"天幕坠落"，触动了邦德记忆中的伤痛，他拒绝回答，愤然离开。这个段落中，首先是邦德的特写镜头，当他刚刚有一点起身的动势时，镜头便切换到全景，M 等人在室外观看，室内的邦德起身离开。图 8-34 ②的镜头的确是一个完整的跟摇，M 边说话边起身，没有激烈的肢体运动，跟摇的幅度也不大。但是我们可以看出跟摇过程中，摄影师的速度是滞后于演员的行动的，因此 M 的头顶到了画框的上边缘（上），然后稳定下来才是正常的构图（下）。这说明，即使是像罗杰·迪金斯这样操机经验丰富的摄影师，都还不能完全跟上演员的动作——这种生理反应实际上很正常，摄影师总要先看到运动才会跟摇。一个新手在跟摇时如果丢掉了角色的半个脑袋，那是再正常不过的事情。

　　所以，做不好"拍案而起"责任不在摄影师，而是导演应该换一种思路，通过其他镜头组接方法来制造情绪上的张力。

　　借位置　"借位置"是摄影构图的基本技巧之一，有时几个连续组接在一起的镜头甚至可以在多个不同的地方拍摄。图 8-34 ③是一个典型的"借位置"摄影案例。在军情六处 M 的办公室里，她的助理坦纳（罗里·金尼尔 / Rory Kinnear 饰）的桌子安放在房间入口的角落里（上），但是这个段落中还有大段的镜头是坦纳、M 以及邦德在这张桌前的对话（中）。从拍摄现场来看，对话的镜头将桌子挪动了地方，以便摄影机有合适的位置和距离来拍摄演员（下）。

　　反应镜头　故事的叙事是否清晰，剪辑是否干净利索，和反应镜头的处理有很大关系。没有适当的反应镜头做铺垫，叙事有可能不到位；而观众早就看明白了，影片还在没完没了地对一个事件做出反应，也会让观众感到乏味。如图 8-34 ④所示，Q 和坦纳背着军情六处在暗中协助邦德的行动，不料被新来的上司马洛里（拉尔夫·法因斯饰）发现，但马洛里支持了他们。在马洛里离开后，有一个反应镜头：Q 和坦纳若有所思，相互交换眼神。这样一个镜头交代出两人对新上司的态度从戒备到信任的转变。《天幕》在动作什么时候该有或不该有反应镜头上处理得恰到好处，既保证了叙事的清晰，又不损失影片的快节奏。这类例子在片中还有很多，比如在最后的对决中，导演一再让观众看清反派席尔瓦是被邦德的刀刺中的，它和前面邦德一方只有最简单的武器的情节相呼应。这种时候导演会不惜笔墨，留出足够的时间交代细节。

　　一剪多用　《天幕》中一剪多用的镜头也很多，比如图 8-30 隧道中的镜头，第 1 组第 1、3 幅，第 2 组以及第 3 组第 2 幅都是同机位镜头。图 8-29 右列中 M 在听证会上的

① M家，开/关灯效果

② 席尔瓦小岛空旷的厂房，照明方向主次分明

③ 天幕坠落庄园，飞机探照灯、爆炸的火光效果

图 8-35 《007：大破天幕杀机》稳定成熟的曝光控制。

答辩也是一个镜头剪开使用的，其间当席尔瓦或邦德在地铁和街头追逐时，背景对白是M的声音在延续。

曝光控制 《天幕》中曝光控制的分寸掌握得很好，符合人眼的视觉感受，值得借鉴。如图 8-35 所示，在图①的场景中，M回家打开房门。开灯之前，门窗隐隐透出街灯的光亮，使房间既不失无灯的光效，又不死黑一片，而灯一打开，顿时明亮起来。在图②中，席尔瓦盘踞的小岛上空荡的厂房两面都有高大的窗户，光线充沛。罗杰·迪金斯没有因此使光效变成平光或两面受光的"夹板光"，他将光线设计为南面的直射阳光（画左）和北面的天空散射光（画右），人物的主光来自南面，北面杂散光被挡掉了。图③天幕坠落农庄的小屋里光线的变化最多、最复杂，可以看到日景、黄昏、深夜、飞机探照灯以及爆炸和火光的各种光效。《天幕》中有很多光线变化的场景。

典型场景

（1）土耳其——追逐

土耳其的场景除了片头的一段内景（参见第五章图 5-26）以外，其余全部是实景外景，各种动作激烈的追逐，如图 8-36 所示。用导演的话来说，不依靠特殊摄影和特效技

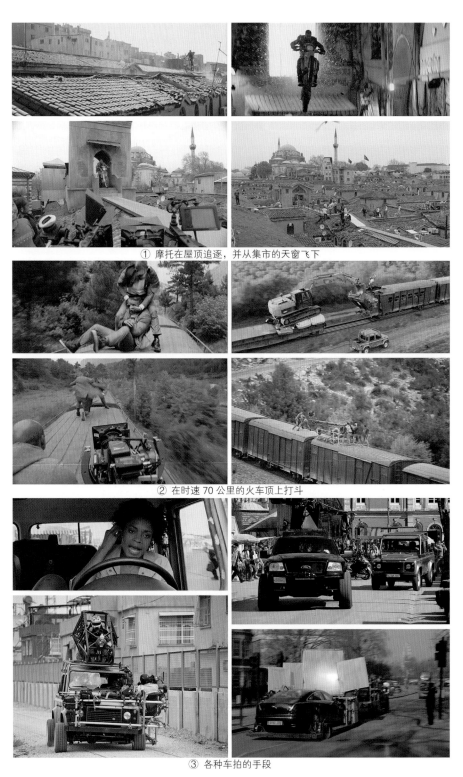

① 摩托在屋顶追逐，并从集市的天窗飞下

② 在时速 70 公里的火车顶上打斗

③ 各种车拍的手段

图 8-36《007：大破天幕杀机》在土耳其的实景外景摄影，完成片镜头（所有 2.40 : 1 的画面）以及拍摄现场（16 : 9 或更方的画面）。

巧制作出来的真实的打斗会刺激观众的肾上腺分泌，促使心跳加快。他也不喜欢之前的 007 系列电影中翻车多少周的世界纪录，他认为那样太夸张，不真实。

土耳其的外景设定在伊斯坦布尔，但实际拍摄地点有好几个，有时是考虑人少的地方便于摄制组工作，有时是为了找一处合适的火车隧道或拱桥。

在屋顶上的摩托车追逐紧张刺激（图 8-36 ①），屋顶有 1 米宽的水泥板，驾车飞驰的难度可想而知，动作由特技演员完成。火车顶上的打斗（图 8-36 ②）也是多机拍摄，有固定在车顶上的小摇臂、三脚架，也有地面固定机位拍摄远景和全景。图②的左上图是固定在车顶上的摄影机拍摄的，右上图是地面摄影机拍摄的。火车段落大多数镜头由演员自己完成，但总体上结合了各种制作手段。当火车即将进入隧道时，角色要快速趴倒，紧贴车厢顶，否则会被撞飞。这时是数字替身代替了演员。而隧道中继续打斗的镜头是在摄影棚里完成的，工作现场如图 8-27 ③组所示。

动作片中汽车追逐是常见场面，《天幕》的拍摄手段在车拍中具有代表性。为了得到追逐中的场面、驾车人的表情动作、驾车人的主观镜头等，使用的摄影手段也有所不同。在图 8-36 ③的画面中，左下图的工作现场可以看到在特工伊夫（纳奥米·哈里斯 / Naomie Harris 饰）所驾驶的车辆上方有个驾驶台，汽车实际上由上面的司机驾驶，而伊夫一侧外挂了一个摄影架，摄影师在这里捕捉伊夫的驾车动作和表情，完成镜头如图③的左上图所示。这样驾车，演员可以专注于表演，做出假动作即可。它是常见的车拍方法，但车辆却都需要摄制组自行改造，因为每个故事里使用的车型不一样，无法统一制作。拍摄街头的追逐使用了多台摄影机，街头有固定机位和移动轨，一台安装在车顶的小摇臂由车内的操作员控制，直接跟拍表演的车辆如图③的右上图所示。摄影车拖着表演车辆行走也是跟拍汽车常见的方法，如图③的右下图所示，在伦敦街头，这样的拖车可以安放照明设备和各种机位。

（2）上海——未来世界

门德斯初到上海，就强烈地感受到它的未来都市气息，摩天楼、LED 以及霓虹灯交相辉映。《天幕》中上海的段落分两个部分——实景外景和摄影棚内景，完全是夜景。

摄影棚内景搭建在松林电影制片厂的 007 摄影棚，包括邦德游泳的摩天楼顶层泳池、第 67 层故事的发生地。如图 8-37 所示，LED 提供这个段落影像的主要照明。电梯出口处，LED 多变的色彩为这个办公楼装点出未来色彩（左列）。而接下来更重要的场景模拟摩天楼被周围环绕的霓虹灯所照亮（右列）。

经过种种测试，美工部门最终将 Pixled F-11 系统作为主要的 LED 显示屏。F-11 有较低数量但较高清晰度的 LED 基础面板。其他较小的显示屏使用了不同的商业产品，比如 Pixeline 是比较老的 LED 产品，但迪金斯喜欢它的质量。为了避免摄影机和 LED 显示屏之间的干扰条纹，LED 屏要摆放在 21 米开外。罗杰·迪金斯和美工部门为显示屏选择了章鱼的图案，看起来既有趣，又符合上海场景深蓝色的色调（图 8-37 右下）。场景中大多数照明来自 LED 显示屏。

上海的内景是《天幕》开机后第一个场景，而且相当复杂。罗杰·迪金斯说，上海的场景充分说明他们选择数字机是正确的，在拍摄现场，摄影师可以看着显示器先将控制参数调整到舒适的水平上，再把它进一步推到极端，这是胶片所做不到的。在摄影机进行了 12 道预置之后，影像的效果相当好。迪金斯一般将 Alexa 数字机的基本感光度设定在它的推荐值 EI 800 上，如果直接拍摄 LED 屏幕，定焦头的光圈设置为 T4—T5.6，而大多数内景的曝光为 T2—T2.8。

（3）澳门——道具灯的海洋

澳门的段落不论外景（图 8-33 ④左）还是内景，都是在松林电影制片厂内搭建的。外景搭建在露天水池里，内景在摄影棚中。

如图 8-38 所示，内景从邦德进入赌场开始，镜头就覆盖了整个赌场，Steadicam 随着邦德和伊夫的交谈绕场一周，没有地方放置摄影照明。罗杰·迪金斯争取到一两天的时间在赌场预置照明，照明

图 8-37（上） 上海摩天大楼——摄影棚内景。左列：67 层电梯出口 LED 照明做出的颜色变幻。右上：刺客袭击的对面楼层办公室。右下：LED 显示屏为空荡的办公楼提供环境照明。

图 8-38（下） 澳门赌场，大量的道具灯和少量摄影照明构成的暖色调环境。

组大约安装了 260 个道具灯，里面大多是 1k 的灯泡，加了调光器。现场还有 100 根双芯的蜡烛，每 10 分钟要更换一次。另外还有一些吊顶的灯笼，里面安装了 2k 的灯泡并衬着金色条状的反光纸，金条的反射产生暖光映照在桌子上，灯泡与调光器相连。在吧台的段落里（图 8-38 右列），更是使用了大量金色的反光板照亮人脸。

赌场的场景看起来完全是被道具灯所照明，但实际上迪金斯的团队也在较近的景别中使用了摄影专业照明。在赌博的区域，有 2k Blonde（open-face 灯）安装在上方的桥架上，调光幅度大约 20%，产生柔和的光线。另外有超过 200 个 300W 的菲涅尔灯 6 个一组固定在脚手架的钢管上，灯头扣下来用 45° 角为演员打光。

（4）伦敦——阴雨绵绵

《天幕》中伦敦的场景被设计成阴冷的色调，这种色调和上海的霓虹灯、澳门赌场的红色和金色调形成强烈对比，当邦德从那边返回伦敦时，仿佛回到了一个更老旧而神秘的世界。

在新的军情六处，这种效果是靠惨白的日光灯和单调的、水泥般的地下办公环境营造的，它的几处场景为实景内景（图 8-31、图 8-33 ②右、图 8-34），选在伦敦的一些旧建筑或隧道中。而外景的阴冷感来自阴雨天的气氛。

《天幕》有很多伦敦实景外景，包括了不少地标性场所。迪金斯期望的是不停下雨的天气，但并不总能如愿。为了衔接气氛，摄影师让不同天气条件下拍出的画面有着相似的影调和反差。如图 8-39 所示，这些画面都被处理成蓝青色调，但是除了左上图有着典型的雨景效果外，其他的阴天气氛都是刻意做出来的。右上图明显是在晴天的天气条件下拍摄的，但画面的反差被减小，颜色又偏冷，所以一般观众注意不到它实际上不是阴天。当镜头切换到轿车内，后车窗上的雨滴让人觉得这是个下着小雨的天气，而且和前面的镜头衔接得很好。在近景中，在车窗上洒水就能营造出理想的雨天效果，左下图也是如此。

图 8-39　伦敦街景，阴雨天效果。左上：雨天。右上：晴天做阴天效果。下排：车窗洒水。

伦敦街头的场景也不完全都是阴雨天效果，在后来的邦德与席尔瓦的追逐中就不再保持冷调气氛（8-29 右列第 3、5 幅画面），影片结尾时，当邦德出现在军情六处屋顶上，隐约的阳光也给画面带上一丝暖意（图 8-33 ②左）。

伦敦的段落除了图 8-30 所列举的邦德在地铁隧道遭遇火车的案例外，另有多场精彩的动作段落。图 8-40 在邦德追逐席尔瓦的过程中，席尔瓦跃上电梯上行和下行之间的隔离带，邦德随之也跳上隔离带，两人快速下滑。这个场面让我们不禁想起美国版《龙文身》的地铁抢劫（参见第六章图 6-73），但是《天幕》把这个小段落制作得更复杂，用多台摄影机、多次拍摄得到更多各种角度的素材，并快速剪辑在一起，既延展了这个视觉刺激的瞬间，又加剧了动作发生的频率。在图 8-40 的上图中我们可以看到，工作现场铺设了摄影机轨道，而罗杰·迪金斯亲自手持摄影机，与丹尼尔·克雷格同步滑下。

（5）天幕坠落庄园——渐变的时间

天幕坠落庄园的场景在影片中是邦德战胜席尔瓦的高潮段落，无论从动作到摄影气氛都非常复杂。这个场景分为外景和内景。在制作上，外景涉及实景外景、摄影棚外景、摄影棚内景、模型合成等方式。而众多的制作方式要有统一的影像基调。同时，这个场景涉及很长的时间过渡：从白天、黄昏到深夜，需要控制时间上的渐变。在光效方面不仅要准确模拟不同时段，还要兼顾不同性质的照明——自然光、直升机的探照灯、爆炸的火光等。这些拍摄难度很大，迪金斯说，黄昏的外景镜头与《老无所依》相比，其工作量是它的 50 倍！

如图 8-41 左列所示，天幕坠落庄园的实景外景搭建在苏格兰一处荒无人

图 8-40 邦德在地铁里追逐席尔瓦，从电梯之间的隔离带顺势滑下。最上：影片拍摄现场。其他：完成片镜头。

烟的沼泽地中，迪金斯把它称作实景"布景"，其实它只是一个外墙（左列中）。此处拍摄了除深夜沼泽地镜头以外的所有外景镜头：邦德等三人逐一消灭席尔瓦派出的爪牙；黄昏时，席尔瓦架直升机抵达；入夜的宅邸爆炸等（图 8-41 右上以及图 8-42）。当天色暗下来，迪金斯要做出直升机探照灯的光效。在较紧的、画面中不出现直升机的景别中，一个架设在塔吊上的 6k PAR 灯完成这一光效；而在带有直升机的画面里，迪金斯在直升机上加了一个 Midnight Sun 照明灯（图 8-41 左下、图 8-42 下排）。

沼泽地的场景几乎不可能实景拍摄，因为它以宅邸的火光为照明，而自然火光难以持续稳定，被烧毁的宅邸又在背景上，随着燃烧的程度不同而逐渐失去房屋的架构，这与需要长时间拍摄的前景人物难以衔接。因此该场景搭建在了位于伦敦西边的朗克罗斯电影制片厂（Longcross Film Studios）最大的摄影棚内，拍摄现场如图 8-41 右列中、下图所示，完成片效果如图 8-43 的中、下图所示。照明组制作了一个能安装 32 套 Dino 灯的灯架，将 Dino 排列成起火宅邸的形状，如图 8-41 的右下图所示。Dino 在第二章介绍过，是一种

图 8-41　天幕坠落庄园的外景。左列及右上：实景外景地，其中左列中图为庄园宅邸布景的内部。右列中下：摄影棚外景。

① 白天

② 傍晚

③ 从傍晚到深夜

PAR 灯组合的排灯（参见第二章图 2-34），经过计算机编程呈现出闪烁的效果。摄影机的色温设置与 Dino 本身的色温一致，Dino 灯加了 3/4 或 1/2 降色温的 CTO 灯光纸，使得光线呈现出暖色调。现场施放了烟雾，Dino 灯组加有散热器，但迪金斯刻意让中间部分保持高温，当调光器将照明输出功率升高为大约 80% 时，除了灯光的闪烁，还有明显的烟雾升腾，很像着火的光效。若关掉排灯，烟雾也随之消散，又形成灭火的效

图 8-42（上） 天幕坠落庄园在实景中所搭建的布景拍摄的画面。

图 8-43（下） 天幕坠落庄园摄影棚外景。上：罗杰·迪金斯自制的灯环，在《天幕》中作为人物的副光或顺光光源。中、下：沼泽地场景的完成镜头。

果。Dino 和烟雾使现场的照明非常自然，这些灯在后期被 CG 的火光和燃烧中的宅邸所替代。拍摄现场整个大环境是黑的，没有照明模拟蓝色的天空光效，这符合深夜的光效特点。

虽然是拍摄大片，迪金斯还是会使用他在小制作中惯用的招数，比如图 8-43 的上图自制的灯环，很容易在人的操纵下产生变化着的光线，为人物营造生动的照明。

沼泽地的场景还包括了邦德与一个匪徒在水下搏斗的场景。这个场景以及影片中其他水下镜头也在朗克罗斯电影制片厂的摄影棚中拍摄，如图 8-44 所示。朗克罗斯电影有着世界上最大的摄影棚水池，长 20 米，宽 10 米，水深 6 米。导演通过监视器向水下的摄影师、演员和工作人员发布指令。

天幕坠落庄园段落的内景摄影可能是整部影片中最难的部分，而且室内外镜头是交替剪辑的，光效还要衔接得很好才行。这样的场景是摄影棚内景，搭建在松林电影制片厂。

如图 8-45 所示，内景光效需要按时间顺序过渡。图①：白天的镜头有着清冷的色调，因为这里是邦德不愉快的童年记忆。虽然环境是冷调的，但由窗户射入室内的主光却是白光，可以感受到阴天白天的光效。我们也可以看到基本光效设计上的高明，比如邦德为窗户加上木护栏的时候（中），室内的光线随之转暗，但木栏是镂空透光的，这不能不说是为摄影而做出的精心设计，使关窗后的光效依然合理并漂亮。图②是歹徒们到来的枪战画面，这个段落在白天和傍晚之间形成过渡，"室外天光"是在摄影棚内由照明做出的光效。此时画面明显地变蓝了，反差也稍微弱了一些，给人以天色渐暗的感觉。图③是邦德和席尔瓦对决的高潮戏，直升机的探照灯成为主要的照明光源，而随着直升机的扫射和席尔瓦一次次向室内投掷炸弹，室内由瞬间的火光变成越来越多家具起火的暖红色调。该段落就像一

① 完成片：沼泽地的水下搏斗

② 完成片：影片开始邦德受伤坠入水中

③ 工作现场：摄影棚内的水池

④ 工作现场：为水下摄影照明

图 8-44　《007：大战天幕杀机》的水下摄影。

① 白天，宅内的战前准备　　② 第一回合战斗（上图为外景，其他为内景）

③ 第二回合，席尔瓦乘直升机到来（上排为外景，其他为内景）

图 8-45　天幕坠落庄园宅邸内景镜头在时间上的过渡以及和外景气氛的匹配。

部交响诗，有流畅的过渡也有高潮迭起。

　　在照明的处理上，罗杰·迪金斯用了 HMI 从窗外将光线反射到宅邸的布景内，而室内几乎什么灯也没有。在一开始，白天的场景中，反光板是白色的，然后改成蓝色的反光材料拍摄与匪徒的枪战，再到后来，这些蓝色的反光板被去掉，用黑布将宅邸景片包围以产生夜幕降临的效果。HMI 也加了升色温的 CTB 灯光纸，并在完全天黑之前用了 Full 加上 Half 两层色纸，这种全色加半色的组合所产生的暗蓝色调非常重，超过本书前面介绍过的各个案例。

　　在深夜的段落里，迪金斯制作了直升机探照灯照明的光效（图 8-45 ③ 右列中图）。在宅邸布景的外围，天花板上固定了一个灯轨，由计算机控制一盏 6k 的 PAR 灯围绕房子移动。而移动的速度和实景中真实的直升机速度相匹配。

　　当导演萨姆·门德斯和摄影师罗杰·迪金斯为这部影片做总结时，他们认为和之前的制作相比，这部影片最难、规模最大，但是也有更多的乐趣，能够利用邦德影片的财力做那些在较小成本的电影中所做不到的事情。

8.3.2　《惊天危机》：熟悉特效制作的摄影指导

　　虽然 1971 年出生于德国的安娜·弗尔斯特在 15 岁时就想成为电影摄影师，她的职业生涯却是从多方面参与电影制作开始，甚至现在，她也没有把自己定位于专职的电影摄影师。她首先边学习绘画边参与一些小节目和商业广告制作，并成为摄影助理，然后进入德国的路德维希堡电影学院，研究摄影机技巧，并进行了大量的模型摄影实践。之后，弗尔斯特逐渐在各种视效大片中担任特效摄影——航空摄影、水下摄影、模型摄影、视觉效果摄影、蓝/绿幕摄影等，做过电视连续剧独立导演或视效大片中的第二组导演、视觉效果指导等。领域广泛的制作实践让她熟悉视效大片的工艺流程，并有很强的掌控能力。

　　在安娜·弗尔斯特担任《匿名者》摄影指导之前，几乎参与了所有罗兰·艾默里奇执导的影片：《独立日》（Independence Day，1996）里她是特效摄影组的摄影指导，《后天》是第二组摄影指导，《2012》里她是航空摄影指导以及第二组导演。

　　《惊天危机》是弗尔斯特在罗兰·艾默里奇导演的作品中作为摄影指导的第二部影片。虽然两部影片都包含大量的高水准特效制作，但《匿名者》作为历史剧，在摄影方面有更大的创作空间，对摄影师更有吸引力。而为了邀请安娜·弗尔斯特参与《惊天危机》的摄影创作，艾默里奇费了不少口舌。他说，惊悚片在摄影上不一定就要落入俗套，"我们还是可以制作出真正好看甚至精致的画面"。他的一番劝说使弗尔斯特喜欢上了这部影片。艾默里奇又说：一旦安娜全身心投入创作，你所能说的就是赞叹"哇！"（自《美国电影摄影师》，2013 年第 7 期）。

基本制作状况

与《独立日》相比，经过了 9·11 事件后，在白宫内或周边制作电影的可能性完全没有了。在《独立日》时，摄制组的汽车可以长驱直入直到白宫的北门，但现在那里已被完全封闭。即使只是为数字白宫的 CG 建模收集纹理，这种勘察也很困难，不可以使用摄影升降机，摄影机不可以高于白宫的围栏，航拍时要带上警察和海岸警备队的成员——搞得飞机上人满为患，真正的摄制人员反而没了位置。好在经过一系列大型灾难片的实践，用 CG 再现白宫和周边地区对于艾默里奇的特效团队来说是相当容易的事。

在最终的影片里，除了非常少量的街景以外，白宫的外景环境主要是 CG 虚拟的，内景在加拿大蒙特利尔的梅尔城市影视制作中心（Mel's Cité du Cinéma）的摄影棚里搭建，外景的真人表演部分也是在摄影棚里拍摄的。这是一部 CG 场景与真实布景、现场爆炸开火与数字增强效果、真人表演与数字替身浑然一体难分彼此的影片。

《惊天危机》采用了 2.40∶1 的宽银幕画幅比，使用 3 台 Arri Alexa Plus 数字摄影机（大多数镜头用 2 台摄影机拍摄），ArriRaw 记录格式，并用 Log C、ProRes 4∶4∶4 作为为备份。现场使用 Sony PVM OLED 显示器回放影像，信号通过 LUT 校正，使得显示效果更接近最终的影像效果。LUT 查色表是蒙特利尔特艺色公司的调光师事先准备好的。Alexa Plus 在当时是最新的机型，重量轻，可以安装在各种摄影云台或遥控头（remote head）上。LUT 一共有两个，一个是常用的，另一个专门用于蓝幕摄影，偶尔使用，所以拍摄基本上是一种影像效果贯穿始终，并且基本上不做色彩校正。

从《匿名者》开始，弗尔斯特便钟情于 Arri/Zeiss LWZ.2 变焦头，并让艾默里奇也爱上了这款镜头。它的焦距为 15.5—45mm，最大光圈 T2.6。另外，弗尔斯特还准备了 3 支 Fujinon Premier 变焦头：18—85mm T2.0、24—180mm T2.6 以及 75—400mm T2.8—T3.8；一系列 Arri/Zeiss Master 定焦头：Arri 8R、100mm Zeiss 微距以及 8mm 鱼眼，鱼眼镜头用来模拟保安摄像头的成像效果。摄影棚内景使用最多的是 T4 光圈，而摄影棚外景为了模拟室外阳光的高照度环境，更多使用 T5.6 至 T8 的光圈。实际上摄影棚外景的照度大多为 T11，摄影时用滤镜压暗 1 级。

在移动摄影方面，《惊天危机》使用最多的是 dolly 加上遥控头。艾默里奇喜欢自由的摄影机，所以弗尔斯特的摄影组总是用遥控头满足他的要求，将遥控头架在 dolly、大型摇臂或高尔夫球车上，而掌机人、第一摄影助理、dolly 操作员像配合默契的舞伴一样将摄影机运动控制自如。弗尔斯特则通过对讲机向他们发布指示。遥控头摄影如图 8-46 所示。

影像特点

《惊天危机》是一部现代戏，它不像《匿名者》那样有历史建筑的特殊光效，充满美感。但它的摄影仍然令人称道，如果没有摄影的功劳，这个故事看起来就不会那么真实。

图 8-46（上）《惊天危机》拍摄现场。上：摄影师安娜·弗尔斯特与导演罗兰·艾默里奇。中、下：遥控头摄影的场景。

图 8-47（下）《惊天危机》的外景镜头混合了 CG 制作以及摄影棚外景。左列：全 CG 场景。右列：摄影棚外景。

（1）逼真的外景光效

本片中，安娜·弗尔斯特对电影摄影的最大贡献是在摄影棚里模拟出逼真的室外自然光效，而且场面巨大，照明控制相当困难。如图 8-47 所示，该片的外景由 CG、实景的街景和摄影棚外景组成，同一时间段的故事可能是完全不同的场景并拍摄于不同的摄影棚，而且一个画面里有可能包含真人表演、真实的布景道具和虚拟的数字人物和环境道具，但如果没有制作人员特别指明的话，观众无法凭经验区分这些元素来自怎样的制作。可以说，所有组成画面的元素在弗尔斯特逼真的光效加上 CG 艺术家们对细节的准确再现下浑然一体，不分彼此。它让许多现代科幻片相形见绌。

（2）比同类题材电影更暗的影像

一般来说，动作片的影像是比较明亮的，这是为了让观众看清楚打斗的过程。而《惊

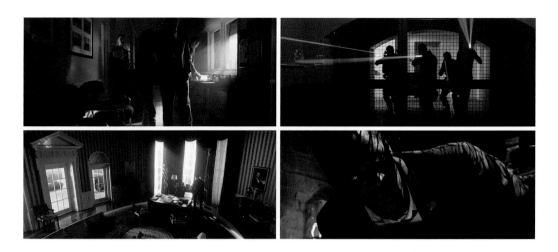

天危机》的照明美学没有走同样的套路，它的影像比较暗，也比较消色。如图 8-48 所示，虽然该片的故事主要发生在白天，但弗尔斯特和她的照明团队营造了一个比一个更黑的白宫内景：在办公区，明亮的窗户和室内不受日光直接照射的区域形成强烈的明暗对比以及较极端的大反差（左列）；在地下室和电梯间是半剪影的人物以及隐约可辨的人脸（右列）；随着故事的发展环境中的烟雾越来越浓，影像的质地也从细腻变得粗糙，这都让观众感觉到除了"动作"，照明和画面本身也在引导故事的事态变得越来越严峻。

（3）实时的时间渐变

《惊天危机》的故事发生在一天当中，有着严格的时间顺序。摄影师非常精准地再现了这种时间的过渡，如图 8-49 所示。影片开始是直升机将总统"快递"到白宫（图 8-47 左上），黎明当一行人进入白宫时，建筑物里亮着灯，室外（摄影棚外景）只有微弱的天

图 8-48（上）　与同类型电影相比，《惊天危机》的影像比较暗。

图 8-49（下）《惊天危机》严格的时间过渡。左上：总统一行人抵达白宫是在黎明。左下：当恐怖爆炸开始以后，基本上是稳定的正常日景照明。右上：黎明时轿车内外的明暗关系。右下：天亮后轿车内外的明暗关系。

图8-50　摄影棚里做出生动变化的光效需要摄影师精心设计。左列：白宫的走廊，光线分成明显的亮暗区域。右列：即使是隐秘封闭的避难所，美术师也会在天花板顶部设计通风口为该环境提供照明依据。

光（图8-49左上）。随着时间的推移，官员们离家去往白宫上班，轿车内外光线都还很暗，清冷的色调表明当时是清晨（图8-49右上）。我们的英雄约翰·凯尔（钱宁·塔特姆/ Channing Tatum 饰）在这个早上要去白宫应聘，并打算带上女儿艾米莉（乔伊·金 / Joey King 饰）参观白宫，他们出发时天已经大亮，此时父女俩在轿车中的照明气氛（图8-49右下）与官员上班时有着明显的不同，日光已经变成白光，室外的亮度也是正常日景外景的亮度，而车内观众可以看到肌肤亮度正常的人脸。当白宫内发生第一次爆炸时，恐怖袭击拉开序幕，此后室外是正常日景气氛（图8-49左下），而室内的气氛由场景决定。

（4）生动变化的室内光效

摄影棚摄影很容易把照明布置得均匀明亮，这是当代摄影师所忌讳的做法。白宫是人们熟悉的公共建筑，它的内景光效要符合建筑特点给观众的感受，同时弗尔斯特也让它尽可能生动。如图8-50左列所示，弗尔斯特会在大型布景内做出光线的变化，让官员和参观者从一个暗区走到另一个亮区。她也在办公室、通道等处做出各种闪动的光斑，使人感觉室外正有什么景物造成了室内光线的变化。而一些更加幽闭的环境里，也总会有通风口、排风扇等道具为室内布光提供合理的依据（图8-50右列）。

典型场景的摄影处理

（1）摄影棚外景

白宫及周边的外景主要是在梅尔城市影视制作中心的摄影棚里搭建的，包括屋顶上的格斗和枪战等，如图8-51所示。也有一些场景搭建在蒙特卡罗附近一个叫作 UFO（飞碟）的室内高尔夫球场里，包括坦克开过一处篱笆墙以及最重要的白宫南门廊建筑，如图8-52所示。

室外日景自然光照明最重要的特点是光线均匀，主光来自太阳的平行光（晴天）或天

图 8-51（左） 摄影棚里搭建的白宫屋顶场景。上、中：完成镜头。下：拍摄现场。

图 8-52（下） 在室内高尔夫球场搭建的白宫南门廊外景。左列：巨大的充气柔光屏对模拟自然日光的环境光起到重要作用。右：模拟太阳光束的 24k 照明。

空散射光（阴天），副光是天光、地面以及建筑物反光共同作用的结果。因此，在上午至下午稳定的照明条件下，光线有比较固定的光比关系，即使在背光阴影里，往往景物的层次也都清晰可见。

在对摄影棚外景布光时，弗尔斯特和照明团队首先处理副光。他们将白色的充气柔光屏连接在一起，制作出巨大的拱形天棚，8 盏 18k ArriMaxe 灯通过柔光屏的透射与折射将整个场景打亮，得到均匀的环境光（图 8-52 左列）。之后，根据镜头的需要，照明组再加上"太阳"。共有 5 盏加了 1/4 CTS 秸秆色降色温灯光纸的、24k 的 PAR 64 灯组模拟太阳的光束，这些灯有时放置在充气屏的外侧，有时在内侧（图 8-52 右）。在充气屏的旁边有黑丝绒和蓝幕，黑丝绒用来控制造型光，蓝幕用于特效的需要。如前所述，弗尔斯特在 ASA 800 的感光度设置下，把照度水平控制在光圈 T11。图 8-52 右图中拍摄现场所完成的画面效果如图 8-47 的右上图所示。

这正是摄影棚摄影的好处：一旦建立起真实可信的照明关系，无论何时，光线总是稳定的，不像《007：大破天幕杀机》的街景那样，希望阴天时偏偏太阳当头。而《惊天危机》的难处在于它的场景都非常大。

（2）摄影棚内景

内景主要是两种照明条件：以室外日光为主，辅助以建筑物内部灯光的混合照明，比如图 8-53 第 1、2 排中白宫的厅堂、走廊，以及图 8-48 左下图的总统办公室等大部分内景场景；或者以灯光为主的照明环境，比如图 8-53 第 3 排，白宫里恐怖分子聚集的房间、恐怖袭击之后的临时指挥中心。对于日光照明光效的场景，为了确保光线的真实感，关键要从布景的窗外向内打光，而且在光比方面，来自室外的白光总是比灯光或底子光明亮很多。如图 8-53 左下图所示，弗尔斯特和照

图 8-53 《惊天危机》的摄影棚内景。第 1 排：白宫的走廊、大厅，抛光打蜡的地板和四壁发出生动的反射光。第 2 排：活泼的窗影随处可见。第 3 排：现代通信设备和投影仪的混合色光与单纯的日光环境有明显的色对比。第 4 排：拍摄现场。

明组将 HMI 悬挂在办公室布景的窗户外面，作为室外阳光。

即使是内景，《惊天危机》的大多数布景也都非常大，而且画面总是大全景，挤掉了安置照明设备的空间，为此弗尔斯特要在窗外争取到足够的空间放置 HMI，使"日光"足以照亮内景环境。同时她也要考虑照明不足的情况下，应该怎样处理场景。比如弗尔斯特意识到，他们无法将白宫的大型过厅（图 8-53 第 1 排）全部打亮，地毯的细节将会损失。当她和美工师讨论此事时，美工师非常理解，并将地板和墙面换成有着出色的反光纹理的材料，让人在现场不断地对它们抛光、打蜡。地面和墙面反光以明暗的光打破大面积暗区。

弗尔斯特也使用各种手段在内景中形成自然的反光，增加影调的生动性（图 8-53 第 2 排），她用大量的反光板和镜子将 HMI 营造的阳光反射到布景内各处。

在那些以监视器为主的环境中（图 8-53 第 3 排），弗尔斯特让显示屏和投影仪形成色温很高的蓝色调。于是于是在不断切换的画面里，观众不会混淆不同的场景。《惊天危机》的发生地虽然只集中在白宫，但它的场景异常丰富，每个环境又有着各自的光效特点，不一一列举。

（3）其他技巧拾零：玻璃、小道具和烟雾控制

要保证影像的品质，细节很重要。弗尔斯特在控制大的环境气氛的同时，也不放过每个细节的展现。

① 不完美玻璃

② 质感精细的道具

③ 严格控制烟雾的浓度

图 8-54 摄影师安娜·弗尔斯特对影片细节的控制能力使画面的质感再现和气氛表达更加准确。

在第三章，我们看到过弗尔斯特如何将窗前的人脸拍摄成英俊的肖像（参见第三章图 3-14 左上），而在当代建筑中，似乎难以效仿类似的技巧，因为门窗的结构变了，更加光洁平整。在摄影棚里，干净的玻璃总是让摄影师头痛的事，弗尔斯特发明了一种被称作"不完美玻璃"工艺来解决这个问题。她要求美工部门用塑料材质替代玻璃，然后用热风枪熏烤塑料让它产生轻微的变形，看起来像是做旧的玻璃。如图 8-54 ①所示，玻璃不那么平整，却更有玻璃的质感，为布景增添个性。

小道具的展示在影片中随处可见，它们是剧情的组成部分。弗尔斯特会善待每种小物件，根据它们的材质调整光线和光比，让道具的质感以最精致的方式呈现，如图 8-54 ②所示。

烟雾在本片的内景中是烘托气氛的重要手段，然而烟雾的浓度，特别是那种淡淡的烟雾最不容易控制，而弗尔斯特对烟雾的处理总是在分寸上恰到好处。影片开始时，弗尔斯特只是在窗口施放很淡的烟雾，让晨曦的日光透入房间，但整个场景的空气是干净的，因为浑浊不符合这些环境，比如在约翰前妻家里（图 8-54 ③左）、白宫的总统办公室等。随着恐怖袭击的升级，建筑被毁，房间里的烟雾变得浓烈起来（图 8-54 ③右），它使得故事场面越来越严峻、粗粝。

在《惊天危机》的制作过程中，灯位图不仅是预先计划的、用于指导照明布光的工具，也是事后补拍的依据。由于演员的档期和其他种种原因，一个场景往往不是一口气完成拍摄，而是拍拍停停，一周后再返回某个特定的摄影棚拍摄是家常便饭。为了保持照明气氛的一致性，弗尔斯特和她的照明组不仅要参考之前的现场工作照、摄影素材和照明计划，还要在每次摄影之后由照明师进一步完善灯位图，对现场的任何照明信息做详细的记录。

如图 8-55 所示，总统和约翰的汽车翻入水中的白宫泳池场景也是分了

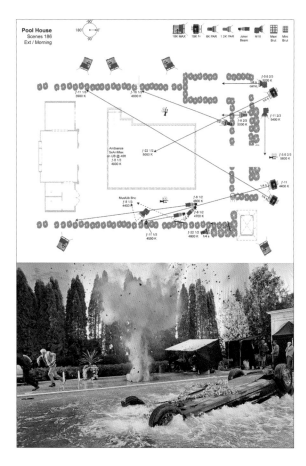

图 8-55　白宫游泳池场景的灯位图和拍摄现场。

图 8-56　白宫游泳池场景的完成片镜头。

几次才完成拍摄的，为了确保照明环境的一致性，它的灯位图非常详细，记录了每盏照明的类型、位置、距离、色温、灯光纸、柔光布，以及曝光订光的光圈参数。从图中可以看到，这是一个室外上午的场景，有 5 盏 18k ArriMaxe 在白色天幕的外侧向布景里打出环境光，4 盏加了 1/4 CTS 灯光纸的 18k 菲涅尔灯用于打出主要的"阳光"，另外还有一些 PAR、Joker 等照明灯修饰各个重要的局部、衔接整体光效，并在爆炸发生之后为烟雾做出光束效果，完成片的影像如图 8-56 所示。主摄影机在灯位图的右侧，另外两台摄影机在泳池两侧。从这张灯位图中，我们还可以看到，这种大型场景的摄影往往"一次性"布光，兼顾大全景和小景别的照明需求，这对于光效的一致性有好处。

安娜·弗尔斯特是那种善于观察现实环境的摄影师，只要她看到有趣、生动的光线，都有能力在影片中再现出来。所以，导演艾默里奇非常欣赏她的聪慧，并希望在未来的工作中继续与她合作。同时，他也感叹道，要她为你工作的前提是你得说服她，但说服她很难（自《美国电影摄影师》，2013 年第 7 期）。

8.3.3　《地心引力》：新工艺下的合作模式

《地心引力》是一个人的太空历险。工作在"探索"号航天器上的瑞安·斯通博士（桑德拉·布洛克 / Sandra Bullock 饰）、马特·科瓦尔斯基（乔治·克鲁尼 / George Clooney 饰）和另一名同事正在舱外检修哈勃望远镜时，一阵卫星碎片群突袭了他们，使得"探索"号损毁，其他同事全部丧命。科瓦尔斯基指出，回家的唯一希望是中国的天宫国际空间站，搭乘"神舟"返回地球。在科瓦尔斯基为了斯通有更大的生存机会而放弃了自己的生命，漂向太空之后，斯通只能一个人奋斗，先是到达一个俄罗斯已经废弃的空间站，然后设法登上了"神舟"。

该片的创作人员中最主要的三角关系是：导演阿方索·卡隆、摄影师埃曼努埃尔·卢贝斯基，以及视觉效果总监蒂姆·韦伯（Tim Webber）。卡隆和卢贝斯基已有 20 多年的合

埃曼努埃尔·卢贝斯基

Emmanuel Lubezki，AMC，ASC

墨西哥 / 美国电影摄影师

　　埃曼努埃尔·卢贝斯基和同为墨西哥裔的导演阿方索·卡隆在少年时代就是好友，并一起就读于墨西哥国立自治大学（National Autonomous University of Mexico）的电影学院。之后他于 20 世纪 80 年代开始了在墨西哥的影视制作职业生涯，并与合作者一道，逐渐在美国的电影领域活跃起来。从奥斯卡、金球奖的最佳外语片《情迷巧克力》（Como agua para chocolate，1992）、《小公主》（A Little Priness，1995），到斩获奥斯卡最佳摄影大奖的《地心引力》《鸟人》《荒野猎人》，他的电影一直因为导演和他个人摄影上的成就而备受关注。他共获得 3 次奥斯卡最佳摄影奖和 5 次提名，另获其他国际大奖 144 项、提名 74 项。

　　与卢贝斯基合作过的众多导演中，除了阿方索·卡隆还包括泰伦斯·马利克、亚历杭德罗·冈萨雷斯·伊尼亚里图、科恩兄弟以及蒂姆·伯顿。他与卡隆和马利克的合作最多。直到《地心引力》，他与卡隆合作了 6 部影片，而《通往仙境》（To the Wonder，2012）是他和马利克合作的第 4 部影片。

　　与风格迥异的导演一起工作，卢贝斯基为他们营造的影像也各不相同。卢贝斯基的幸运在于：那些勇于创新的导演使他有机会在影片制作过程中进行探索性实验性尝试。无论是风格化的还是极端自然主义的影像，他都能做到极致；无论在摄影棚、实景，还是 CG 的虚拟空间，他都能驾轻就熟。

作经历，而韦伯是英国特效公司 Framestore 的视觉效果总监，从《人类之子》(*Children of Men*, 2006) 开始与阿方索·卡隆合作。虽然《地心引力》几乎没有直接摄影的镜头，观众在画面中看到的景物往往只有人脸或太空站里的宇航员斯通的全身是真人拍摄的结果，其他均为 CG 制作，但卢贝斯基深度参与了该片的摄影指导工作。他的工作包括摄影棚摄影，计算机生成图像的虚拟照明设计，和卡隆商讨虚拟摄影的调度，指导 2D 转 3D 工作，敲定 2D、3D 以及 IMAX 放映版本等。他的工作为电影摄影师在电影制作中充当的角色提供了一种新的范例。

最初，卡隆对卢贝斯基说："零重力的世界可以给我们的摄影机运动和照明以最大的解放，你会喜欢这部电影，因为你可以做任何想做的事。"（自《美国电影摄影师》，2013 年第 11 期）。然而，当他们认真开始案头准备时却发现，这样做的结果只会导致影片的不真实。他们决定要把这部影片做得尽可能真实。詹姆斯·卡梅隆在评价《地心引力》时说："我是看太空电影长大的，是太空迷，还做过三年 NASA（美国国家航空航天局）的顾问，渴望有机会进入太空。现在我觉得自己的愿望已经实现。如果说这部电影只是一部紧张刺激的惊悚片，那就太低估它了。在观影的 90 分钟里，我一直下意识地将手捂在嘴上，并不得不提醒自己别忘了呼吸。"（自 http://www.mtime.com/ ）

《地心引力》是一部 3D 影片，也是特别适合用立体视觉在大屏幕上展现的影片，观众成为故事的参与者，与斯通一起在太空中飘浮、挣扎，同呼吸共命运。所有这一切都来自该片主创为影片确定的基调——真实加上戏剧化瞬间。

工艺流程

视效大片的工艺流程和普通电影有很大区别，往往是把 CG 的工作提前到影片的筹备期。如图 8-57 所示，《地心引力》也遵循了这样的工作方式，先构建虚拟环

① 3D 预演

② 现场拍摄——在灯箱中捕捉演员表情动作

③ 真人表演和虚拟元素最初的基本整合

④ 完成片镜头

图 8-57 《地心引力》的工艺流程，从 3D 预演到完成片。

境（图①），再实拍（图②），然后再完善实拍与虚拟的合成（图③图④）。

这里不得不提到 3D 预演（previs）。3D 预演是视效大片不可缺少的第一步。《地心引力》的预演由韦伯所在的 Framestore 公司制作，美国著名的 3D 预演公司"三楼"（The Third Floor）也参与了一部分。3D 预演主要是通过 3D CG 软件搭建影片所需的场景、道具和角色，在这样一个虚拟的 3D 空间里，主创们可以讨论布景环境如何实现，摄影机怎样构图并调度，考虑制作的合理性。从图 8-57 ① 来看，预演阶段的画面有点像 3D 动画片，它没有什么细节。如果观看的是活动影片的话，角色可能只是在场景中滑行，也可以通过 motion control 为角色加上动作。但这都没有关系，预演的制作要快，只要主创们对镜头的大轮廓有明确的视觉形象就行。

当卡隆和韦伯确定了场景以及场景中每件道具和必要的细节之后，摄影师卢贝斯基加入进来，他们开始做照明预演（pre-light）。《地心引力》在照明方面所做的准备远远超过其他影片。因为照明预演是在 CG 虚拟环境中进行的，而 CG 的照明属性与真实世界中的日光、灯光并不相同，所以韦伯尽量为卢贝斯基改进软件的操作界面，使它看起来更像拍摄现场；而卢贝斯基也对了解虚拟照明特性充满好奇和激情，并很快就熟悉了软件的使用。卢贝斯基也会在虚拟环境中使用黑旗或反光板，但它们的大小是以"公里"而不是"米"来计算机的，照明预演总共进行了几周时间。

接下来的预演是技术预演（tech previs）。此时，拍摄方案、场面调度基本确定，现场通过怎样的拍摄手段也已经确定。在图 8-58 的计算机图形中，我们可以看到实际将要使用的机器人摄影机摇臂的模型。技术预演的结果是生成具体的摄影数据，比如摄影棚应该多

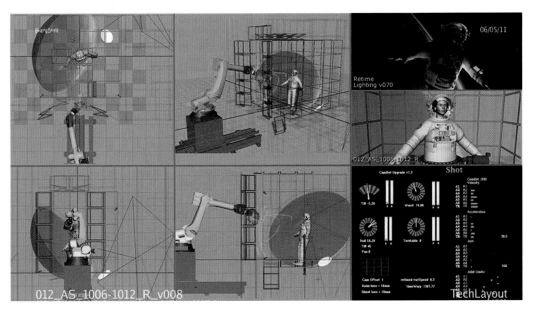

图 8-58 《地心引力》在正式拍摄之前首先通过关键帧动画等手段确定摄影机、照明设备和演员之间的互动关系。

大、移动轨要铺设多长、摄影机所使用的镜头焦距是多少等。对于摄影机运动的方式也可以由计算机直接输出到现场所使用的 motion control 等可编程运动控制器上。

　　更有意思的是，技术预演所敲定的拍摄方法可能和导演们开始设计场面调度时的方法完全不同，但画面效果是一样的。比如，斯通在太空中失控旋转，摄影机保持脸部特写的景别，跟着斯通旋转的镜头，经过技术预演之后，实际的拍摄方案是斯通和摄影机固定不动，而环境和照明在旋转——这是摄影棚里更容易实现的操作方案。在《地心引力》中，大量采用的方法是角色不怎么移动，而照明和摄影机围绕演员运动，后期再加上运动着的虚拟环境。

　　预演一直伴随电影的制作过程，因为方案往往需要不断修改和完善。

照明设计

　　如图 8-59 所示，《地心引力》的照明设计非常复杂，超过大多数故事片，并秉承了该片"真实加戏剧化瞬间"的创作理念。

　　在人造卫星的轨道上存在三种光源：远距离的太阳硬光、来自地球的柔和反光以及来自月球的反光。由于外太空没有大气介质，会使得背光的景物缺少环境反光而漆黑一团。另外一个特点是作为地球的卫星，每 90 分钟绕地球一周，经历一次白天黑夜之间的转换。

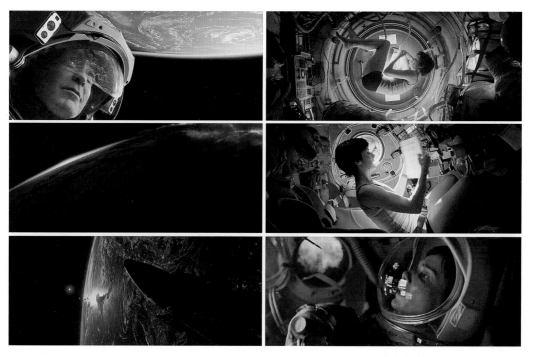

图 8-59《地心引力》为外太空设计了真实而戏剧化的照明。左列：以地球为背景的外太空。右列：太空舱内部。

如果影片只是真实再现外太空的光线效果，在大多数时候演员身后将是黑色的背景、太阳、地球或月亮出现在画面一角。这样的光效不足以使人兴奋，卢贝基斯决定走得更远。利用90分钟的日夜变化、硬光或柔光、环境反光的比例，以及光线的颜色，影片中每一个镜头中的光线都在不断地变化。比如，作为背景的地球本身有日出时暖红色光照亮的山脉和蓝色大气层形成冷暖的对比（图8-59左上），有北半球日落和北极光勾勒出的天际（图8-59左中），也有城市灯光在大地上形成的银河（图8-59左下）；在太空舱里，从窗户射入的阳光和各种仪表盘的色光一道，随着太空舱的转动而不断变幻着色彩和强度（图8-59右列）。

图8-60左列的例子是一个长镜头：斯通虽然摆脱了被卫星碎片击中并束缚着她的哈勃望远镜残臂，却坠入太空，直到科瓦尔斯基将她救起。镜头中摄影机跟随斯通旋转、漂移，光线也在不断地变化。

图8-60 《地心引力》镜头中丰富变化的光线。左列：同一镜头中的光线变化。右列：影片中不乏高反差、影像"毛掉"的瞬间。

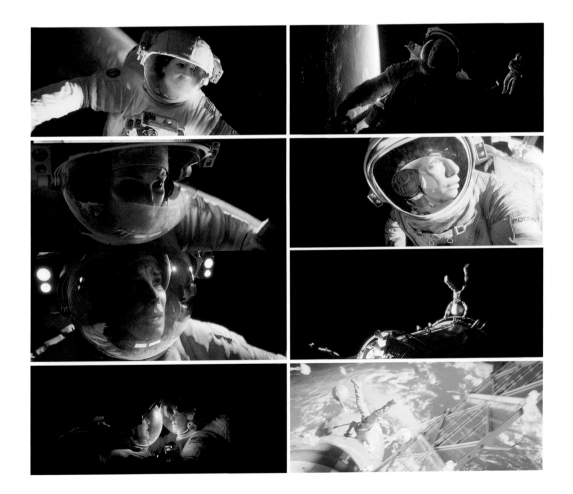

类似的光线处理贯穿了影片始终。而图 8-60 右列的例子中，我们可以看到影片中常常出现超大反差的画面，有时卢贝斯基会让镜头中的某个瞬间受到强光的照射而完全"毛掉"，失去层次，但随着演员和摄影机变换角度，影像又恢复到有层次的状态。

虽然影片中只有人脸或没有穿太空服的人体是实拍的，但要让如此丰富的光线变化反应在人脸上，也不是一件容易做到的事情，而且人脸的光线变化要和当时的背景环境相符。卢贝斯基首先否定了在拍摄现场通过照明实现变化的光线方案，因为照明灯具难以改变颜色，在该片大多数场景中因过于复杂而行不通。照明最终的解决方案——也是该片制作最具特色的现场控制，是一个特制的灯箱（light box），如图 8-61 所示。

灯箱最初的创作灵感来自卢贝斯基在一次摇滚音乐会的现场感受，他注意到舞台上变

化着的 LED 灯光如何映射在台下观众的脸上和身上。根据这个思路，《地心引力》在摄影棚里搭建了一个由 LED 板组成的、四面围起来的盒子，演员在盒子里表演，并被摄影机拍摄下来。灯箱的高度超过 6 米，宽 3 米，由 196 块 LED 板组成，摄影机和 LED 播放的画面在计算机控制下同步工作，将 CG 设计好的虚拟环境显示在灯箱的四面屏幕上。虽然 LED 所播放的影像相当粗糙，并需要颜色校正，但是作为角色的环境光源，它行之有效，不仅在演员脸上形成正确的反光，演员也能看到其所处的环境，对表演大有好处。

在灯箱里拍摄的演员表演需要后期手工抠像将人物和环境分离，因为灯箱中无法放置绿屏幕，如果放了绿屏，所希望的光效也就不复存在。

有时，拍摄现场也配合移动着的

图 8-61　拍摄现场由 LED 板组成的灯箱几乎是影片的唯一布景。

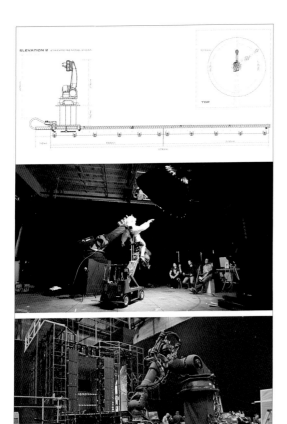

照明设备，一般在模拟太阳的硬光时会这样做。拍摄现场有 Bot&Dolly 公司专门为《地心引力》制造的机器人摇臂 IRIS motion control 系统，如图 8-61 的上、下图以及图 8-62 所示。IRIS 有着极高的灵活性，可以放在移动轨上，在计算机的控制下完成极为复杂的移动、转动或上下颠倒，其精度可达 0.08mm。摄制人员将摄影机、照明安置在不同的摇臂上，它们分别按照为自己预设的轨迹运动，在演员位置不动的前提下拍摄出角色在太空中翻滚或移动的镜头，如图 8-62 的中图所示。

　　该片也大量模拟了真实摄影机镜头的眩光效应，这种效果可以大大地增强虚拟场景的真实感，如图 8-63 所示。

零重力下的运动画面

（1）长镜头成为本片特色

　　阿方索·卡隆喜欢复杂的摄影机运动，在 CG 虚拟环境中通过无缝剪辑得到场面调度变化多端的长镜头更使导演的愿望得以实现。比如影片开场的第一个镜头在完成片中就达 13 分钟，从地球的镜头开始，观众见到"探索"号航天器从远处运行到镜头前、马特·科瓦尔斯基在太空中游荡，视察着同事们的工作，接下来是一阵卫星碎片横扫"探索"号，瑞安·斯通博士所在的哈勃望远镜被打断，当她挣脱了哈勃的断臂

图 8-62　机器人摇臂，用来控制拍摄现场的摄影机和照明灯光。上：设计图。中：操作演示（非《地心引力》拍摄现场），摄影机和灯光分别安置在不同的机器人摇臂上，同步进行复杂的移动和转动。下：《地心引力》拍摄现场的机器人摇臂。

图 8-63　《地心引力》中模拟摄影机镜头进光的画面。

后，被抛向深邃的太空（图 8-64）。摄影机在空中游荡，不断地从背景的空镜头转换到航天飞机的全景、科瓦尔斯基和斯通的近景、特写等不同景别。

阿方索·卡隆说，如果他自己冒险为追求"酷"而让摄影机运动或延长镜头的时间，卢贝斯基就会阻止。比如开场镜头最初的设计有 17 分钟之长，但卢贝斯基认为在斯通漂走时是应该剪辑的最佳时机，这样长镜头的时间缩短到 13 分钟。导演庆幸自己采纳了摄影师的建议。卡隆说："他是对的。否则我们可能有幸因为让这样的长镜头成为影片的特色而受到评论界的关注，但这不是创作的初衷，摄影机运动应该服务于电影。"（自《美国电影摄影师》，2012 年第 11 期）。

这样复杂的镜头在影片中为数不少，加上乱而有序的画面细节，使这部太空探险影片成为张弛有致的声画交响诗。卢贝斯基相信长镜头能以一种醒目的方式将观众带入电影："长镜头最主要的作用是它的沉浸性。对我来说，它的感觉更真实、更私密，也更沉浸。剪辑点越少，你越接近角色；就好像你感觉自己正在和演员一起完成体验。"（自《美国电影摄影师》，2012 年第 11 期）。

（2）模拟零重力

蒂姆·韦伯和他的特效团队把很大的功夫都下在了对零重力的模拟上。就摄影机运动来说，导演和摄影师希望它有种自

图 8-64　《地心引力》开场第一个镜头，长达 13 分钟。

然的感觉，而不是 CG 软件关键帧动画的机械产物。在预演期间，卡隆、卢贝斯基和韦伯采集实拍的摄影机运动。他们或者用吊杆控制摄像头在场景实物小模型中移动，或者在摄影棚里使用 motion control 捕捉运动画面，然后将这些摄影机运动轨迹赋予 CG 的虚拟场景。这样采集的运动有摄影师操作的自然感，但是还需要进一步加工才能使用，因为即使是由人操纵的摄影机的运动也会看起来缺少失重的感觉。特效团队在 CG 中进一步平滑虚拟摄影机的运动，让它看起来更像是水下摄影时的摄影机运动。

　　对于真人表演，韦伯研究了以往太空影片对零重力的模拟，包括吊钢丝、高速摄影等。他认为制作上最成功的影片要数《阿波罗 13 号》（*Apollo13*，1995），该片利用训练宇航员的航空器作为拍摄失重效果的手段。用于失重训练的飞机在爬升到 1 万米高度时，关闭引擎让机身自由下落，这时会形成 15 到 40 秒微重力时间，也就是失重状态。然后失重飞机再次拔高，再次自由下降。一个飞机可以在一次起降过程中完成 15~20 次抛物线飞行。飞机自由降落的过程是摄影的拍摄时机，这样短暂的时间和不便的拍摄环境对于《地心引力》来说是不现实的，韦伯需要另辟蹊径。实际上，《地心引力》所拍摄的真人表演都是在有重力的摄影棚中进行的，并大多数在 LED 灯箱中完成。

　　如图 8-65 所示，《地心引力》的真人表演有几种主要的方式。第一种是通过牵线木偶的方式控制演员的表演（左列）。这种方法比普通的吊钢丝复杂。普通的吊钢丝只是用一根钢丝将演员悬吊起来，表演仍旧是演员自己完成的。而牵线木偶的钢丝控制着演员全身身

图 8-65　拍摄真人角色的一些手段。左列：木偶拉线控制演员的动作。右上：可以转动或移动演员的篮筐。右下：演员被固定在"自行车椅"装置上。

体的关键关节，由木偶艺人经计算机或手工操纵钢丝，演员则处于放松的状态，被动地随牵线运动。第二种方法是将演员放在一个特定的篮筐里（右上），篮筐在计算机的控制下转动或移动。操作人员会严格控制篮筐上下转动的幅度，使其不超过45°，因为一旦超过这个极限，血液上冲，演员就会脖子变粗脸变红，暴露出非失重的状态。第三种方法是将演员固定在被称为"自行车椅"的特殊装置上（右下）。这个装置有一根可以移动的横杆，演员坐在固定在横杆一端的自行车座椅上，并为了安全稳定，她的一条腿也被固定在横杆上。

上述方法所拍摄的演员表演在计算机里还会进行大量的修改，比如当演员比较用力，有明显的肌肉变化时，要抹平凸起的肌肉，以便看起来像零重力状态；或者要用CG的假腿替换演员被固定在自行车椅上的真腿等。

《地心引力》是有史以来表现外太空零重力环境最多、效果最好的影片。为此，制作团队参考了大量的NASA资料片，并把IMAX立体纪录片《哈勃望远镜3D》（Hubble 3D，2010）当作《圣经》反复研读。但是对于著名的《2001太空漫游》，导演阿方索·卡隆说他不敢看，怕自己的创作思路被它所影响。不过卡隆在《地心引力》中制作了一个斯通蜷起身体像婴儿一样飘浮在太空舱中的镜头，以向《2001太空漫游》著名的"婴儿镜头"致敬。该镜头的拍摄现场如图8-65的右下图所示，完成镜头如图8-59的右上图所示。

《地心引力》在摄影方面是摄影指导与视觉效果指导密切合作的结果，你中有我，我中有你。蒂姆·韦伯说，摄影和视觉效果之间的界线正在变得越来越模糊。

对于阿方索·卡隆来说，故事、摄影、声音、表演，以及色彩都是创作电影的工具，并要服务于电影的需求。而我们在本书中通篇所涉及的技术控制更是摄影工具的工具，它要在幕后为摄影服务。

技术是手段，不是目的——这是贯穿本书的基本理念。

片例索引

（续）

（续）

中文片名	外文片名	页码
弗拉门戈	*Flamenco*	110—112、116
弗拉门戈，弗拉门戈	*Flamenco, Flamenco*	112
浮士德	*Faust*	169—173
复仇	*Revenge*	185、195
钢琴教师	*La pianiste*	89—90、92、99
戈雅在波尔多	*Goya en Bordeaux*	110—112、117
歌剧浪子	*Io, Don Giovanni*	29—30、41—42、101—117、261
给朱丽叶的信	*Letters to Juliet*	56、148、187—188
公民凯恩	*Citizen Kane*	64、101、117—118、163、358
共犯	*The Conspirator*	80
锅盖头	*Jarhead*	378、380
哈勃望远镜 3D	*Hubble 3D*	418
哈利·波特与混血王子	*Harry Potter and the Half-Blood Prince*	172—173
黑暗阴影	*Dark Shadows*	172—173
黑店狂想曲	*Delicatessen*	35、357、360
黑色大丽花	*The Black Dahlia*	68、219
黑水仙	*Black Narcissus*	9
黑天鹅	*Black Swan*	278—285、370
黑鹰坠落	*Black Hawk Down*	238
红高粱	*Hong gao liang*	187
红菱艳	*The Red Shoes*	9、278
侯爵夫人	*La Marquise d'O...*	242
后天	*The Day After Towrrow*	322—323、399
呼喊与细语	*Viskningar och rop*	339
呼啸山庄	*Wuthering Heights*	93—95、136、322
狐狸与孩子	*Le Renard et l'enfant*	68、187—188、234
蝴蝶梦	*Rebecca*	304—305
花样年华	*Fa yeung nin wa*	10—11、31、36
黄土地	*Huang tu di*	51
毁灭之路	*Road to Perdition*	199—200、358—359
霍比特人：意外之旅	*The Hobbit: An Unexpected Journey*	350
机遇编年史的 71 块碎片	*71 Fragmente einer Chronologie des Zufalls*	89
极速风流	*Rush*	354—355
姜戈	*Django*	320
《教父》三部曲	*The Godfather*	31、118、153

（续）

（续）

（续）

图片来源说明

图 8-25　*American Cinematographer*, November 2006；故事片《通天塔》

图 8-26　由罗德尼·查特斯提供

图 8-27 至图 8-31　故事片《007：大破天幕杀机》及蓝光花絮

图 8-32　故事片《匪帮传奇》

图 8-33 至图 8-45　故事片《007：大破天幕杀机》及蓝光花絮；*American Cinematographer*, February 2014；*Cinefex*, January 2014

图 8-46 至图 8-56　故事片《惊天危机》及蓝光制作花絮；*American Cinematographer*, July 2013

图 8-57 至图 8-65　故事片《地心引力》；*American Cinematographer*, December 2012；http://www.fxguide.com/

注：

1　08 级本科"电影照明技巧"与"曝光技术与技巧 2——电影曝光"联合作业，照明指导教师——雷载兴；技术指导教师——屠明非、张铭。09 级研究生作业，照明指导教师——蔡全永。11 级本科"电影照明技巧"与"影像质量评价"联合作业，照明指导教师——雷载兴；技术指导教师——袁佳平、樊华。

2　"曝光技术与技巧 1——图片摄影"课程指导教师：屠明非。

3　"胶转数工艺控制"实验参与者：屠明非、张铭、李念芦、范金慧、徐晓东、陈军、王春水、朱梁、曾志刚等。

4　"典型场景的曝光控制示范"课程，摄影——屠明非；其他参与制作者——叶静、潘若简、张戈辉、大雁、黄书燕、吕远、相国强、李蕊、张昱、姚依汶等。

主要参考文献

AFC, "Cinematographer Caroline Champetier, AFC, discusses her work on 'Holy Motors' by Léos Carax", http://www.afcinema.com/Cinematographer-Caroline-Champetier-AFC-discusses-her-work-on-Holy-Motors-by-Leos-Carax.html

AFC, "Cinematographer Darius Khondji, AFC, ASC, discusses his work on 'Love' by Michael Haneke", http://www.afcinema.com/Cinematographer-Darius-Khondji-AFC-ASC-discusses-his-work-on-Love-by-Michael-Haneke.html

Afcinema, "Faust", http://www.afcinema.com/Faust.html

Alexander Ballinger (editor), *New Cinematographers*, Ambrose Hogan, "Faust", http://www.thinkingfaith.org/articles/FILM_20120713_1.htm

Anne-Laure Bell, "I Am Not Sure that I Have a Particular Style", AFC, http://www.afcinema.com/I-am-not-sure-that-I-have-a-particular-style.html

Barbara Robertson, "To the Rescue", *Cinefex*, June 2013

Benjamin B, "A Golden Ticket", *American Cinematographer*, July 2005

Benjamin B, "Brothers in Arms", *American Cinematographer*, January 2009

Benjamin B, "Cosmic Questions", *American Cinematographer*, August 2011

Benjamin B, "Divine Purpose", *American Cinematographer*, May 2014

Benjamin B, "Ednuring Love", *American Cinematographer*, January 2013

Benjamin B, "Facing the Void", *American Cinematographer*, November 2013

Benjamin B, "Folk Implosion", *American Cinematographer*, January 2014

Benjamin B, "Impressionistic Cinema", *American Cinematographer*, July 2009

Benjamin B, "James Cameron and Vince Pace : The Transition to 3D", http://www.theasc.com/asc_blog/thefilmbook/2012/06/29/james-cameron-vince-pace-the-transition-to-3d/

Benjamin B, "Khondji on Allen", *American Cinematographer*, August 2012

Benjamin B, "Silent Splendor", *American Cinematographer*, December 2011

Benjamin B, "The Price of Revenge", *American Cinematographer*, February 2006

Benjamin B, "Uncharted Emotions", *American Cinematographer*, January 2006

Blain Brown, *Motion Picture and Video Lighting, 2e*, Focal Press, 2007

Bob Fisher, "Guiding Light", *American Cinematographer*, February 2001

Bob Fisher, " Shadows of the Psyche" , *American Cinematographer*, February 2001

British Cinematographer, " Camera Creative: Matthew Libatique ASC, *Black Swan*" , *British Cinematographer*, Issue 042

British Cinematographer, " Close–up: Jeff Cronenweth ASC, *The Social Network*" , *British Cinematographer*, Issue 044

British Cinematographer, " Out of the Box" , *British Cinematographer*, March 2009

British Cinematographer, " The Meaning of Life" , *British Cinematographer*, May 2011

British Cinematographer, " To Live and Let DI" , *British Cinematographer*, January 2009

David E Williams, " The Sins of a Serial Killer" , *American Cinematographer*, October 1995

David E. Williams, " Beyond the Law" , *American Cinematographer*, October 2013

David Mermelsteim, " Spielber's Eye" , Los Angeles Times, February 20 2013

Douglas Bankston, " Spinning a Wider Web" , *American Cinematographer*, June 2014

Earen Erbach, " Schindler's List Finds Heroism Amidst Holocaust" , *American Cinematographer*, January 1994

Giose Gallotti, " Baroque Visions" , *American Cinematographer*, September 2007

Guido Bonsaver, " Prince of Darkness" , *Sight & Sound*, April 2009

Harry C.Box, *Set Lighting Technician's Handbook: Film Lighting Equipment, Practice, and Electrical Distribution, 4e*, 2010

Iain Stasukevich, " A Mighty Pen" , *American Cinematographer*, September 2011

Iain Stasukevich, " Once Upon a Time in the South" , *American Cinematographer*, January 2013

ICG magazine, " Girl, Interrupted" , *ICG magazine*, January 13, 2012

IMAGO, *Making Pictures: A Century of European Cinematography*

Ira Tiffen, " Tips on Location" , *American Cinematographer*, September 2011

Jay Holben, " Freedom Fighter" , *American Cinematographer*, December 2012

Jay Holben, " Cold Case" , *American Cinematographer*, January 2012

Jay Holben, " Conquering New Worlds" , *American Cinematographer*, January 2010

Jay Holben, " Time Bandit" , *American Cinematographer*, November 2011

Jean Oppenheimer, " A Dark Chapter in German History" , *American Cinematographer*, January 2014

Jean Oppenheimer, " Dark Secrets" , *American Cinematographer*, May 2010

Jean Oppenheimer, " Lives on Tape" , *American Cinematographer*, January 2006

Jean Oppenheimer, " Outsider Art in France" , *American Cinematographer*, July 2009

Jean Oppenheimer, " Rural Terroris" , *American Cinematographer*, January 2010

Jean Oppenheimer, " Shooting J.R." , *American Cinematographer*, July 2012

Joe Fordham, " Extra–Vehicular Activity" , *Cinefex*, January 2014

Joe Fordham, " Old Dog, New Tricks" , *Cinefex*, April 2013

John Calhoun, " Peaks and Valleys" , *American Cinematographer*, January 2006

Jon D. Witmer, "War on Crime", *American Cinematographer*, February 2013

Jon Silberg, "The Root of All Evil", *American Cinematographer*, November 2009

Juan Melara, "The Summer Blockbuster 01 Colour Grading Tutorial", http://juanmelara.com.au/the-summer-blockbuster-colour-grading-tutorial/

Mark Cotta Vaz, "A Region of Shadows", *Cinefex*, January 2000

Mark Dillon, "Allies of Art", *American Cinematographer*, February 2014

Mark Hope, "M16 Under Siege", *American Cinematographer*, December 2012

Mark Hope-Jones et al., "Varied Visions", *American Cinematographer*, March 2012

Mark Hope-Jones, "A Historical Epic Shot in Hungary", *American Cinematographer*, September 2012

Mark Hope-Jones, "Full Throttle", *American Cinematographer*, October 2013

Mark Hope-Jones, "Serving the Story, with Style", *American Cinematographer*, February 2014

Mark Hope-Jones, "Througha Child's Eyes", *American Cinematographer*, December 2011

Mark Hope-Jones, "Vice at the Vatican", *American Cinematographer*, April 2012

Michael Goldman, "Capturing All 4 Seasons", *American Cinematographer*, August 2014

Michael Goldman, "Prime Target", *American Cinematographer*, July 2013

Michael Goldman, "Time Benders", *American Cinematographer*, July 2014

Michael Goldman, "With Friends Like These...", *American Cinematographer*, October 2010

Mike Goodridge & Tim Grierson, *Film Craft: Cinematography*, ILEX, 2012

Mike Seymour, "Gravity: vfx that's anything but down to earth", http://www.fxguide.com/

Nancy Condee, "Aleksandr Sokurov: Faust", http://www.kinokultura.com/2012/37r-faust.shtml

Neil Fanthom, "Renaissance Woman: Anna J Foerster", http://www.definitionmagazine.com/journal/2011/8/16/renaissance-woman-anna-j-foerster.html

Neil Fanthom, "Renaissance Woman: Anna J Foerster", *Definition*, August 2011

Noah Kadner, "Back to the Grid", *American Cinematographer*, January 2011

Patricia Thomson, "An Emotional Rebrith", *American Cinematographer*, July 2010

Patricia Thomson, "Animal Instincts", *American Cinematographer*, January 2012

Patricia Thomson, "Entering Bruegel's World", *American Cinematographer*, June 2011

Patricia Thomson, "Feminine Mystique", *American Cinematographer*, January 2006

Patricia Thomson, "Hard Lessons", *American Cinematographer*, May 2002

Patricia Thomson, "Mind Games", *American Cinematographer*, March 2010

Peter Ettedgui, *Screencraft: Cinematography*, Rotovision, 2003

Philippe Rousselot, "Where Philippe Rousselot, AFC, ASC, speaks about digital and future", AFC, http://www.afcinema.com/Where-Philippe-Rousselot-AFC-ASC-speaks-about-digital-and-future.html

Quentin Falk, "The Architecture of Light: An Interview with Bruno Delbonnel", http://www.fujifilmexposure.com/interviews/1/the-architecture-of-light

Rachael K. Bosley, "Forging Connections", *American Cinematographer*, November 2006

Ray Zore (editor), *Writer of Light: The Cinematography of Vittorio Storaro* , ASC, AIC

Ron Magid, " Lighting Vermeer" , *American Cinematographer*, January 2004

Sight & Sound, " Talking Shop" , *Sight & Sound*, April 2009

Simon Gray, " Temple of Doom" , *American Cinematographer*, April 2008

Stephanie Argy, " Rags to Riches" , *American Cinematographer*, December 2008

Stephen Pizzello et al., " Western Destinies" , *American Cinematographer*, January 2007

Stephen Pizzello, " Danse Macabre" , *American Cinematographer*, December 2010

Stephen Pizzello, " Galloping Ghost" , *American Cinematographer*, December 1999

Ted Fendt, " A Talk by Caroline Champetier" , https://mubi.com/notebook/posts/a‑talk‑by‑caroline‑
champetier

VisionArri, " Alexa Meets Bond" , *VisionArri*, December 2012

Vittorio Storaro, *Storaro: Writing with Light, Colors, and the Elements,* Aurea, 2010

《灯光师圣经：电影照明的器材、操作与配电》（插图第 4 版），[美]哈里·博克斯著，李铭译，后浪
出版公司策划出版，北京联合出版公司 2017 年版

《电影照明器材与操作》（插图修订版·附赠 DVD），蔡全永著，后浪出版公司策划出版，北京联合出
版公司 2017 年版

《光影大师——与当代杰出摄影师对话》，[美]丹尼斯·谢弗等著，郭珍弟等译，广西师范大学出版
社 2003 年版

《摄影·电影·电影·摄影：狂恋光影大师对话录》，[英]彼德·艾特鸠著，王玮、黄慧风译，远流
出版公司 2000 年版

《光影创作课：21 位电影摄影大师的现场教学》（修订版），[法]邦雅曼·贝热里著，刘欣、唐强译，
后浪出版公司策划出版，文化发展出版公司 2018 年版

陈刚：《影像的极致——与宋晓飞谈〈一代宗师〉的摄影创作》，《电影艺术》2013 年第 2 期

米夏埃尔·哈内克：《〈白丝带〉》，吉晓倩译，《世界电影》2010 年第 4 期

图书在版编目（CIP）数据

拍出电影感 / 屠明非著. -- 北京：九州出版社，
2021.4
 ISBN 978-7-5108-9887-7

Ⅰ.①拍… Ⅱ.①屠… Ⅲ.①电影摄影技术—教材
Ⅳ.①TB878

中国版本图书馆CIP数据核字(2020)第231683号

拍出电影感

作　者	屠明非　著
策划编辑	吴兴元
责任编辑	李文君
出版发行	九州出版社
地　址	北京市西城区阜外大街甲35号（100037）
发行电话	（010）68992190/3/5/6
网　址	www.jiuzhoupress.com
电子信箱	jiuzhou@jiuzhoupress.com
印　刷	天津图文方嘉印刷有限公司
开　本	787 毫米 × 1092 毫米　　16开
印　张	28
字　数	594千字
版　次	2021年4月第1版
印　次	2021年4月第1次印刷
书　号	ISBN 978-7-5108-9887　7
定　价	180.00元